风景园林理论与实践系列丛书
北京林业大学园林学院

The Color Art in Suzhou Classical Garden

苏州古典园林色彩艺术

刘毅娟　著

中国建筑工业出版社

图书在版编目（CIP）数据

苏州古典园林色彩艺术=The Color Art in Suzhou Classical Garden / 刘毅娟著. —北京：中国建筑工业出版社，2021.6

风景园林理论与实践系列丛书

ISBN 978-7-112-26193-2

Ⅰ. ①苏… Ⅱ. ①刘… Ⅲ. ①古典园林—色彩学—苏州 Ⅳ. ①TU986.625.33

中国版本图书馆CIP数据核字（2021）第105456号

责任编辑：杜　洁　兰丽婷
版式设计：张悟静
责任校对：张惠雯

风景园林理论与实践系列丛书
北京林业大学园林学院　主编
苏州古典园林色彩艺术
The Color Art in Suzhou Classical Garden
刘毅娟　著

*

中国建筑工业出版社出版、发行（北京海淀三里河路9号）
各地新华书店、建筑书店经销
北京锋尚制版有限公司制版
天津图文方嘉印刷有限公司印刷

*

开本：880毫米×1230毫米　1/32　印张：9¾　字数：299千字
2021年6月第一版　　2021年6月第一次印刷
定价：**88.00**元
ISBN 978-7-112-26193-2
（37121）

序一　学到广深时，天必奖辛勤

——挚贺风景园林学科博士论文选集出版

人生学无止境，却有成长过程的节点。博士生毕业论文是一个阶段性的重要节点。不仅是毕业与否的问题，而且通过毕业答辩决定是否授予博士学位。而今出版的论文集是博士答辩后的成果，都是专利性的学术成果，实在宝贵，所以首先要对论文作者们和指导博士毕业论文的导师们，以及完成此书的全体工作人员表示诚挚的祝贺和衷心的感谢。前几年我门下的博士毕业生就建议将他们的论文出专集，由于知行合一之难点未突破而只停留在理想阶段。此书则知行合一地付梓出版，值得庆贺。

以往都用“十年寒窗”比喻学生学习艰苦。可是作为博士生，学习时间接近二十年了。小学全面启蒙，中学打下综合的科学基础，大学本科打下专业全面、系统、扎实的基础，攻读硕士学位培养了学科专题科学研究的基础，而博士学位学习是在博大的科学基础上寻求专题精深。我唯恐“博大精深”评价太高，因为尚处于学习的最后阶段，博士后属于工作站的性质。所以我作序的题目是有所抑制的“学到广深时，天必奖辛勤”，就是自然要受到人们的褒奖和深谢他们的辛勤。

“广”是学习的境界，而不仅是数量的统计。1951年汪菊渊、吴良镛两位前辈创立学科时汇集了生物学、观赏园艺学、建筑学和美学多学科的优秀师资对学生进行了综合、全面系统的本科教育。这是可持续的、根本性的“广”，是由风景园林学科特色与生俱来的。就东西方的文化分野和古今的时域而言，基本是东方的、中国的、古代传统的。汪菊渊先生和周维权先生奠定了中国园林史的全面基石。虽也有西方园林史的内容，但缺少亲身体验的机会，因而对西方园林传授相对要弱些。伴随改革开放，我们公派了骨干师资到欧洲攻读博士学位。王向荣教授在德国荣获博士学位，回国工作后带动更多的青年教师留学、进修和考察，这样学科的广度在中西的经纬方面有了很大发展。硕士生增加了欧洲园林的教学实习。西方哲学、建筑学、观赏园艺学、美学和管理学都不同程度地纳入博士毕业论文中。水源的源头多了，水流自然就宽广绵长了。充分发挥中国传统文化包容的特色，化西为中，以中为体，以外为用。中西园林各有千秋。对于学科的认识西比中更广一些，西方园林除一方风水的自然因素外，是由城市规划学发展而来的风景园林学。中国则相对有独立发展的体系，基于导师引进西方园林的推动和影响，博士论文的内容从研究传统名园名景扩展到城规所属城市基础设施的内容，拉近了学科与现代社会生活的距离。诸如《城市规划区绿地系统规划》《基于绿色基础理论的村镇绿地系统规划研究》《盐水湿地“生物—生态”景观修复设计》《基于自然进程的城市水空间整治研究》《留存乡愁——风景园林的场所策略》《建筑遗产的环境设计研究》《现代城市景观基础建设理论与实践》《从风景园到园林城市》《乡村景观在风景园林规划与设计中的意义》《城市公园绿地用水的可持续发展设计理论与方法》《城市边缘区绿地空间的景观生态规划设计》《森林资源评估在中国传统木结构建筑修复中的应用》等。从广度言，显然从园林扩展到园林城市乃至大地景物。唯一不足是论题文字繁琐，没有言简意赅地表达。

学问广是深的基础，但广不直接等于深。以上论文的深度表现在历史文献的收集和研究、理出研究内容和方法的逻辑性框架、论述中西历史经验、归纳现时我国的现状成就与不足、提出解决实际问题的策略和途径。鉴于学科是研究空间环境形象的，所以都以图纸和照片印证观点，使人得到从立意构思到通过意匠创造出生动的形象。这是有所创造的，应充分肯定。城市绿地系统规划深入到城市间空白中间层次规划，即从城市发展到城市群去策划绿地。而且城市扩展到村镇绿地系统规划。进一步而言，研究城乡各类型土地资源的利用和改造。含城市水空间、盐水湿地、建筑遗产的环境、城市基础设施用地、乡村景观等。广中有深，深中有广。学到广深时是数十年学科教育的积淀，是几代师生员工共铸的成果。

反映传承和创新中国风景园林传统文化艺术内容的博士论文诸如《景以境出，因借体宜——风景园林规划设计精髓》是吸收、消化后用学生自己的语言总结的传统理论。通过说文解字深探词义、归纳手法、调查研究和投入社会设计实践来探讨这一精髓。《乡村景观在风景园林规划与设计中的意义》从山水画、古园中的乡村景观并结合绍兴水渠滨水绿地等作了中西合璧的研究。《基于自然进程的城市水空间研究》把道法自然落实到自然适应论、自然生态与城市建设、水域自然化，从而得出流域与城市水系结构、水的自然循环和湖泊自然演化诸多的、有所创新的论证。《江南古典园林植物景观地域性特色研究》发挥了从观赏园艺学研究园林设计学的优势。从史出论，别开蹊径，挖掘魏晋建康植物景观格局图、南宋临安皇家园林中之梅堂、元代南村别墅、明清八景文化中与论题相符的内容和“松下焚香、竹间拨阮”“春涨流江”等文化内容。一些似曾相见又不曾相见的史实。

为本书写序对我是很好的学习。以往我都局限于指导自己的博士生，而这套书现收集的文章是其他导师指导的论文。不了解就没有发言权，评价文章难在掌握分寸，也就是“度”、火候。艺术最难是火候，希望在这方面得到大家的帮助。致力于本书的人已圆满地完成了任务，希望得到广大读者的支持。广无边、深无崖，敬希不吝批评指正，是所至盼。

孟兆祯
2015 年 1 月

序　二

中国古典园林是属于中华民族乃至全人类不可或缺的重要世界文化遗产，而苏州园林就是其典型的代表之一。至今，国内外有关苏州园林的研究已经很多，但是在苏州园林色彩方面的研究还不理想。刘毅娟在攻读我院风景园林学博士学位期间，充分发挥自己的艺术天赋和才华，特别是对色彩的敏锐感知，专注于苏州园林色彩特性的研究，取得了出色的成果，提升了该领域的研究水平。

毋庸讳言，色彩在中国古典园林中意境、画境、诗境的表达里占据了极为重要的地位。明代造园家、理论家计成在《园冶・借景》中用“红衣新浴，碧玉轻敲，看竹溪弯，观鱼濠上”深情地描绘了生动活泼的园林的色彩世界。苏州古典园林通过对景色的描绘，色彩氛围的渲染，从而激发体验者的联想，由“触景生情”达到“情景交融”。拙政园“雪香云蔚亭”的“雪香”指绿萼梅，色白而香，“云蔚”形容颜色像云彩一样绚丽华美，意为白梅飘香、山间林木茂密繁盛之意；“小飞虹”描绘了若隐若现倒映水中的朱红色廊桥；绣绮亭匾额“绣绮亭”赞美湖光山色烂漫如锦绣，亭内匾额“晓丹晚翠”和对联“露香红玉树；风绽紫蟠桃”，都用色彩描绘景色和植物色彩，把云霞虹霓、晨曦薄雾、阴晴雨雪等大自然景色参与到园林氛围的营造中，充满诗情画意。留园的涵碧山房、绿荫轩、明瑟楼、清风池馆、远翠阁等用绿、碧、翠、青、明瑟、清等植物、建筑、山石及水等不同明度和纯度的绿色系交织，呈现清幽、雅致、清亮的绿调，描绘了中心山水区幽静的山林气氛。环秀山庄的主厅堂与半潭秋水一房山等景点强调秋色叶所营造的秀丽景色，而“补秋舫”通过“摇碧”和“凝青”等满目青色、碧色、翠色，描述了秀色下生机盎然的景象。沧浪亭中的“沧浪”就有描绘青苍色的水色之意，景区的山林及沿河景色的营造充分展示了沧浪之色，表达寄情于青山绿水的深情，投身于大自然、远超红尘的逸致闲情。

面对色彩如此丰富、感人的苏州园林，刘毅娟以大胆创新的研究视角，将严谨的科学逻辑和解析与“美的感情”“美的意愿”“美的理想”相结合，根据色彩显色特征及园林中自然因素占主要的特性，把苏州园林色彩分为动态色彩与静态色彩，选择了国际设计师公认的蒙塞尔色彩体系为色彩标定的依据，采用传统的色彩比对方法，使所得色彩数据更为准确和科学，并有助于国际交流与传播。此外，她还运用现代色彩理论结合计算机模拟计算的方式，通过设计的两套色彩面积比例运算及色彩数据换算手法，对苏州古典园林色彩进行系统分析，总结分析色彩呈现背后的构成规律。刘毅娟在研究过程中，以现代色彩理论结合中国传统五色观，研究色彩背后的审美情趣及意境的组织规律，旨在对中国传统色彩文化的传承与发扬。她对苏州古典园林进行系统的色彩定量分析所得数据将有利于意境主题的保护，以及传统色彩的转译，为传承和发扬中国传统用色奠定扎实的技术基础。此外，她还总结了苏州古典园林色彩“粉墙黛瓦”“朱栏翠幂”这种强烈色彩对比反差背后的构成因素及用色规律，从而拓展了“巧于因借”“无色中求色”的中国传统审美情趣及自然美学理念。本书中含有大量的图片及色彩数据分析图来解释苏州古典园林整体布局、区域精神及景点立意等背后色彩构成规律，有助于读者更加深刻地解读苏州古典园林的色彩艺术。

作为导师，我热烈祝贺刘毅娟的研究成果能够付梓出版，从而可以让更多的同行和学生分享她的独特贡献，我更期望刘毅娟等年轻一代学者，能够承前启后，发扬并光大中国古典园林的优秀传统，积极保护好、研究好中国园林遗产，为改善中国人居环境作出建设性的贡献！

刘晓明　教授、博士、博士生导师
北京林业大学园林学院园林历史与理论教研室主任
中国风景园林学会常务理事，国际风景园林师联合会中国代表
中国圆明园学会皇家园林分会会长
2020年春

前　言

自法国著名色彩学家让·菲利普·朗克洛（J.P. Lenclos）教授的“色彩地理学”理论提出后，建筑色彩、城市色彩景观、城镇色彩规划等领域快速成长，并促使了“环境学色彩”发展，并从国际色彩协会（AIC）研究体系分支中独立出来。由于自然因素在外环境的重要性使各国色彩组织机构开始重点关注风景园林色彩的研究，特别关注植物色彩对城市色彩的影响，这项举措对推动风景园林色彩的发展有着积极意义。

“一方水土养育一方人”“一方风土造就一方景致，养育一方文化，彰显一方的景观色彩特质”。自然界中的人类生活，离不开自然环境及社会环境对自己的影响，如地理结构、四季更新、气候环境、历史文化等，这些自然因素不单塑造着区域景致，还影响着此区域人的生活，影响着他们的视觉习惯、审美情趣、色彩认知及应用。其中，色彩作为第一视觉要素，是一般美感中最大众化的形式，是影响空间氛围、意境及区域景观特色的重要视觉要素之一，是人们在构建理想人居环境时精心选择、合理搭配的主要对象之一。然而，色彩又是抽象的造型因素，它所展现和暗含的，既是直观的，又是抽象的；既是科学的，又是感性的；既是视觉的，又是精神的；既有视觉生理的需求，又具有心理的引导……

“景色”中的“色”作为视觉感受的第一要素，在刺激视觉感官与诱导情感联想的同时，通过景色的渲染，促进内心情感的表现，从而达到诗境的联想。但由于光色、天色及自然植被等动态的色彩要素占很大比例，难以量化及人为控制。加上色彩符号的抽象性特征，让人们更习惯以具体的物象来描绘景色，渲染园林意境及氛围。随着社会需求的不断更新、风景园林专业的不断发展、技术的不断变革，以及大数据时代的需求，色彩作为抽象的形式与精神符号再次得到重视，社会需求刺激了研究的深入。

“色彩地理学”理论的发展，让大家意识到地域传统用色的科学性，那是祖祖辈辈为了适应自然环境而构建的科学用色理念，于是开始进行对传统地域建筑、城市色彩的挖掘与分析，希望从中获取适合现代城市色彩的用色及搭配理念。但由于关注点的不同，存在一定的局限性，忽略了自然因素与人造因素共同作用下的和谐用色构架，忽略了传统居住环境是对自然的适应后的最佳呈现，忽略了传统五色观对色彩取向的限定与选择……传统用色是综合因素作用下的选择，需要从整体的角度进行深入分析，才能挖掘和传承传统用色理念。

苏州古典园林是“文人写意山水园”的典范，是人类融合自然居住形式的典范，是最具区域景观色彩的典范。从自然因素上，苏州紧邻太湖，水网密集、温暖潮湿、四季分明等对建筑及园林意境具有决定性作用，形成黑白灰的区域景观色彩特质，极具区域特色；从历史上，苏州是华夏文化变迁的承载体，在文化交往的融合、整合过程中形成了自己独特的用色体系；从功能上，苏州古典园林里包容了理想园居的多种要素，如居住、游玩、收藏、品鉴、集雅、娱乐、养亲等综合性功能空间；从造园者上，苏州古典园林造园者都有很高的文化修养，能诗善画，造园时多以画为本，以诗为题，通过凿池堆山、栽花种树，创造出具有诗情画意的景观，这种景观被称为是“无声的诗，立体的画”；从文化价值上，苏州古典园林的“境界”和深厚的文化积淀，是经过了数百年时间的磨洗和几代人的努力才达到的，以其独具的神韵诗意、高逸的文化格调，而享誉海内外。总之，苏州古典园林是中华文化的财富，是取之不尽的创作源泉，也是研究“色彩地理学”最佳的典范。对于发掘和研究中国传统园林色彩体系，继承和弘扬中华民族的文化特色，保护地域色彩景观等都具有重要的现实意义。

本书以苏州古城内现存私家古典园林为主要研究对象，以拙政园、留园、网师园、环秀山庄、沧浪亭、艺圃等苏州历史名园为研究对象，在园林史、建筑史、文学史、绘画史、思想史、民俗史、工艺美术史、文人心态史等多个领域的文化背景下去分析苏州园林色彩审美情趣的文化底蕴，涉及风景园林学、色彩学、色彩地理学、城市规划学、心理学等学科的知识，采取文献查询、实地调查、统计分析、色彩数据量化处理相结合的研究方法。作者耗时4年时间12次到苏州古典园林采集数据，其中包括3万多张的色彩数据调研照片、560份的调研问卷,最终完成此书。

苏州古典园林色彩艺术的研究，按色彩的产生原理及色彩基础理论，采集归纳苏州自然光色的规律及园林色彩元素的固有色；按园林色彩动静特征，统计分析了苏州古典园林的静态与动态色彩的元素，统计分析人造色彩元素的频率，使每个色彩元素具有孟塞尔国际色卡的标定值；按园林的专业描述特征，从空间色彩结构布局、区域立面色彩比例分析、景点立意与色彩构成规律等角度入手，结合色彩专业程序进行色彩数据量化处理，分析色彩规律。

本书的特点如下：

（1）归纳苏州园林色彩审美特有的地理和人文特征。一方面苏州的地理结构和自然条件奠定了苏州园林粉墙黛瓦、朱栏翠幂的景观特色；另一方面是苏州特有的人文因素，助长了文人园林的发展，展示了文人清新、淡雅的审美情趣。

（2）归纳苏州古典园林的色彩数据。根据园林自然因素占主要的特性，把色彩分为动态色彩与静态色彩，依据调研的数据整理出一套具有实用价值的孟塞尔国际标准色号，为苏州园林世界文化遗产提供一套完整的色号、材质及肌理，同时依据园子主题及景点的立意差异，整理出不同景点主题意境的色彩数据、结构及比例，为园林的修缮及更新提供一份比较有参考价值的色谱及色彩管理方法。

（3）采用色彩定量的分析法对苏州古典园林色彩艺术进行系统分析，所得数据将有利于意境主题的保护及传统色彩的转译，为传承和发扬中国传统用色奠定扎实的技术基础。

（4）通过苏州古典园林色彩艺术的研究，本书系统介绍了中国传统园林色彩的艺术体系。

项目辅助支持：

（1）北京林业大学建设世界一流学科和特色发展引导专项资金资助——北京与京津冀区域城乡人居生态环境营造，项目编号“2019XKJS0316”。

（2）横向课题支持，项目编号“200-681038”。

目　录

第1章

苏州古典园林色彩艺术

苏州古典园林在世界造园史上有其独特的历史地位和价值，其写意山水的艺术手法，蕴含了深厚的中国传统思想和文化内涵，是东方文明的造园艺术典范。从中采集、梳理、分析人造色彩与自然色彩的关系，有利于汲取古人的用色哲学，有助于对苏州古典园林景色的保护，有助于转译到现代城市色彩专项设计中。

苏州是历史名城之一，受自然环境及传统用色礼制的影响，呈现出朴素、淡雅的黑、灰、白用色体系。然而，因社会的快速发展、思想的解放，以及外来文化的冲击，人们的生活环境需求变得色彩斑斓，色彩的视觉心理及生理需求也日新月异。地域景观色彩特征在面对社会发展、文化复兴及大众需求时产生了矛盾，无论在城市建筑色彩、城市道路绿化及园林的色彩控制上，还是在空间的装饰装修配色等方面，在色彩的取舍、比例的控制、材料的选择和色彩的搭配上都产生许多争议。如何挖掘传统用色的科学性，如何搭建传统用色观念的理论框架，如何转译到现代化城市色彩景观规划中……是本书主题概念提出的重要议题。

1.1 中国传统五色观与古典园林色彩

感受色彩，一方面受视网膜视锥细胞的影响，涉及人的视觉心理和生理的影响：另一方面受人们根深蒂固的文化影响，思维定式限制人对色彩的使用及判断。中国历来很重视对色彩的应用，古代先哲从自然万象规律中抽取五种色彩，即青、赤、黄、白、黑，五色与五行相呼应，相生相克，形成丰富的色彩结构，并把色彩与五方、五行、五德等结合起来，融入宗法与礼制，形成中国传统色彩文化现象及其观念。虽然历史是斑斓的碎片，但还是可以通过各种史料及已有的研究，组织支撑古典园林色彩审美情趣的中国传统色彩观。

在园林景观著作的历史文献中，色彩意境大都通过具体的物象进行描绘，而从色彩审美角度出发进行色彩表达主要是明代文震亨撰写的《长物志》。书中提及的色彩种类非常丰富，涉及的色彩命名有六十余种，根据色相环归类的原则，主要有白、黑、红（赤）、黄、青等，以及五色之间的间色如青绿、绿、紫、桃红等，还有一些金属色。整体色彩的结构逻辑属于典型的中国传统颜色文化——“五色体系”，受传统礼教的影响五色为正色，其关注度及使用频率高于其他间色或复色，并肯定五色作为人造色彩在园林中的使用，特别是对“黑、白、青”三色的肯定，从而反映作者追求简洁、大气、古雅、朴素的园居格调。书中提及最多的颜色词是"青绿"和"白"，出现频率高达二十余次；紧随其后的是"黑"和"朱"，在15～20次；其次是"绿"和"紫"，在13～15次；就连后面的"五色""青""红"和"黄"出现的频率也都超过了10次；这个统计还不包括"深紫""淡青""桃红"等从属于某一色调的颜色词[1]。为了更加详尽地描述园林中的色彩，书中出现大量以物色命名的颜色，这种"借物呈色"的方式，有助于读者更清晰、更准确地理解作者所传达的信息，如"青葱""桃红""葱白""月白""金色""翡翠色""茶色""水银色"等。为了更直观地描述色彩，还采用了一些短语，如"蓝如翠""青如新柳""绿如铺绒""红者色如珊瑚""黄如蒸栗""白如脂肪"等。《长物志》中对色彩的敏感度也反映了中国文人对色彩使用的高度关注。

古典园林主要以自然为载体，涉及天空、植物、山石、水等自然元素，点缀建筑、小品、铺砖等人造景观。因此，园林色彩具有动态的自然色彩及静态的硬质景观色彩，是综合而复杂的色彩组织体系。在古典园林营造法则中，色彩并不是主要的关注点，而主要集中在对古典园林意境、景色等的审美与品鉴。随着城市化的进程及社会的发展，园林作为社会精神的载体，其色彩表象越来越受关注，受风格、流派、思潮、感官刺激等影响，使园林色彩展现出丰富多彩的姿态。金学智的《中国园林美学》（第二版）中第七编第五章第三节"色、光'意味'之探寻"，概括南北造园色彩的区别，以及差异背后的文化特点；陈从周在《讲园林》一书中谈到园林色彩的丰富性和变幻性，强调江南园林受气候的影响，色泽丰富、多样，要把握好自然的规律；孟兆祯在《避暑山庄园林艺术》中对园林建筑色彩的使用作了深入的分析，从功能、装饰、文化、艺术等方面说明色彩装饰在古典园林中的作用；王其钧在《中国传统建筑色彩》中以建筑构件为单位进行南北色彩比较；余树勋在《园林美与园林艺术》中有独立章节描述，以西方色彩理论为出发点进行园林色彩设计的理论研究，并侧重色彩调和理论在植物色彩组织中的应用等。

随着学科间的交叉和交流，园林色彩理论研究随着社会发展及需求，最近十年受到越来越多的关注及研究，但仍然处于初级探索阶段。主要有三大难点：第一，由于园林是综合的艺术，所以不仅造园元素丰富，而且自然色彩变化丰富，很难建立完整的研究体系；第二，中国传统用色理论与现代色彩理论之间的转译存在很大的技术难点，如研究工具、方法、分析及数据统一等方面都很难定论；第三，色彩是表象，对其的研究需要追根到文化的本源及审美情趣。受两千多年传统五色观的影响，中国人骨子里对色彩的理解带着很强的象征性，色彩心理影响视觉审美情趣，并左右视觉色彩心理的需求，在一定程度上影响着研究的共识与理解的差异。

苏州古典园林是文人园林的典范，是中华文化的一朵奇葩，它以个体独立的形式展现中华文化的缩影，在小小的园林里实现对人格的追求，及对理想人居环境的追求。文人士大夫在园林色彩的追求上既不乏对传统五色体系的尊重，也体现对美好色彩的追求。对其的探究希望能挖掘在宗法制度制约下文人士大夫的色彩审美需求与应用。

1.2 苏州古典园林与世界文化遗产中的色彩保护体系

世界文化遗产是文化保护与传承的最高等级，以保存对全世界人类都具有杰出普遍性价值的自然或文化处所为目的。苏州古典园林1997年列入世界文化遗产后，对其的保护成了大家关注的焦点之一，专家及学者们在保护及修缮方面做了大量的研究、保护策略及制定相关的法规。然而，在实际操作中总有一些不如意之处，主要有两点：

第一，现代技术及材料对古典园林修缮中的人造色彩及工艺技术产生冲击。现场调研及对施工人员的采访，大都仅凭经验及感觉，未形成定量、标准或规范。据现场调研，每个园子同一种材料，或同一种建筑形制，其色彩都有微差，如关于柱子的色彩采集与对比就有35种差异，具体详见第5章第2节“静态色彩”中的红漆部分。又如“粉墙”，计成《园冶》中记载了粉墙中精致的工艺及效果，但在现代园林里感觉不到，比如遵循“修旧如旧”的法则，有意保留残旧的粉墙；或者由于工期限制，用现代普通的石灰粉进行简单粉饰，与原来士大夫的追求与品鉴的粉墙存在一定的差异。又如，灰瓦只有在雨天才能显出“黛”色，但有些园子为了显现其“黛瓦”的视觉形象，把瓦、青砖、屋脊、灰泥等建筑构件，用墨汁（可能加胶水）涂抹于建筑上。再如，给梁柱上的暗红色的漆，说法不一，有褐色、红褐色、朱黑、栗壳色、荸荠色等，在色彩采集与比对时每个园子的都不太一样，即使同一园子修缮前后的颜色也很不同。还有，古制青砖的色彩丰富，有略带点黄、略带点青、略带点橙、略带点绿，8m以外看为灰调，近看为同纯度、同明度的色差变化，而现代青砖为同一色的中度灰等。因此，关于色彩的采集与标准的制定迫在眉睫。

第二，植物生老病死很正常，更换植物是很正常的事情，但在大乔木或历史名树很难找到替代品，或根本无法栽植，即使栽了也不一定能活。如环秀山庄东北角有一棵二百多年的糙叶树死了，假山石及地下都被它的根系所覆盖，很难再栽植大树。即使选择胸径18～20cm的树，栽植难度也很大，该区域虽然不是假山的核心位置，但山石众多，植物一不小心就会破坏假山的基础，加上环秀山庄假山部分目前已经处于危险阶段，更不能做大的动作，唯一可能的是种植小乔木以下的植物。那种植什么呢？什么依据？以刘敦桢《苏州古典园林》中所测绘的图纸，以匾额所立的主题，还是以楹联所描绘的诗境？可能大家会选择与“主题”相匹配的植物，那什么样的植物组合能渲染空间氛围的主题？什么样的画境与诗境相匹配？色彩作为氛围营造，作为画境最直观的表现手法，是否能参与到场所景色的营造手段中？是否能通过色彩营造空间氛围的角度进行植物选择和配置的依据？如果可行，梳理每个园、每个区、每个景点的色彩氛围，并量化营造色彩氛围的色彩、结构、比例，对园林植物色彩的修复具有重要的指导意义。

在美学生活化的东方思想体系中，“色彩”如同其他美学范畴的概念一样，是以感性的状态存在的，受五行五色观的影响，色彩欣赏及喜好带着观念性或象征性的认知，人们习惯以一种体会、感悟的心情去领会，而不是以定量、分析的态度去解析。在传统文化艺术的思想宝库里，不乏有关色彩审美的精彩论述，但是却鲜有关于色彩学的系统研究。这种对色彩重感觉、轻研究，重定性、轻定量，重描述、轻分析的文化思维，使传统精华的用色观念及方法，无法转译到现代的城市建设中[2]。苏州古典园林是乌托邦的理想居住环境典范，对它的用色规律及艺术进行定量分析与研究，将使设计者更加准确地把握传统的色彩观及用色规律，形成具有色彩标定区域的色彩风格，使这些定量化的数据及研究方法能够转译到现代的城市建设用色上。

1.3　苏州古典园林中的色彩艺术

苏州古典园林的色彩艺术研究是在色彩学及色彩地理学的理论基础上，研究苏州古典园林色彩的形成与发展、色彩元素与形式、色彩结构与布局、主题与色彩、规律与特征等，从而建立起的一套有利于苏州古典园林的用色理论及色彩保护数据。

色彩的产生主要源于光色与固有色的共同作用。为此，本书主要立足于固有色的调研与色样采集，再分析区域自然条件下光色的特征与规律，通过具有区域或景点的案例，分析光色与固有色共同作用下的色彩显色特征。

在研究范围上，选取苏州古城内的六个历史名园：拙政园、留园、网师园、环秀山庄、沧浪亭、艺圃。选取条件主要取决于两个因素：从区域上比对，苏州古典园林是江南最具色彩特征的园林；从苏州行政区上比对，如吴江区、木渎镇、周庄镇等古典园林色彩，大都以古城内历史名园为修缮摹本，且保护的力度远不及它们，同时大部分园林色彩的构成特征不是很突出，故此次研究范围限定在苏州古城内的六大古典园林中。

在研究类型上，只局限在文人园，不包括皇家园林、寺庙园林、宗教园林等。历史上苏州城的文化是中原移民与当地文化融合的结果，受文人士大夫的影响比较突出。计成在《园冶·兴造论》中说："独不闻三分匠，七分主人之谚乎？非主人也，能主之人也……第园筑之主，犹须什九，而用匠什一。[3]"三分匠七分主，说明园林主人的重要性，园主的差异将造成园林风格的差异。因此，本文侧重于文人士大夫审美情趣指导下的园林色彩研究。

第2章

园林景观色彩艺术的理论基础

苏州古典园林是中国传统文化的奇葩，是受文人意趣与格调浸润而“文人化”的园林，是某地域景观和人文文化于一身的理想世界，其意境及格调追求对后世的影响极其深远，对其色彩艺术的研究需要建立在对色彩基础知识的深刻理解之上。苏州古典园林色彩艺术的研究基础，主要应从色彩学的理论基础、色彩地理学、城市色彩景观及中国传统色彩观四个部分入手。

2.1 源于色彩学的理论基础

研究古典园林色彩首先必须了解七色光谱原理、色环、三原色、色立体、色彩对比与色彩调和理论、色彩生理学等色彩基础，进而结合近代色彩学、现代光学、心理物理学、艺术心理学、神经生理学等学科基础，形成许多交叉学科理论，这些色彩学的理论基础对园林色彩数据的采集与分析具有关键性的作用，特别是色彩的产生、属性与心理是一门科学，色彩的搭配与应用又是一门艺术。对苏州古典园林的色彩分析，既要利用色彩产生的原理研究园林用色的科学性，并以国际通用色卡“孟塞尔色彩体系”的标定方式进行色彩三属性的归类及分析，同时从视觉生理及心理的角度思考苏州古典园林用色的科学性；又要从色彩的搭配原理出发来解读园林创作的意境，以及意境背后色彩情感的表述形式等。

2.2 色彩地理学理论的借鉴

“色彩地理学”的研究方法类似于区域地理学的研究方式，是对地球表面一部分一部分地进行研究。在选定的地区内观察所有地理要素及其相互作用，并将该地区的特征与其他地区相区别，认识处在不同地域中同类事物的差异性。研究的侧重点在于每一地域中民居的色彩表现方式与景观结合的视觉效果，并考察这些地区人们的色彩心理及变化规律。

色彩地理学中有两个阶段对苏州园林色彩艺术的研究具有重要的借鉴意义。第一阶段为色彩景观的分析与提取：首先，明确研究对象所处的地域、地区、地理特征、国家所在地、民族分布，以及习俗情况、都市或城镇的行政性质、历史与文化概况等，以便确认其“景观色彩的特质”；其次，将可能影响色彩景观的元素进行分析和整理，列入调查范围，并逐项调查、收集和登记，如建筑外墙材料、细部、门窗和粉饰的色彩样本和当地土壤及植被等色彩样本；

再次，对无法直接获得样本的材料，通过色卡比对、拍照等方式获取，其中，比较重要的环节是通过亮度表测量材料表面的明度等级；最后，绘制当地色彩环境的草图绘本，表达该环境的色彩构成。第二阶段为色彩视觉效果的归纳与总结：首先，按比例整理出区域色彩的主色、背景色、点缀色和组合色谱，接着，把整理出来的色谱进一步取舍和强调，确定主要的色彩关系和配置方法；其次，把具有景观色彩特质的色彩以色谱的形式归纳出来。

总之，对苏州古典园林色彩的研究，除了要借鉴朗克洛在色彩地理学的研究方法，同时还要根据中国传统文化及审美情趣的差异，以及自然在景观中所占的主导地位等，建构适合于中国古典园林的色彩研究方法。

2.3　城市色彩景观研究方法的启示

城市色彩景观是指城市实体环境中通过人的视觉所反映出来的所有色彩要素共同形成的相对综合、群体的面貌。国内外的城市色彩研究理论和案例大部分是针对历史城市和历史街区的，其重点都在于对城市历史色彩的研究、保护和延续，从而形成历史城区的色彩专项规划。与色彩地理学不同的是，城市色彩景观规划更强调色彩的创造性和空间感，以及时代意义等，为古典园林色彩的研究提供了宝贵的经验和理论支撑。中国美术学院宋建明教授指出，城市色彩是城市景观所呈现出的所有可被感知的色彩总和，它包括自然色彩和人为色彩两个部分。自然色彩包括动态和静态两个方面：动态的色彩指的是日照、季节和气候等因素导致的色彩变化，静态的色彩则是指土地（含土路）、山石、植被、水系等相对恒定的色彩。人为色彩也同样可分为两个方面：其一指城市中的主体构筑物，即所有地面上的建筑物、广场、路面等硬件及其配套设施；其二是被称为“生活态”的色彩，诸如交通工具、街头广告、橱窗、行人服饰、霓虹灯及窗台摆设等[1]。这种归纳方式对园林景观色彩的研究具有一定的指导意义。

2.4　中国传统色彩观的影响

中国传统五色观是中国古代哲学思想体系中的一部分，是中国古代“阴阳五行说”哲学思想的衍生物，象征着宇宙自然、天地时空的文化表意[2]。以下将根据历史文献进一步梳理中国传统五色体系的形成与发展，从而探讨中国传统色彩观，为苏州古典园林色彩的研究奠定哲学及历史文化的研究基础。

2.4.1 中国传统五色观的形成

在原始社会时期，远古先民已经会在岩壁、骨头、器皿等物体上绘制出各种彩色图案。由于获得色彩的技术和认知能力有限，当时的色彩主要有红、黑、白三种。虽然，所用色彩显得单一，但这几种色彩的结合显得单纯而强烈，传达出了人们对万物的崇拜。如内蒙古西部阿拉善右旗东北方向雅布赖山洞的旧石器时代岩画的手印岩画为赤、黑两种颜色，赤色为多；在据今25000年旧石器时代晚期的北京周口店“山顶洞人”遗址，也发现了被红色染过的石制串饰和骨针，并在尸体旁撒有赤铁矿粉等；在距今7000年左右的中国浙江河姆渡文化遗址中，曾出土了一双内外都有朱色颜料的碗，色泽鲜明；距今约6000年的老官台文化早期偏后阶段及大地湾仰韶文化早期，彩陶饰纹开始使用稀淡泛红的黑彩，黑彩饰纹开始萌芽，而红彩的使用则相对减少，彩陶钵、彩陶碗等器皿上常见的宽带纹，由红彩渐变为浓黑彩，至老官台文化中期，除以单色黑彩饰绘纹饰外，还在施有红色陶衣的器腹上以浓重的黑彩饰绘各种纹样[13]；在距今3600年的吴江县梅堰新石器时期遗址，曾发现过一件用棕色漆料彩绘的陶器……新石器中后期，中原黄河流域彩陶绘制花纹使用的色彩有白垩、红矾土、炭、土黄[4]，这些留存至今仍然闪耀着智慧之光的红陶、黑陶、白陶、灰陶和彩陶，创造了色彩单纯、形式古朴而富有生命意识的原生文化。从中可看到从早期人类对红色的崇拜，逐渐拓展到了黑、白、黄等颜色，呈现出红-黑、黑-黄、黑-白等色彩饰绘，“尚黑”之风在新石器中后期通过色彩感官形态、色彩理念模式、色彩图腾符号结构系统的潜移互动，得以逐步完成对民族色彩审美风尚的嬗变与确认，直至夏文化“尚黑”观念的勃兴[4]。

夏朝作为中国古代社会第一个部落国家，直接继承了尚黑的原始风习，并着意将黑色上升为国家的标准色，将其视为夏朝文化的外部表征之一，建立起较为完整的尚黑的服色制度。《礼记·檀弓上》：“夏后氏尚黑，大事敛用昏，戎事乘骊，牲用玄；殷人尚白，大事敛用日中，戎事乘翰，牲用白；周人尚赤，大事敛用日出，戎事乘骠，牲用骍。”进一步说明夏人以黑色为贵，丧事在昏黑的夜晚进行，征战乘用黑色的战马，祭献用黑色的畜牲。丧事、兵事、祭祀为上古社会的重大事件，在这些神圣的场合，是一定要用本部族最崇尚的色彩。

殷人尚白，也表现在时辰、车马、旌旗、衣服、牲畜等都以白为贵之中，“白”字在甲骨文中，有“在白”“于白”之例，以反映地名或部族居地；有“方白”“多白”等描述部族方伯首领；有用作神祈名，掌降祸、管天气的天神；在表示用牲颜色中白的频率最高，如白马、白牛、白羊、白豚等白色皮毛的猎物；在记录猎物时，也是主要记载白色的动物，如“白鹿”“白麋”“白狐”等。可见，在商代确实存在一种奴隶主贵族们崇尚白色的理念，无论在“国之大事”的战争与祭祀中，还是商人事事时时都离不开的占卜文化中，以及人们的日常生活中[5]。另外，在殷墟甲骨文中，也有对赤、白、黄、幽、玄、勿等色的记载，“幽”在《说文解字》中释为“幽远也，黑而有赤色者”，“玄”大多人认为是黑色，“勿”有黑及杂色之意等，并有色彩与方位在甲骨卜辞里出现，如“贞：燎东西南，卯黄牛”等的记载，其中赤、白、黄、黑四种颜色成为后来“五色”系统中的四种主要色系，这就意味着完整的颜色系统雏形已经形成。这些色的选择深刻影响了周人及后世的华夏汉民族[6]。

周人虽然尚赤，在时辰、车马、旌旗、衣服、牲畜等都以赤为贵，但此时用色开始与时间、空间、祭祀、礼仪、宗法等结合起来使用了。虽然在考古学里未有证据证明五色体系在周朝就已经形成，但五方、五帝、五声等观念在此阶段已经比较成熟，据春秋战国撰写“周礼”的文献可推测，此时五色体系已经建立，以色示五方，以色识尊卑。

春秋战国时代“青”字开始频繁出现。《尚书·禹贡》云：“华阳、黑水惟梁州……厥土青黎。”孔颖达疏、孔安国传“色青黑而沃野”，正义曰：“王肃曰：‘青，黑色。’[7]”成书于战国时期的《礼记·月令》，依据时间把一年分为12个月令，记述政府的祭祀、礼仪、职务、法令和禁令，并把它们归纳在五行相生的系统中，其中有一部分规定天子的起居、车马、旌旗、衣服、饮食及器具的颜色，如“孟春之月，天子居青阳左个、乘鸾路、驾仓龙、载青旗、衣青衣、服仓玉、食麦与羊、其器疏以达……孟夏之月，天子居明堂左个、乘朱路、驾赤马、载赤旗、衣朱衣、服赤玉、食菽与鸡、其器高以粗……孟秋之月，天子居总章左个、乘戎路、驾白骆、载白旗、衣白衣、服白玉、食麻与犬、其器廉以深……孟冬之月，天子居玄堂左个、乘玄路、驾铁骊、载玄旗、衣黑衣、服玄玉、食黍与彘、其器闳以奄”。另外，此阶段的《周礼·冬官考工记》中记载有“东方谓之青，南方谓之赤，西方谓之白，北方谓之黑，天谓之玄，地谓之黄”的论述，并提出了色彩的对应、组织及搭配关系，如“青与白相次也，赤与黑相次也，玄与黄相次也。青与赤谓之文，赤与白谓之章，白与黑谓之黼，黑与青谓之黻，五采，备谓之绣”。同时古人把色彩与祭牲的颜色、方位、神灵、季节等联系起来，形成了时空一体的宇宙秩序，如唐朝孔颖达在《毛诗正义》中“明堂之祀”时引《大宗伯》注云：“礼东方以立春，谓苍精之帝；礼南方以立夏，谓赤精之帝；礼西方以立秋，谓白精之帝；礼北方以立冬，谓黑精之帝。”可见五方、五侯、五色、五帝都有相对应的关系，五色体系已经形成。

当五色体系与时空相连时，色彩便成为建立宇宙秩序的一部分，也参与到人伦秩序的建立之中，方位的尊卑、吉凶、安危等也与色彩产生了联系，并通过色彩得以体现或强化，五色体系就具有了由观念性、概括性而来的象征性。这种象征一旦被人们所接受和习惯，它就会起维系社会秩序、支撑心理平衡的作用，使世界从无序走向有序[8]。

2.4.2 中国传统五色与五行的关系

先民总结五色体系并不是完全抽象的，而是建立在观察自然的视觉和知觉经验积累之上，对大自然中斗转星移、四时交替、日月晨昏、天地互印的现象，运用色彩进行描述和附会。

中国古人以为：“青，生也，象征物生时之色。”东方春色，东方是太阳初升的方向，是新一天的起点，与春相对应，作为万物生长的色彩，成为植物生长发芽的象征，给人以祥瑞之感。“赤，赫也，太阳之色也”，南方夏色，就如《说文解字诂林》中“南方盛阳，其象昭著。火为乞行，色赤。赤者，光明显耀也。凡火皆有明著之象，然微则荧荧，大则赫赫，故赤从大火会意，以热为声，以土迫于热，则色赤故也”，给人祥瑞和喜庆之感。“黄，晃也；晃晃日光之色也”，中方季夏之色，土地之色，由于所处方位的尊贵性，黄色被赋予最尊贵的气质，天子的御道称为黄道，天子的衣服叫黄袍，天子的住处谓之黄宫，给人以尊贵之气。“白，启也；如冰启时之色也”，西方秋色，夜色降临前的明亮之象，喻月色的到来，有明亮之意；也喻秋季的霜降，给人清爽、明亮、贤明之感。“黑，晦也；如晦冥时色也”，北方冬色，也作为上天之色，因先民认为夜色才是统治万象的天帝之色，居最高位置，是各颜色的中心，包罗万象，超越生死，支配万物，如老子所云“玄之又玄，众妙之门”的崇高境界。黑色催化衍生了水墨画的墨色审美，否定却又包容了万象中的一切颜色，着眼于墨的单纯、浓淡、再现和造化[9]。五色是天地万象色彩显现的归纳与抽象，与客观物质世界是相对应的，能让人们真实而真切地认识可感可触的物质世界。

先民对自然色彩的归纳与提炼，也体现在对其他物质的解读，其中以五行说最为代表，《尚书·洪范》记载："五行：一曰水，二曰火，三曰木，四曰金，五曰土。"这是把水、火、木、金、土，视为产生万事万物本源属性的五种元素，并说明这些元素之间是运动进行的，如"水曰润下，火曰炎上，木曰曲直，金曰从革，土爰稼墙"等。刘安主持撰写的《淮南子》中说道："东方，木也，其帝太皞，其佐句芒，执规而治春；其神为岁星，其兽苍龙，其音角，其曰甲乙。南方，火也，其帝炎帝，其佐朱明，执衡而治夏；其神为荧惑，其兽朱鸟，其音徵，其曰丙丁。中央，土也，其帝黄帝，其佐后土，执绳而制四方；其神为镇星，其兽黄龙，其音宫，其曰戊己。西方，金也，其帝少昊，其佐蓐收，执矩而治秋；其神为太白，其兽白虎，其音商，其曰庚辛。北方，水也，其帝颛顼，其佐玄冥，执权而治冬；其神为辰星，其兽玄武，其音羽，其曰壬癸。"[10]五行、五色、五方、五位、五帝、五神、五兽、五时、五脏等相互呼应、相互结合、相互影响，形成中国人特有的对宇宙万物构成与运行规律的总结。表2-1中所反映的中国人的宇宙图式已经转换成一种逻辑推理方式和思维认知图式，进入了天文、地舆、历法、医学等领域，人们对色彩的运用在这样的宇宙图式下，成为一种符号，被赋予定性的情感和文化理念。

中国人的宇宙图式　表 2-1

五行	木	火	土	金	水
五色	青	赤	黄	白	黑
五星	木星	火星	土星	金星	水星
五方	东	南	中	西	北
五位	左	前	中	右	后
五帝	太皞	炎帝	黄帝	少昊	颛顼
五神	句芒	祝融	后土	蓐收	玄冥
五兽	青龙	朱雀	黄龙	白虎	玄武
五时	春	夏	季夏	秋	冬
五脏	脾	肺	心	肝	肾
五味	酸	苦	甘	辛	咸
五声	角	徵	宫	商	羽

续表

五常	仁	礼	信	义	智
五气	风	阳	雨	阴	寒
五性	怒	欲	喜	惧	忧

战国末年稷下学宫阴阳学家邹衍在总结四季（五时）轮回规律并吸收原始阴阳、五行成果的基础上，提出了“五行生胜”的观点，提出“木生火、火生土、土生金、金生水、水生木”是“五行相生”的转化形式，而“水胜火、火胜金、金胜木、木胜土、土胜水”则是“五行相胜”的转化形式，前一种形式说明事物之间相统一的关系，后一种形式说明事物之间相对立的关系，这使五行说更加富于动态[11]。他的观点所构建起的是一个新旧更替、周而复始的世界。邹衍以解释宇宙自然的阴阳五行说来解释人类历史，提出“五德终始说”，指出人类历史也是依照“五行相胜”的关系此消彼长、周而复始的：“五德从所不胜，虞土，夏木，殷金，周火”（《史记·秦始皇本纪》），他把历史上的黄帝说成是土德，其色黄；夏禹则以木代土，其色青；商汤以金克夏木，其色白；周文王以火克商金，其色赤。秦始皇在邹衍理论的影响下，“推终始五德之传，以为周得火德，秦代周德，从所不胜。方今水德之始”，其色尚黑。“五德思想”被历代皇帝所采用，王朝更替必改正朔、易服色。这个弥纶天地、人文的阴阳五行体系，不仅是对世间万象进行归类的静态分类体系，更是一个周而复始、生生不息、相互促进又相互克制的动力系统[12]。

中国传统五色体系在阴阳五行动态的系统下“相生”“相克”，推衍出丰富的间色。汉代织锦就可找到相关的例证，五色相生，即相邻的元素相合就得到紫、缥（橙）、缃（淡黄）、灰、綦（深蓝）的间色。汉代许慎《说文解字》云“紫，帛青赤色”“缥，帛赤黄色”“缃，帛浅黄色也”等；五色相胜（相克）即得到红（粉红）、缥（淡蓝）、绿、流黄（褐黄）、深红等间色，《说文解字》云“红，帛赤白色”“缥，帛青白色”“绿，帛青黄色”等，这种色彩理论影响了汉代的织锦技术，使纹饰图案十分丰富多彩，并随丝绸之路西域道的开通，大量输出到西方。阴阳五行说是一个动态循环的系统和分形图式，可对每个间色再进行一次相生相克的色彩推衍，就可以无限推进色彩的明度和纯度的无穷变化，故《淮南子》云：“色之数不过五，而五色之变，不可胜观也。”系统的中国传统色彩五色体系在阴阳五行合流之际真正得以建立。

2.5　中国传统五色体系色彩观的演绎

五色体系影响深远，不仅形成官方用色，对儒、释、道色彩文化理念也具有深刻影响，还深入民间，形成中国独特的传统色彩观。苏州古典园林是明清文人园林的典范，从园主的身份上分析，他们都是受过国学影响的文人，在园居理想上也体现出儒、释、道的思想，但在使用中又离不开艺术追求及民俗的影响。因此，当时的色彩审美及应用定受到这些思想的影响，以下将从四个方面讨论中国传统色彩观的演绎，从而更为深入地理解传统色彩观影响下的园林色彩审美。

2.5.1　中国传统五色体系对儒家色彩观的影响

孔子推荐周礼，以身作则践行“克己”“复礼”原则，对于色彩也是效仿周时之礼，把“色”与“礼”相融，赋予象征意义，与五常的德行、尊卑、等级、秩序等伦理内容相应和，推崇只有采用正德正色的合“礼”之色才是正确的求美之道。因此，儒家讲“正色”，主张“君子不以绀緅饰，红紫不以为亵服”（《论语・乡党》）。绀为紫玄类色，緅为红纁色，俗称青赤色，皆为间色而非正色，故正装不宜用；红紫亦非正色，即使亵服也不宜采用[10]。然而，正色过于单调，难以满足人们对美的需求，于是孔子创造性地以“仁”释“礼”，因“仁”而守“礼”而得“乐”，“乐”而体现为“游”之境界是孔子审美性的高度体现，在《论语》中到处都可看到儒家对美的重视、欣赏与追求。在色彩上除了讲究“正色”外，还讲究色背后纹样及本质的统一性，孔子与孔鲤在仪容、仪表的一段讨论中，可看到对“文”（即文采）、纹样或装饰的讲究：“质胜文则野，文胜质则史，文质彬彬，然后君子”（《论语・雍也》）。孔子认为过分的纹样装饰则哗众取宠、名不副实，缺少装饰则平淡乏味，只有形式与本质“配合适宜”，才算大美，这种思想进一步体现了中庸哲学在用色上的讲究。

汉儒董仲舒在邹衍学说和孔孟理论基础上进一步发挥，以天地、阴阳、五行来比附人事，制造出天人感应的神话，阳尊阴卑、三纲五常的理论，使其成为封建时代的官方哲学，五色体系因此而在社会各方面产生了深远的影响。

中国传统建筑在五色体系与阴阳五行的理论中，也产生了独特的色彩规律。传统建筑的柱子、梁架及门窗是木制的，从五行来说，木与火、水是相生的关系，与土和金是相克的关系，所以选用的颜色是红与黑，禁用黄与白。在古代等级制度的影响下，等级越高，用色越丰富，越彰显高贵与华丽；反之，普通民居只能用间色，如灰、深红、褐黄等色，这也决定了皇家、士大夫与民居建筑的色彩差异。

2.5.2 中国传统五色体系与道家色彩观

老庄思想认为“道”才是世界的本源、本体、规律或原理，天地万物的过程是“道生一，一生二，二生三，三生万物”（《老子》四十二章）的结果。老庄思想超越阴阳五行，超越限定与规则，并把社会的争乱归罪于五色、五音、五味等艺术创造活动及享受，认为“五色令人目盲”“五音令人耳聋”，在否定艺术美的同时又肯定自然美，倡导返璞归真及素朴之美，反对五彩，追求自然色彩平淡素净之美的色彩观。

《淮南子·原道训》载:“色者，白而五色成矣；道者，一立而万物生矣。”其中说明“色”与“道”在哲学思想上的一致性，“白”为无色，是“五色”的提炼与缩影。老子曰：“玄之又玄，众妙之门。”玄即黑，是幽冥之色，与五行的黑同处于天的位置，但在道家思想中具有产生万物的功能，是一切颜色的总和。黑色如无所不包，深不可测；白色如超脱一切，是具象化了的“虚”与“空”。黑与白，构成了素淡的“道”之“虚空”本色，而“道”不是固态的实体，而是惟恍惟惚的动态“虚空”，因此黑与白就是这个动态“虚空”的具体呈现。黑与白看是无色，却蕴含无限的色彩，吻合了道家“无色而五色成焉”“淡然无极而众美从之”（《刻忌》）的色彩主张，体现在艺术上则追求无色之美，以无色之感为最美。另外，老庄思想中的黑与白，并非单指颜色，而是超越色界，与阴阳和谶纬合流的黑白。这种色彩审美高度直接影响中国绘画艺术的色彩追求，并对苏州古典园林的色彩追求具有很大的影响。

2.5.3 中国传统五色体系与释家色彩观

佛教自传入中国以来，在传播的过程中不断与中国本土文化相融合，逐渐形成浸染中国特色的宗教体系。佛典中对颜色的划分与五色体系很相似：“言上色者总五方正间：青、黄、赤、白、黑，五方正色也。绯、红、紫、绿、硫黄，五方间色也”（《四分律行事钞资持记下》）。也有正色、间色之分，但在色彩与方位的对应上有些不同。如佛教喜用黄色，将黄色作为最尊贵的色彩，认为黄色是上天的颜色，与五色体系中的黄一样具有专属性的象征意义。在与中国五色体系相矛盾的情况下，僧人获得特许，可以穿黄色僧袍，但减低了纯度，使其接近土黄的颜色；可以用金色装饰佛像与佛教建筑；可以用杏黄色粉饰建筑墙面等。

佛教在色彩的运用上虽然也是五色体系，但运用得更为自由、鲜明、夸张。如敦煌壁画色彩非常绚丽丰富，但却没有喧闹的感觉，艳而不俗，给人一种肃穆感。随类赋彩是敦煌石窟壁画传统的配色规律，体现了主观控制色彩的能力，充分强调色彩的装饰美，直接以规范中的象征色来加深画面的释义[13]，如金身的佛祖、红色的力士、青色的金刚、白色的菩萨及红绿阴阳脸的密教神像等。在色彩组织上主要以土黄色的素壁为主，在上面施色石红、石青、石绿以形成鲜明的对比，同时巧用黑与白，并广泛应用调和色。色彩组织富丽堂皇、格调高雅，在感受快感与美感的同时，犹如引导观者进入西方极乐世界。

2.5.4　中国传统五色体系在民间的发展

五色体系影响深远，随着邹衍阴阳五行说以历法月令的形式流传到民间，形成民俗，五色体系也随之在民间广泛传布，成为民众的一般知识背景和思维逻辑。但随着地理、气候、环境的差异，五色体系在民间的使用也随之发生改变。如在北方，色彩的选择与配置显得强烈与浓重；在江南，则显得素净与高雅；在沿海，显得明亮与清新；在蜀地，则显得厚重。

受官方五色体系的影响，士、农、工、商的服饰着色通常都有等级。《梦粱录》里记载："士农工商，诸行百户衣巾装着，皆有等差……街市买卖人，各有肤色头巾，各可辨认是何名目人。"民间色彩的使用受到很大的限制，但磨灭不了老百姓对色彩审美的选择及追求，其主要原因是民间对吉祥心理的诉求。其中主要有两大特点。一、受先民的影响，民间传统认为红色能够趋吉避凶，因此，节庆与婚庆中都会大量运用红色作为装饰元素；白色是色呈"空亡"之象，象凶，故属葬礼之色；黑色是无光之色，与黑夜和黑暗连在一起，被视为阴冷之色，渗透着地府之气的凶象，故而，黑色也是葬礼的常用之色；黄色在隋代后被皇帝所占有，因此在民间只能在寺庙中可以看到；青色是没受过"色禁令"的颜色[15]，同时它使人感到有"生"意，特别是"青绿"，加上佛教用色的影响及原料的低廉，深为百姓喜爱。二、民间许多工艺品却有追崇正色的偏好，以补色组合形成强烈、鲜艳的视觉效果，如年画、泥玩、版画等体现了人们对五行正色的追崇。由于这些色彩用量不大，或时间不长，或多色组合，因此在官方哲学中没有受到排挤和打压。

2.5.5 小结

中国传统五色体系是五行文化的一个重要组成部分，它与古代的天文、历法、医学、建筑等方面的研究有着广泛的联系，包含了中国人特有的宇宙观与哲学意味，是研究传统文化不可忽视的一条脉络。但从色彩学的角度看，其积极意义与负面效应同在。一方面，五色体系构建了和谐、纯正之色彩观，既是维护社会秩序的一个标志，也是社会伦理要求的体现；既是泰而不骄的人格尊严美的表现，也是儒雅端庄的高尚情操美的表征，形成了华夏文化的主要特征之一。另一方面，色彩宗法制度的制约限定了人们对色彩的使用及创造，影响了人们对第一视觉的忽视及省略，钝化了人们视觉感官的生理及心理需求；同时强调色彩的象征性，带来了对色彩单纯和平面化的意识，使中国艺术在色彩方面重主观、轻客观，重表现、轻再现，不够重视客观真实“光”与“影”的再现。

2.6 本章小结

本章主要介绍了色彩学、色彩地理学、城市色彩规划及中国传统色彩观等有助于苏州古典园林色彩艺术研究的基础理论知识。色彩学基础理论是其研究的主要语言，因此，本章梳理了色彩学的发展，着重介绍色彩的产生、三大属性、色彩心理及色彩搭配原理等主要研究术语和理论框架，其中色彩三大属性结合色度学检测工具“孟塞尔国际标准色卡”进行具体说明，有助于理解书中出现的表述术语。本章同时分析了色彩学与地理学相交叉的色彩地理学的研究理论，因苏州古典园林色彩艺术从研究范畴来说也属于色彩地理学的一个子系统，故可从其发展理论及研究框架中获取对研究方法的借鉴。接着对色彩地理学的另一个子系统——城市色彩景观规划进行了较为深入的分析，因苏州古典园林从所处的区域位置来说，也属于城市的一部分，对其的分析有助于探寻这些理论的一些可借鉴之处，如色彩结构依据的划分、色彩感知距离的限定、色彩恒定性的区别、色彩元素的归类及视觉景观连续性理论中人对环境认识的三种途径：运动、位置和内涵。这些色彩空间美学理论将作为后文调研分析古典园林意境与空间色彩的基本理论工具。最后，在研究对象的色彩文化背景——中国传统色彩观基础之上，进一步梳理苏州古典园林色彩艺术背后的色彩文化及审美意识的渊源。

通过对色彩学、色彩地理学、城市色彩规划及中国传统色彩观等关系的研究与梳理，重点在于探寻色彩与心理、色彩与地理、色彩与空间、色彩与文化等关联性的理论，为时空关系中的苏州园林色彩研究确定严谨的研究框架，并奠定扎实的研究基础。

第3章

苏州古典园林色彩特征与自然因素

地域自然环境因素是对苏州区域色彩景观影响的主要因素。“一方水土养一方人”“一方风土造就一方景致”“一方景致彰显一方色彩”，也就是说，一方水土造就一方景致，养育一方文化，彰显一方景观色彩特质。这里的“风土”指的是自然环境，包括区域方位、地理结构、气候变迁、历史文化等，自然环境不但塑造着区域景致和色彩，还影响着居住着的人的气质、习俗及审美习惯。

云烟缭绕的青山绿水，滋养着苏州人，对人的肤色、体态乃至性格也产生了深远的影响。和北方的粗犷豪健、中原的淳朴率直、岭南的精明强干、巴蜀的坚韧泼辣显著不同的是：生活在这里的人们长相清秀斯文，皮肤白嫩细腻，情态谦逊温和，一口吴侬软语、曲清婉评弹道出苏州地域人文特征，这些人文特征又反过来影响着区域的景观特色。

3.1 地理环境造就园林特色

苏州是江南一座古老、美丽的城市，山明水秀，向来被称为风景胜地。苏州地处美丽富饶的长江金三角，位于江苏省东南部，东临上海，南接浙江，西抱太湖，北依长江，境内河湖港汊密如蜘蛛网，地势低平，水网发达，水位落差不大。市区中心地理坐标为北纬31°19′，东经120°37′。其优越的自然环境及资源，为苏州造园提供了优越的先天条件。

3.1.1 自然山水

苏州的地表自然形态是地质在漫长的历史时期演变的产物，它经历了从古生代寒武纪至新生代第四纪若干亿年的地层沉积和多次海浸、海退的沧桑变化，最终形成今天的自然面貌。苏州的地貌特征以平原为主，地势低平，自西向东缓慢倾斜，平原的海拔高度3～5m，平原占总面积的54.83%，水域面积占了42.52%，丘陵只占2.65%[11]。

苏州城被山水合抱，城的北、东、南侧被湖水所环抱，城西滨临太湖，太湖东北流出的水，都经过苏州外围湖塘水道，终归于长江，大小湖泊四百多个。城的东北面有阳澄湖，东面有金鸡湖、独墅湖，东南面有尹山湖，西南面有澹台湖和作为太湖一个内湾的石湖等。这种河流密布的平原地貌决定了苏州人与水的密切关系，交通、建筑、生活等都离不开水，水又是秀丽的自然风光的依托条件之一，水映天色，水天一色，水对苏州文化及人们的视觉审美起着决定性作用。

苏州城西侧被西部山区和太湖诸岛的低山丘陵环抱，从太湖北岸，迤逦东来的有邓尉山和玄墓山。从这里分为两支：一支往东北行，有灵岩山、天平山、阳山、狮子山，尽于虎丘；一支往东南行，有穹窿山、尧峰山、七子山，尽于楞伽山（俗称上方山）。山丘海拔大多为100～200m，其中挺立于群峰之上的第一高峰是海拔341.7m的穹窿山。穹窿山和海拔338.2m的南阳山、海拔336.6m的西山缥缈峰并称为苏州三大高峰。丘陵面积虽然比例很小，但大小山体一千余座，总面积也达225km^{2}左右，组成了翠绿低丘点缀于平原水乡之上的山明水秀的优美自然风光。山不甚高，但或雄伟，或秀丽。

太湖及诸湖泊与环湖诸山，山水相形，山青水碧，构成苏州山明水秀的境域，湖光山色，美不胜收，为造园艺术提供了构图原型及审美标准。

3.1.2　自然山水文化与苏州园林景观

吴门画派画家作为明代苏州文坛上的生力军，他们不但是园林的使用、享用、绘画、描述、参与者，还是发扬文人园林文化的主导人群。“天下惟东南为最，东南惟吴会为最”，《吴郡二科志》的卷首就以自豪的语气，向世人宣告了苏州地区山秀地灵、英才济济的景象。对苏州自然山水的描绘更是自然、生动，如对山色的描绘，王掳《登莫厘峰》有“山外湖光湖外山”“青螺几点小人间”等。对水美的描绘更多，如白居易《正月三日闲行》中“绿浪东西南北水，红栏三百九十桥”，厉鹗《自石湖至横塘》中“青山断处水连村”等。如此美妙的自然山水，给造园者提供了无限的灵感和取之不尽的创作源泉。

根据吴门画派山水画作的题名，主要描绘如太湖、支硎山、灵岩山、石湖、虎丘、天平山、天池、江岸等地域（图3-1）。这些区域有水域面积大、山势变化丰富、山石古雅朴拙、湖石玲珑奇峻、山水相依、河道密织交错、水岸线交错变化等山水特征（图3-2）。文人画家对吴地山水的创作，潜移默化地影响着文人园居的山水审美情趣，也影响了文人园居的理想，文人逐渐尝试把吴

图3-1 文徵明·山水卷及石湖图

图3-2 苏州自然山水风光

地山水情怀融入日常的园居生活中。如杜琼于1463年绘的《天香深处》与1472年为吴宽绘的《友松园图》中有很多相似之处：高耸的山峦、奔流的瀑布、几乎相似的庭院，但《天香深处》像置于自然山水中的园林，而《友松园图》像城市中的盆景式园林。没有史料能断定它们之间的确切关系，如按上面推论，很可能画家是试图把《天香深处》山水的真境转化到《友松园图》城市山林的幻境中，促使自然山水意境到城市山林中物质形态的转换[2]，此即是有力的例证。

清代园林中的“环秀山庄”取意于城西阳山大石，“惠荫园”之“小林屋”仿西山天下第九洞天“林屋洞”，“耦园”黄石假山仿天平山万笏朝天等[3]，这些都是造园中取法自然、取法苏州自然山水的有力证据。

3.1.3 自然植被与苏州园林色彩

苏州的自然植被属北亚热带落叶、常绿阔叶混交林地带，苏州的土壤绝大部分是第四纪沉积的一般性黏性土，太湖沿岸地区的低山丘陵土壤，为地带性自然黄棕壤（红棕色），土壤酸性，pH值为5～5.5。苏州的森林面积不大，主要集中在西部低山丘陵地带，山麓地带有小片的马尾松林及杉木林；横山中的上方山南麓则有包含落叶栎和黄檀、化香等在内的落叶阔叶、常绿阔叶混交林；西部潭山东坡有混生马尾松和常绿阔叶的木荷林；西部还植有成片桑园、柑橘、枇杷、杨梅等果树林和一定规模的螺春茶叶茶树园；分布于东太湖沿岸及阳澄湖南、北岸的是沼泽植被，主要是芦苇群落，也包括部分茭草等群落。自然山水影响着吴人的审美情趣，自然植被所产生的自然风光也对吴人的审美情趣产生了深远的影响。苏州园林中的植物，也以乡土树种为主要的背景树，其中落叶阔叶树种占优势，如麻栎、榉树、朴树、榆树、榔榆、糙叶树、樟树、柳树、槭树、桑、柑橘、枇杷、梅等。

自然地理的优势加上历代文人对花木的钟情和歌颂，形成了苏州人爱花、赏花、种花的习俗，一年四季赏花不断，分别为二月虎丘赏玉兰、谷雨看牡丹、六月游荷花荡、秋闻桂香、晚秋赏枫叶、隆冬游香雪海。在这些习俗和审美活动中，人们受到了丰富多彩的视觉熏陶，人的色彩审美也受到了潜移默化的影响。因每月都有花，故在苏州形成了敬十二花神的习俗：正月梅花神、二月杏花神、三月桃花神、四月蔷薇神、五月石榴神、六月荷花神、七月凤仙花神、八月桂花神、九月菊花神、十月芙蓉神、十一月山茶花神、十二月蜡梅花神，花文化非常丰富，并根据花的特点与传说赋予了历史人物形象。苏州因其地理及气候的优势，形成植被物种的多样性及丰富度，自然赋予了人们丰富多彩的颜色。在自然光照射下，这些色彩随造型、质感及肌理的差异产生了丰富的变化，这些自然的色彩饱和度高、色相鲜明、层次丰富，既变化丰富，又和谐统一，造物者既为人们提供了取之不尽的创作源泉，也潜移默化地影响着生活在此区域的人的审美情趣。苏州自然植被色彩的丰富性也影响了人们对人造色的用色观念，如何更好地展现自然色彩，如何在人造色彩中借鉴自然界的色彩规律，如何营造出令人舒适的视觉色彩审美等问题成为历代苏州人思考的问题，经过不断取舍，慢慢形成苏州独特的色彩审美及用色观念。

3.2　苏州地质资源与园林色彩

苏州历经沧海桑田，形成独特的山水结构，还盛产美石、沃土及佳木等。这些丰富而优质的自然资源成了苏州园林的主要建筑材料，形成了独特的色质，有别于其他地域的园林。

3.2.1　苏州花岗岩

苏州花岗岩又名灵岩花岗岩、金山石，是全国闻名的花岗岩之一。分布于苏州市区西南近郊，以灵岩山、天平山为中心，包括狮子山、金山、华山、焦山、天池山等，地表出露10km^2，隐伏地下七十余平方千米。苏州花岗岩是粗结晶体的花岗石，属于火成岩，由长石、石英和云母组成。没有彩色条纹的，多数为彩色斑点，岩质坚硬密实，色彩斑斓，光泽明丽，成色很好，是上好的建筑材料，而且如果表面遇到了污渍，只需雨水一冲就干净明丽，其开采历史悠久。

科学研究表明，苏州花岗岩形成于距今1.5亿年前的侏罗纪时代，属于燕山运动时期的酸性岩浆侵入体。当时地球正处于剧烈的

(*a*)

(*b*)

(*c*)

图3-3 苏州金山石

(*a*)木渎金山石；(*b*)宝带桥的古金山石；(*c*)修复用的花岗石

地壳运动时期，在地下深处富含二氧化硅、金属元素的高温熔融的花岗岩岩浆，沿着地壳岩石的断裂，侵入到地表附近，逐渐冷凝结晶形成了苏州花岗岩[1]。在苏州古典园林中，苏州花岗石主要用于建筑的台基、台阶、鼓磴、磉石、庭院铺地等，或取其碎料切片用于园林铺地。色泽主要有浅灰、浅黄、浅橙、黑点等，老的金山石色彩红润、色差变化丰富，现在古典园林中修复用的花岗石色彩偏浅、偏灰，色差均匀，据现场调研其孟塞尔色号为10YR 8/1、10YR7/2、10YR 6/2、10YR 7/6、7.5YR 6/6、7.5YR 6/8、10YR 5/2、7.5YR 5/4、7.5YR 5/6等，可见园林中的花岗石为中高明度、中纯度的橙色（图3-3）。

3.2.2 太湖石

太湖石产于苏州洞庭山的水边，故又称洞庭石，别称花石、文石。洞庭山，即今江苏省苏州市吴县西南的东、西山，以西山消夏湾所产最佳。从地质学角度而言，太湖石属于石灰岩，多为灰色，鲜见白色、青黑色。由于长期经受含有二氧化碳的水的溶蚀，浸泡在水里的石灰岩经过千万年波浪来回冲击的机械作用和溶蚀作用，最终被雕琢成玲珑嵌空、百孔千窍的形状[5]。太湖石有水、旱两种。“旱太湖”产于太湖湖边地区，枯而不润，棱角粗犷，孔洞之间常相互缠连，温润典雅；“水太湖”产于湖中，由于被湖水长年累月浸润，暗流侵袭，石体被湖水“雕琢”出天然洞穴，扭转回环，神镂之巧，更为珍奇，惜今已难见其踪迹[6]。

太湖石的开采至少有一千年的历史，其中“花石纲”事件的发生抬高了太湖石的地位及价值[7]，使太湖石成为古代四大名石之一。基于其造型及文化价值，太湖石成为园林中主要的叠山立峰之石，可立峰，可堆叠。立峰之冠属留园的冠云峰、朵云峰、岫云峰，立峰之趣属苏州的五峰园；堆叠出色者颇多，优异佳作以狮子林和环秀山庄为代表。选取狮子林中太湖石典型的色彩进行色卡

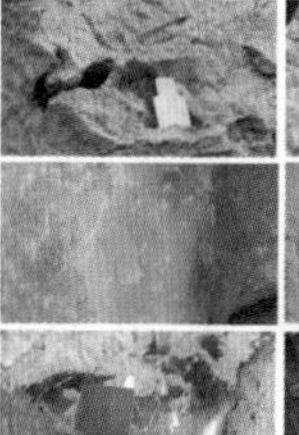

（a）　（b）　（c）

图3-4 苏州太湖石图片及色号

（a）太湖；（b）狮子林的太湖石假山；（c）孟塞尔色值

比对，得浅灰色孟塞尔色值：10YR6/1，中灰色孟塞尔色值：10PB 4/1，青黑色孟塞尔色值：5PB 2/1等（图3-4）。

白色或浅灰色的太湖石，常被当成“饱云”，饱云即白云弥漫。这是对湖石假山的一种形容，古人以为云乃触石而生，借以突出了假山的高峻，高到与浮云齐，其上似乎已经云雾缭绕，望山下有谷有峰、山径盘曲[8]。

3.2.3　黄石

苏州黄石主要产于尧峰山、横山、上方山等，又名尧峰石，为中生代红、黄色砂、泥岩层岩石的一种统称，材质较硬，小块石料常因自然岩石风化冲刷而崩落后沿节理面分解而成，呈不规则的多面体，各面轮廓分明并显露锋芒。文震亨在《长物志》中记尧峰石曰：“苔藓丛生，古朴可爱。以未经采凿，山中甚多，但不玲珑耳，然正以不玲珑，故佳。”王心一在《归田园居记》中把叠山与山水画笔法结合描述：“西北诸山采用者尧峰，黄而带青，古而近顽，其法宜用拙，是黄子久之风轨也。”可见，黄石的古拙、浑厚、节理挺拔等特点与传统国画山水画中“斧劈皴法”所表现的精神气质一致，所以成为园林主要用石之一。黄石用于叠山，其优点在于落脚容易，缺点在于不易封顶，黄石多用于叠土山和造人工瀑布，除此之外也宜用于砌乱石墙，如计成在《园冶》“墙垣卷”中曰：“乱石墙是乱石皆可砌，惟黄石者佳。”苏州耦园，园内假山，独用黄石叠成，参差巍峨，给人以如临真山之感。与上海豫园黄石假山的叠石手法相似，相传系明嘉靖时园林叠石大家张南阳所叠。黄石既有北方山岭之雄，又兼南方山水之秀，其颜色显褐黄，有的赤红如染，明度、纯度变化丰富，黄石孟塞尔色卡值：5YR4/4（深）、5YR5/4（中）、2.5YR5/6（浅），在夕阳西照下，色彩炫目（图3-5）。

(a)

(b)

(c)

图3-5 苏州黄石图片及色号

(a)苏州上方山；(b)网师园的黄石假山；(c)孟塞尔色值

3.2.4 鹅卵石

历经千万年浪打水冲后，磨得圆润的鹅卵石也是苏州的一大特产，其主要成分是二氧化硅，其次是少量的氧化铁和微量的锰、铜、铝、镁等元素及化合物。由于各种元素具有不同的色素，如朱红色为铁，蓝色为铜，紫者为锰，黄色半透明为二氧化硅胶体石髓，翡翠色含绿色矿物等。这些色素离子溶入二氧化硅热液中的种类和含量不同，呈现出来的色彩也是变化万千，使鹅卵石呈现出黑、白、黄、红、墨绿、青灰等各式五彩缤纷的色系，色差变化微妙、层次丰富，如浅暖灰色鹅卵石孟塞尔色值为10YR7/1、10YR6/1、10YR5/1等，青黑色鹅卵石孟塞尔色值为5PB3/1、5B2/1等，灰色鹅卵石孟塞尔色值为N4、N5、N5.75、N6.75等，深暖灰色鹅卵石孟塞尔色值为10YR 3/1、10YR4/1、5YR3/1等（图3-6）。计成在《园冶》的“铺地”中说：“鹅子石，宜铺于不常走处，大小问砌者佳，恐匠之不能也。或砖或瓦，嵌成诸锦犹可，如嵌鹤、鹿、狮球，犹类狗者可笑。[7]”指出鹅卵石的铺砌需大小相间，构图要疏密均衡而自然，或者用望砖瓦片仄砌成图案，再嵌满卵石如织锦纹样，但不要装饰成具象的民俗图案。

由于鹅卵石色泽丰富多彩，体量较小，宜于采集和运输，在现

图3-6 苏州鹅卵石图片及色号

(a)苏州太湖；(b)不同色系鹅卵石；(c)花街铺地

(a) (b) (c)

存的古典园林铺地上（如踏步、庭院、道路和山坡蹬道等），有大量的鹅卵石铺地，并铺饰成各种图案。其中以各色卵石铺地较多，花纹形如织锦，颇为美观；与瓦混砌的有套钱、球门、芝花等；与砖、瓦、碎石片混合砌成海棠、十字灯景、冰裂纹等；以砖、瓦为图案界线，镶以各色卵石及碎瓷片，图案有六角、套六角、套六方、套八方等；也有以色彩鲜艳的瓷片、缸片铺成动、植物图案，但较费工而繁琐[9]。这些组合图案精美、色彩丰富，在色彩搭配、比例分配上很协调。

3.2.5　特色砖瓦

苏州北、东、南面多水网密集、土壤肥沃，绝大部分土壤是第四纪沉积的一般性黏性土，为耕作黄棕壤，多为水稻耕填土。土壤呈酸性，pH为5～5.5[8]，富含有机质，土质细腻，含胶状体丰富。黏土优质，加上精湛的技术，明清时期苏州生产的青砖瓦色泽温润、质地坚细，因而风靡全国（图3-7）。最有名的当属故宫的特制品——金砖（京砖），目前太和殿的金砖依然光亮如新。

3.2.6　其他

苏州西边丘陵地带为造园提供了丰富的资源，除了精美的花岗岩、玲珑的太湖石、古拙的黄石、多彩的鹅卵石外，还有很多奇美的石头，历来备受文人喜爱和品鉴。如青石，产于洞庭西山，它的

图3-7　苏州产地的砖瓦

(a) (b) (c)

图3-8 苏州青石图片及色号

(a)苏州洞庭西山；(b)留园五峰仙馆前庭铺地；(c)孟塞尔色值

颜色青中带灰白，石质细腻，但承重受力较差，多作为浅雕之用，一般用于石栏杆及金刚座，也有的用在阶台、铺地（留园的五峰仙馆）和阶沿上（图3-8）；又如绿豆石，是砂岩中的一种，颜色带草绿，内夹杂绿豆大小的沙粒，故名绿豆石，石质松脆，不能承重，但很容易雕刻细作，主要用于牌坊和字碑等。

3.3 苏州气象特征与区域自然色彩

色彩源于光，没有光便没有色彩，光通过视觉、形觉和色觉，使人感觉到生活在一个有形有色的真实世界里，而光作用于物体，最直接的色彩感知是明度的变化。苏州古典园林在自然光作用下，即使处于同一个地点，色彩及意境也会发生很大的变化，光感的变化决定园林建筑、植物、空间形式、质感及色彩的强弱显像，决定空间结构的感知。如图3-9为不同自然光线下网师园“月到风来亭”往东看的景色，同一景点、同一材质在自然光源不同时其显色也不同，如粉墙在阴天中显色为2.5P 8/1，在多云天气中显色为5Y 9/1，在晴天顺光下为N9.5。可见，自然光作用下的明度变化是外部空间环境色彩三要素中的第一位。

法国著名色彩学家朗克洛提出的色彩地理学中说，不同纬度、不同地理环境造就不同的自然光线，这些自然光线直接影响着区域的色彩景观，影响着不同区域的人对色彩的使用及判断。可见，日照的时数与辐射决定光的强度，从而影响着外部空间的光感；天气

图3-9 网师园中同一景点、不同光线下的色彩显色差异

现象决定天色背景的比例及显现；气候影响着植被的颜色等。

3.3.1　苏州日照辐射与园林光感

美国环境色彩学家洛伊丝·斯文诺夫提出“把城市分成三大组：光亮的城市或地区、中等光亮的城市、阴影中的城市或国家”的方法。王京红博士论文《表述城市精神》中也以斯文诺夫的理论区分城市的光照度，并依据日照小时数和强度指标进行了区分：年日照小时数在2000～2800h和日照强度在21～24klx的城市为中等光亮城市，小于或大于上述区段的城市分别属于阴影中的城市和光亮的城市[10]。光亮的城市由于自然光照射时间长、强度大，各种反射、散射效果都很强烈，物体的色彩能被清晰地呈现出来，光影对比强烈，属于黑白分明的强对比；中等亮度的城市，通常空气中水汽较多，自然光明暗变幻，从亮到暗呈均匀渐变的色彩阶梯，在这种明暗节奏中，视觉感知的空间具有黑、白、灰等丰富的层次，细致微妙地刻画了三维空间的每个细节；阴影中的城市阳光较弱，一般表现为漫反射，均匀地照亮物体，阴影较弱，明度关系属于弱对比，色相的变化变得很敏感（图3-10）。这些从自然光的角度探讨不同地域的光感差异所造成的城市色彩的差异及特征，也是影响苏州古典园林色彩区别于其他地域园林色彩的主要自然因素之一。

据《苏州市年鉴（1996～2005年）》十年内的数据统计，苏州境内太阳辐射年总量为4651.1J/m^2（1J/m^2=1lx），最多的1967年为5188.3J/m^2，最少的1970年为4348.9J/m^2。太阳辐射量以夏季为最大，为1580.8J/m^2；春季次之，为1256.0J/m^2；秋季为1045.9J/m^2；冬季仅为768.2J/m^2。常年平均日照时数为1965.0h，最多年份1967年为2357.6h，最少年份1952年为1630.4h。日照时数的季节分布是：春季（3～5月）454.9h，夏季（6～8月）624.8h，秋季（9～11月）486.7h，冬季（12～2月）398.6h。日照百分率全年平均为44%，夏季最大为49%，秋季为47%，冬季为42%，春季最小为39%[11]。

(a)

(b)

(c)

图3-10 三种光线下的城市景观

(a) 威尼斯；(b) 巴黎；(c) 东京

根据王京红“城市色彩类型”的数据对苏州城的色彩类型进行分析，苏州年平均日照时数为1965.0h，小于或等于2000h，但光照强度只有4.65klx。根据气象局提供的苏州历史天气数据，统计三年（2011.01.01～2014.01.01）天气现象的数据分析，苏州多云、雨、阴、雪天等占全年总数的86%，晴天只占了14%（表3-1）。这些数据进一步明确了苏州属于典型的阴影中的城市。由于自然光照系数较低，光线比较柔和，使色彩更接近于固有色，所以我们在苏州园林中看不到很鲜艳、浓烈的色彩，自然条件占着主导因素。

苏州历史天气现象统计 表 3-1

天气现象	多云	雨	晴	阴	雪
三年总天数	482	399	153	52	18

3.3.2 苏州天气现象与天色背景

天气是大气状态的一种表征，反映大气是冷还是热，是干还是湿，是平静还是狂暴，是晴朗还是多云等[12]。天气现象则是指发生在大气中的各种自然现象，即某瞬时内大气中各种气象要素，与天色背景相关的主要是云、阴、晴、雨、雾、雪等。

天空中空气是无色的。天空的蓝色是大气分子、冰晶、水蒸气等和阳光共同创作的图景。当七彩的太阳光波进入大气层时，就全球平均而论：14%被吸收，43%被散射在进入大气层的途中和反射回宇宙空间，只有43%到达地面。其中波长较长的红色、橙色等光，透射力大，透过大气射向地面；而波长短的紫、蓝、青色光，碰到大气分子、冰晶、水滴等时，就很容易发生散射现象。晴天时，被散射了的紫、蓝、青色光布满天空，就使天空呈现出一片蔚蓝色，如空中水气较多，各种色光都被散射时，天空就会呈现乳白色；多云时，中、低云云量占天空面积的4/10～7/10，或高云云量占天空面积6/10～10/10，天空中云层较多，阳光不很充足，但偶尔能从云的缝隙中见到蔚蓝色的天空，此时天空由云的斑块组成，在光影的作用下，天色以浅蓝色为主基调；阴天时，中、低云总云量在8/10及以上，阳光很少或不能透过云层，天空状况为天色阴暗；雨天、雪天时，天空的云量集聚到一定程度，天色也呈阴暗的状况。天气现象主要产生了6种主要的天色背景：蔚蓝色（7.5PB 7/10）、乳白色+浅蓝色（N9.5 +2.5PB 8/6）、乳白色（N9.5）、浅银色（N8.75）、浅灰色（N7.75）、中灰色（N6），由于大气的作用天顶色与远处的天色显现不一致，在测色时主要以天顶色为主要观测依据（图3-11）。根据苏州历史天气数据统计（2011.01.01～2014.01.01），以及所观测的天色，总结出苏州天色主要以浅灰色为主要基调色，孟塞尔色值为N9.5～N6。

受季节和光照温度变化的影响，天色也存在一定的差异，在晴天里对苏州不同季节天色背景现场的观测显示，春夏的蓝天偏蓝调，秋冬偏紫调。春冬水气较大，天色不够明朗，显灰蓝调，夏天雨季晴天多有白云，秋天晴天的色彩略带紫调等。以天顶为测色依

图3-11 苏州不同天气现象的天色

图3-12 晴天中不同季节的天色

据，春天为2.5PB 7/4，夏天为2.5PB 6/8，秋天为7.5PB 6/10，冬天为7.5PB 7/6（图3-12）。

3.3.3 苏州气候与植物色彩

气候是指一个地区长时间的大气平均物理状态，亦泛指时令。气候以冷、暖、干、湿等特征来衡量，通常由某一时期的平均值和离差值表征。气候对地域色彩景观的影响主要是对地表植被的影响，将为植物的景观色彩带来不同的色彩显现。

苏州位于北亚热带湿润季风气候区内，属亚热带季风海洋性气候，由于西邻太湖，境内河湖港汊密如蜘蛛网，地势低平，造成苏州气候温暖潮湿多雨，四季分明，冬夏季长，春秋季短的气候特征。年平均气温为15.9℃，最高为2007年的18.1℃，最低为1980年的14.9℃，平均气温的年际变化为3.2℃。最热月7月份，平均气温28.2℃；最冷月1月份，平均气温3.6℃，气温的平均年较差为24.6℃[11]。

在四季的划分上，采用近代学者张宝坤的分类法，即候平均气温划分四季：候平均气温大于或等于22℃的时期为夏季，小于或等于10℃的时期为冬季，介于10～22℃的为春季或秋季，以中国气象局提供的天气温度数据为依据（2011.01.01～2014.01.01），得出苏州四季的月份，即春季为3月中旬～5月、夏季为6～9月、秋季为10～11月、冬季为12～3月中旬，详见表3-2和图3-13。

春季，由于太阳辐射增强，气温回升快，气候温和，但同时由于冷暖空气频频在长江中下游交流，温度升降不稳定，骤冷骤热变化较大，降水量、降水日数逐月增多，季平均气温为14.5℃，季降

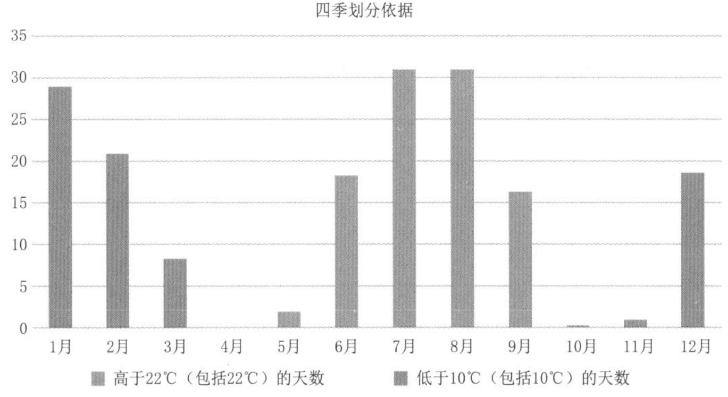

图3-13 根据气温与天数划分四季的时间段

2011.01.01 ~ 2014.01.01 苏州气温每月平均分配天数　表 3-2

月份（月）	1	2	3	4	5	6	7	8	9	10	11	12
≥ 22℃的天数	0	0	0	0	2	18.3	31	31	16.3	0.33	0	0
≤ 10℃的天数	29	21	8.3	0	0	0	0	0	0	0	1	18.7

水总量为271.6mm，季降水日为38d。此季节又是百花盛开的时节，植物的花色、叶色给园林带来春的戎装。观花的植物主要有山茶、广玉兰、月季、杜鹃、金丝桃、探春、含笑、牡丹、玉兰、梅、桃、杏、李、海棠、丁香、辛夷、紫荆、绣球、迎春、连翘、珍珠梅、棣棠、郁李、榆叶梅等，此时大部分的落叶乔木正处于新叶时期，透光性强的黄绿色增添满园的春色。

夏季，温暖潮湿多雨，盛行东南风，是一年中最热的季节，也是全年降水量最多的时期，季平均气温为26.5℃，季降水总量为478.2mm，季降水日为38d。6月进入梅雨季节，升温幅度不大，天气潮湿闷热，降水相对集中，常出现大雨或暴雨；9月上旬气温仍较高，并有炎热天气出现，俗称“秋老虎”。此时是万物生长旺盛的季节，在植物中主要体现在叶绿素的饱和，大部分的植物色彩呈现统一的色调，观花的植物主要为荷花、木槿、木芙蓉、紫薇、栀子花、夹竹桃等，打破夏的静寂。

秋季，10月后太平洋副热带高压主体迅速南撤，冷空气日趋活跃，初秋台风活动仍很活跃，雨水仍较多，逐后锐减，秋高气爽。季平均气温为17.7℃，季降水总量为218.4mm，季降水日为26d，平均初霜期在11月15～20日。此阶段的大部分落叶乔木叶子逐渐变黄，并很快落叶，但也有些秋色叶的植物在园林的色彩渲染中发挥着重要的作用，如槭、枫香、乌桕、榉树、梧桐、银杏、白玉兰等，其中槭树种类很多，叶色丰富。秋天是成熟的季节，因此，园林中多了一些观果的植物，如橘、香橼、枸骨、石榴、花红、柿、无花果、枸杞、枣等。

冬季，受蒙古冷高压控制，盛行偏北风，天气干燥。季平均气温为4.9℃，季降水量为140.4mm，季降水日为26d，是全年降水量最少的季节，而冬季降水有部分是以雪的形式出现，年平均降雪日数为5.6d。此阶段主要观花的植物是蜡梅、山茶等，观果的植物是南天竹等。

在这样优越的气候条件下，苏州古典园林植物种类繁多、长势良好、四季分明，有大量的温带常见树木、花卉和藤萝，也间种一些亚热带的植物，地被及小灌木多为常绿植物，乔木多为落叶，中间植松柏竹等常绿植物，植物色彩结构清晰明了。由于季节的变化，同一景点的植物色彩呈现出截然不同的色彩表情。如图3-14反映出拙政园中“荷风四面亭”四季植物色彩的变化非常丰富，春天大部分的落叶植物吐新绿，百花陆续开放；夏天一片绿油油，绽放粉荷打破了这片苍绿之色；秋天黄、绿、红三色相互交织，组成绚丽的秋色；冬天一切归为孤寂，灰色枝干占领视域。可见，季节气候的因素对园林景色的影响非常之大。

图3-14 荷风四面亭四季植物色彩的变化

3.4　不同自然光照类型与园林色彩显色的关系

根据苏州日照条件及天气现象等气象条件，结合阴影中的城市类型，可以把苏州自然光照的类型大致分为两种：弱光与强光。弱光对应的天气类型主要包括多云、阴天、雨天和雪天，此时的太阳光被云层遮蔽，阳光穿过云层发生漫反射，云层起到柔化阳光的作用，阳光被弱化，并随着云层量的集聚，光线越来越弱，天色越来越暗。强光对应的天气类型是晴天，具备充足的光线，使景物饱满而生动，由于苏州的晴天只占全年13%左右，良好的光照条件造就园林中重要的景观效果。

3.4.1　弱光下的园林色彩显色的特征

在全年天数中，苏州天气多云约占45%、雨约占36%、阴约占4%、雪约占2%，也就是说弱光条件下的自然光占全年比例的87%。弱光程度从亮到暗依次为多云、雪、雨、阴的顺序。多云指总云量在2/10～8/10，阳光不很充足，但仍能从云的缝隙中见到晴天的天空状况，明度较高，表现为亮灰色；雪天因为有雪的反光与折射，所谓“飞雪连天”，所以呈银灰色；小雨至中雨因为有水对光的反射与折射，显得比阴天还亮些，呈现中灰色调；大雨与阴天，由于云层很低很厚，所以色调呈现暗灰调。

这样的自然光照系数及背景，将影响民居建筑的场地色彩定位，目前我们看到苏州建筑外立面所呈现的粉墙黛瓦，是苏州人对环境适应的结果。从自然光照来看，苏州是典型的弱光下的阴影城市，长调的高明度对比是人们在这种光照系数下的强烈需求，粉白色的墙在弱光下与天色、水色融为一个色调，深灰色的屋檐勾勒出建筑的轮廓，共同构成绮丽如画的水墨江南风光。而到了近人尺度的建筑内部，则呈现出暗红色的木隔扇、浅灰色系建筑基础和暖色调的木本色家具等，来调和无彩色系建筑所带来的单调感。如图3-15反映了弱光下的苏州城，天色与水色形成很大的浅灰背景，粉墙黛瓦则打破这种自然界的弱对比，在强化色彩明亮度的同时，又扩大了空间的维度感，而在近人的尺度则采用与绿色相反的互补色——暗红色，作为建筑立面及室内装修的主要格调，在用色上大胆而巧妙。

苏州建筑用色的选择与荷兰阿姆斯特丹（北纬52°21′、东经4°52′）有点相似，后者也是水乡，只是纬度偏高、气候偏冷，但都属于阴影中的城市，城市色彩的明度感知不鲜明，视觉感知的空间结构是二维的，明度几乎是一个层次，导致轮廓、线条的描写平

图3-15 弱光下的苏州园林意向

淡，影响清晰度[13]。阿姆斯特丹主要采用明度色差的强对比，如相邻的建筑都是浅色立面与深色立面组合在一起；或用长调子的明度对比进行建筑立面装饰线的勾勒及细节的装饰；由于光线柔和，建筑多选择强对比的色相、低纯度、中长调的明度进行色彩组合。可见人们在建筑用色时充分考虑了自然光环境下的理想视觉色彩感观。苏州选择粉墙黛瓦为建筑外立面的主色调，选择暗红色的漆作及暖灰色系的自然材料作为建筑细节及内部空间的组织，在自然园林中凸显朱栏翠阁是人们视觉心理的需要，是人类适应自然环境所用色及配色的结果，如图3-16是两个阴影中城市的色彩比较。

3.4.2 强光下的园林色彩显色特征

苏州的晴天只占全年13%左右，按照“物以稀为贵”的原则，良好的光照条件成为园林中重要的景观效果。光线会随着时间、空间的变化而变化，本节主要从对色彩显现有影响的两大点进一步说明。

1. 不同季节强光下的园林色彩显色特征

不同的季节，太阳光在天空中的位置、光线强度及角度等不同，色彩的显色效果也不同。春季阳光明媚；夏季漫长而明亮的白天，烈日炎炎似火烧；秋季秋高气爽，夜晚萧瑟；冬季白日短暂。

在太阳最大仰角的夏季和最小仰角的冬季之间，各个基本方位和日出日落的时间都在变化。在苏州地区，冬季太阳在南半球，太阳的夹角小，阳光照射到建筑立面的面积大；夏季太阳在北半球，

图3-16 苏州与阿姆斯特丹的色彩比较

受太阳照射折射角度的变化，太阳的夹角大，阳光照射到建筑立面的面积小。因此，对建筑的色彩显现影响比较大，如朱黑色的柱子与门窗，因冬季太阳的斜角照射，朱黑色柱子及门窗在太阳光的照射下，显得鲜艳十足，色彩接近红色。到了夏季，太阳角度偏天顶移动，在屋檐的阴影下，朱黑色的柱子及门窗接近黑红色，衬托自然的绿，显得格外高雅。图3-17是留园“五峰仙馆”的门窗在冬季与夏季的比对，可见阳光对色彩的显色性起很大的作用，这也进一步说明巧色的应用要借助自然的规律与力量。

2. 光与影在园林中的变化

晴天是表现一般景物特征的最佳光照天气，在充足的光线下，景物色彩饱满而生动，光影对比明确，自然光影的变化随着时间的变化而不时变换角度及层次，这种动态变化使空间充满活力。

中国传统建筑最讲究光影在建筑中的表现，主要体现在木格扇、挂落、滴水瓦和花窗等建筑部件落在地面及白墙上的效果，或者由这些建筑部件塑造出的明暗及光影感，这些都是传统建筑的智慧，《园冶》中所言的“梧荫匝地”“槐荫当庭”和“窗虚蕉影玲珑”等都是对植物阴影的欣赏。张先的诗“云破月来花弄影”，将影子写活了。以这种敏锐的视觉感悟去欣赏园林中的植物，在形、色、香之外，又增添了一道风景。苏州园林中的白墙作为植物影子的画布，展示着动态的光影之作。狮子林“暗香疏影楼”，取宋代林逋《山园小梅》中“疏影横斜水清浅，暗香浮动月黄昏”之意，“疏影”本来就雅，通过水把疏影反映出来，就显得更雅。

强光下带来的影子最美的莫过于水中的倒影，水可以说是风景园林设计中最活跃、最敏感的元素。水是自然界光学特性中最为独特的物质，因其反光的特性将环境中万物都收入其中，并由水色起调和倒影中物象色彩的作用，如图3-18反映了网师园水池中的倒影及水色，其中以天色倒影在水里的呈色进行色彩比对，阴天为N7，多云为2.5P 8/1，晴天为2.5PB 7/2。可见由天色变化所产生的植物色彩的变化对水面呈色具有重要影响力，因苏州的晴天比例只占全年14%，因此，大部分时间中植物暗部倒影在水里的颜色与水草组合，都使水面呈现出碧水之色。计成如此体会其美：“池塘倒影，拟入鲛宫，动涵半轮秋水。”静态水体中最有感染力的光影形象就是水中的倒影，倒影加强和扩大了园林空间的景域与层次，产生虚实之美，并且水面反射的轻盈多姿的波光和倒影能够营造出一种平和自然的氛围[14]。拙政园“塔影亭”建于池心，为橘红色八角亭，灯笼锦窗棂，亭影倒映水中，倒影如塔之亭，以虚景名亭，倒影成为园林中主要的审美对象之一。拙政

图3-17 门窗在夏、冬两季中午的显色效果

图3-18 网师园的倒影与水色

显色值7.5R 5/14、10R 4/12　固有色5R 2/4　显色值7.5R 5/10、5R 3/8　固有色5R 2/4

园“倒影楼”以楼在水中倒影的虚景作为实景的命名，楼宇面临澄澈池水，可见周围倒影簇簇、波浮影动，正符匾额立意。从湖光水色中借倒影，再次强调大自然作用下瑰丽秀美的色彩。艺圃“延光阁”为苏州园林最大的水榭，窗外水光潋滟、碧波粼粼，南望可见湖石假山、绝壁危径，晴日阳光灿烂，天光云影波光，皆入阁内；月色皎洁的晚上，月光盈阁，在此品香茗、读诗书、赏山水、看游鱼，可以“养性延寿，与日月齐光”。网师园中部以池水为中心景区，明净清澈的池水中不种莲藻，很像一块明镜，反照出天光山色以及周围的亭、阁、树影等，形成景物与倒影相对称、相呼应的一幅幅画面。这种巧妙的虚实结合的借景手法，增加了层次，丰富了园景。

3. 强光下的植物色彩

童寯在《江南园林志》中说：“园林无花木则无生气”，说明了花木在园林中的重要作用，因为它们是园林色彩中比例最大的一部分。植物本身的固有色是最生动、最丰富的，它们的质感、叶片组织、透光度、造型差异及气候变化将会给观者带来丰富的色彩感受。强光下植物的色彩感知主要有两个角度：顺光和逆光。

顺光的情况下，植物的固有色被罩上一层光色，加上光影的作用，色彩对比鲜明，显色比固有色要亮。车生泉在《日照对园林植物色彩视觉的影响》一文中，论述了在冬日一天7个时间段内上海交通大学对慈孝竹、罗汉松、广玉兰、栀子4种植物进行色彩观测值的试验，目的是为了分析植物色彩的色相、纯度、明度（灰度）在冬日里不同时间段的变化。结论为：早晚的光色偏暖，偏绿的植物显黄，但对黄绿色的植物影响不大；中午的纯度和灰度基本保持稳定的顺光下的色彩，但在上下午时间绿色的植物其纯度和灰度会有一定的下降。此试验的结论进一步证明自然光色在不同时间段，其色光、光线的强弱对植物色彩显现的影响[15]。

本书在其研究的基础上，加入植物叶片固有色的测试和在一定的距离内对植物在相对恒定光源下，进行顺光及侧、逆光下（统称逆光下）的植物色彩显色比对试验，（图3-19）时间锁定在一年中植物色彩最丰富的秋季，目的是得到植物在光源下的显色规律。根据所测的数据进行分析，固有色在顺光及逆光状态下的色彩显色值，基本上有如下规律：

（1）秋季植物的色彩非常丰富，呈现绿、黄绿、黄、橙、红的色叶变化都有，且明度及纯度的变化很丰富，如2.5GY 6/10、2.5GY 8/12、10Y 6/8、7.5Y 8.5/12、5Y 8.5/14、3.75Y 8/12、

固有色的比对

逆光下的比对

顺光下的比对

图3-19 固有色——顺光下的显色值——逆光下的显色值

时 间：2013年11月13日（秋天）的上午10:00～11:00、下午2:00～4:00；地点：苏州拙政园；距离：3～8m；色卡：孟塞尔国际标准色卡；植物品种：青枫（细锯械）、朴树、香樟、芭蕉、枫杨、乌桕、梧桐、糙叶树、柳树、榆树等；观测者：作者及助手两名，无色盲及色弱；测色内容：叶片的固有色及在顺光和逆光下的色彩显色值的比对，并记录植物的色彩显色值

2.5Y 7/12、5YR 5/12、2.5YR 4/10、10R 3/8、10R 3/10等，其中黄绿、黄、红的色叶所占的比例较大，黄绿色2.5GY 6/10占所测植物的60%～70%，紧接着是黄色叶子中2.5Y 8/12所占比例较大，红色中10R 3/8所占比例较大。因此，表中的色彩主要源于比例约大于30%以上的色叶量，其他微差的色彩值不进入统计范畴。

（2）顺光下的色彩变化主要是明度及纯度的变化，顺光下色相（*H*）大部分没有变化，只有梧桐和柳树的叶子偏黄一个色相值，明度（*V*）大部分显亮一个明度值，纯度（*C*）大部分偏纯两个纯度值，具体见表3-3。其中黄绿色变化梯度较大，其次是红色，黄色叶相对稳定，因黄色在明度上是最亮的，其色相也较亮，所以在光线的变化下，显色差异不大。此外，受叶片质感、肌理及透光度的影响，同样的固有色，色彩显性也有差异。

十种大乔木树叶固有色在顺光状态下的色彩显色值　表 3-3

植物名	透光度	部位	固有色	顺光	*H*	*V*	*C*
槭树	半透光	黄绿叶	10Y 7/8	10Y 7/10	0	0	+2
		黄叶	5Y 8/6	5Y 8/6	0	0	0
		红叶	7.5R 3/8	7.5R 5/10	0	+2	+2
朴树	半透光	黄绿叶	5GY 4/6	5GY 5/10	0	+1	+4
		黄叶	5Y 8/10	5Y 8/12	0	0	+2
香樟	不透光	黄绿叶	7.5GY 3/6	7.5GY 4/6	0	+1	0
芭蕉	半透光	黄绿叶	5GY 3/6	5GY 4/6	0	+1	0
枫杨	半透光	新叶	5GY 4/6	5GY 5/8	0	+1	+2
乌桕	半透光	黄绿叶	5GY 3/4	5GY 3/6	0	0	+2
		黄叶	2.5Y 7/12	2.5Y 8/14	0	+1	+2
		橙色叶	2.5YR4/10	2.5YR5/12	0	+1	+2
		红叶	10R3/10	10R4/12	0	+1	+2
梧桐	半透光	黄绿叶	2.5GY 6/10	10Y 7/12	+2.5	+1	+2
		黄叶	6.25Y 8/12	5Y 8/14	-1.25	0	+2
		橙色叶	10YR7/14	5YR5/12	-5	-2	-2

续表

植物名	透光度	部位	固有色	顺光	*H*	*V*	*C*
糙叶树	半透光	黄绿叶	5GY 5/8	5GY 6/8	0	+1	0
柳树	半透光	黄绿叶	5GY 4/6	2.5GY 5/8	-2.5	+1	+2
		黄叶	10Y 8/8	10Y 8/10	0	0	+2
榆树	半透光	黄绿叶	5GY5/8	5GY6/10	0	+1	+2
		黄叶	10Y 7/10	10Y 8/12	0	+1	+2

（3）在逆光的条件下，植物色彩不仅受自然光的影响，还受植物叶片质感、肌理及透光度的影响，这使植物的色彩显色变化很大。逆光下，透光度强的叶片其色相（*H*）变化较为丰富，受光线中黄光及红光的影响，黄绿偏点黄，黄色偏金黄色，红色显得更纯等；明度（*V*）大部分明显亮或偏暗1～2个明度值；纯度（*C*）大部分偏纯2～6个纯度值，具体见表3-4。

十种大乔木树叶固有色在逆光状态下的色彩显色值　　表 3-4

植物名	透光度	部位	固有色	逆光	*H*	*V*	*C*
槭树	半透光	黄绿叶	10Y 7/8	10Y 8.5/12	0	+1.5	+4
		黄叶	5Y 8/6	5Y 8/8	0	0	+2
		红叶	7.5R 3/8	7.5R 5/14	+2.5	+1	+4
朴树	半透光	黄绿叶	5GY 4/6	5GY 6/10	0	+2	+4
		黄叶	5Y 8/10	5Y 8.5/12	0	+0.5	+2
香樟	不透光	黄绿叶	7.5GY 3/6	5GY 4/6	-2.5	0	0
芭蕉	半透光	黄绿叶	5GY 3/6	5GY 6/10	0	+3	+4
枫杨	半透光	新 叶	5GY 4/6	2.5GY 6/10	0	+2	+4
乌桕	半透光	黄绿叶	5GY 3/4	5GY 4/6	0	+1	+2
		黄叶	2.5Y 7/12	2.5Y 8/14	0	+1	+2
		橙色叶	2.5YR4/10	2.5YR5/14	0	+1	+4
		红叶	10R3/10	10R5/14	0	+2	+4

续表

植物名	透光度	部位	固有色	逆光	H	V	C
梧桐	半透光	黄绿叶	2.5GY 6/10	10Y 8/12	+2.5	+2	+2
		黄叶	6.25Y 8/12	1. 25Y 7/14	-5	-1	+2
		橙色叶	10YR 7/14	5YR 6/14	-5	-1	0
糙叶树	半透光	黄绿叶	5GY 5/8	2.5GY 6/10	-2.5	+1	+2
柳树	半透光	黄绿叶	5GY 4/6	2.5GY 7/12、	-2.5	+3	+6
		黄叶	10Y 8/8	10Y 8.5/10	0	+0.5	+2
榆树	半透光	黄绿叶	5GY5/8	2.5GY 6/10	-2.5	+1	+2
		黄叶	10Y 7/10	8. 5Y 8.5/12	-1.5	+1.5	+2

3.5　不同时间段的光照条件与园林色彩显色的关系

自然光的昼夜变化给人们带来时间的最直观感知，主要通过太阳的东升西落、昼夜的明暗更替、天空与环境的色彩变化等因素表现出来。一日之中，太阳的升沉起落给人丰富的联想。日初，晨光给人万物皆欣荣的兴旺景象："日出远岫明，鸟散空林寂"，万物在日光移动中千变万化、佳景频出："日移花色异，风散水文长"。日中，光线最为强烈"白日正中时，天下共明光"。日斜，则是另一番令人着迷的景象："日沉红有影，风定绿无波"。白居易《庐山草堂记》中说："阴晴显晦，昏旦含吐。千变万状，不可殚纪。"可见，不同的时辰显示出不同的光照条件，在不同的光照条件下显示出不同的景观色彩效果。一天时间根据光照效果大致可划分为五个时间段：清晨、上午和下午、中午、黄昏及夜晚，由于春夏秋冬日出的时间及角度都是不同的，这一时间段划分只表明一种时间概念。

3.5.1　清晨

清晨太阳角度较小，阳光穿过厚实的大气层，加上空气的湿气，散射的阳光使整个天空呈现出一种淡雅的霞光，呈现出温暖的颜色，并把景物都渲染成带有同样光辉的颜色。此时地面受光量较

图3-20 清晨的光线与拙政园“远香堂”清晨时分的景色

少，显得较暗，天空与地面的亮度区别很大，对型的塑造很概括，轮廓线成为视觉可见的主体，多余的细节被弱化，明度间的对比柔和，很容易生成意境而在逆光条件下，景物细节再一次被提炼，意境更为纯粹。光线、天色、水气、雾气等天气给景物披上一层迷人的色彩，如图3-20记录了拙政园“远香堂”清晨时分的景色。艺圃中的“朝爽亭”，原名为“朝爽台”，清代王士祯诗曰：“崇台面吴山，山色喜无恙；朝爽与夕霏，氤氲非一状；想见柱笏时，心在飞鸟上。”并有苏州沧浪诗社何芳洲撰“漫步沐朝阳，满园春光堪入画；登临迎爽气，一池秋水总宜诗”的对联。可见，良辰佳景也是园林布局中重要的因素。

3.5.2　上午和下午

上午和下午通常指我们白天上下班的时间。这两段时间日光强度适中，变化不明显，色温相对稳定，光照充足，显色性好，此时的光线是呈现景物色彩的主要光线，被认为是最普遍的光照条件。自然光还原万物的固有色，万物被清晰地显现出来，观赏者的眼睛更多关注形式、色彩、质地等客观事物的景象，通过图3-21可比对环秀山庄主景点在上、下午时段晴天与阴天的景色差异。晴天亮部及暗部的色彩对比强烈，同一种颜色在光照下呈现出丰富的明度色阶，暗部偏蓝紫色，丰富了纯度的层级变化，造型、质感、肌理在此时段丰富了色彩的呈现效果，细微的视觉感官品鉴多集中在此时段。

3.5.3　中午

中午为一天中太阳的正中时段，即为现代24h制的11:00～13:00。此时间段光线最强烈，色彩的饱和度降低，过强的反光与直射日光照射下的景物会缺乏层次感。强烈的光线对苏州园林中原本反差比较低的景物，可增强其对比关系，增强色彩的对比性，如清澈的水

图3-21 环秀山庄主景点在上、下午时段晴天与阴天的景色

图3-22 环秀山庄主景点在中午时段晴天与阴天的景色

体在正午会显得更加透明，并清楚地显现水底的景色。晴天的中午时段光线过于强烈和耀眼，色彩的层次被减弱，黑白对比强烈，则不利于景色的观赏和品鉴，图3-22为环秀山庄主景点在中午时段晴天与阴天的景色，可见晴天中午的阳光非常耀眼，亮部与暗部对比强烈，缺少中间过渡层，在此光线下粉墙黛瓦对比非常强烈，略显突兀；而阴天中午的光线，由于光线漫反射的作用，没有晴天中出现的耀眼感，而暗部的细节和层次在此时段也被消解到暗部的总色调中。

3.5.4 黄昏

黄昏太阳角度也较小，是从明到暗的过渡时间段，此时如果空气中的水蒸气比较多，天边将会形成一层层暮霭，呈现出温暖的色调，万物在夕阳照耀下显得特别温暖、鲜艳，光影下的阴影受天光的影响而产生互补的蓝紫色调。随着时间的变化，光线更偏向橘红色，逐渐减弱的亮度也使得景物的反差对比减弱，物体的阴影越来越大，变成更为浓郁的蓝色调，受光与背光呈现出鲜明的补色对比及低长调的明度对比。此时天空的云彩受斜阳的照射，亮面呈现红橙色或红色，暗部受水气折射而显紫色或淡红色，天色背景呈现从橙色到红再到紫蓝色的渐变（图3-23）。此阶段的光色及阴影色调丰富而和谐，历来都受到艺术家们的喜爱，特别是印象派诞生的时期，大量的艺术作品都是在此阶段创作的，同时这个时间段被摄影

图3-23 沧浪亭夕阳西下的景色

艺术家及影视家称为“黄金小时”。历代描绘园林的诗歌散文也大多产生于这个时段，如陶潜《饮酒》中“山气日夕佳”，王维《赠裴十迪》中“风景日夕佳”等。对后来的园林时辰品鉴起到了一定的影响作用。观赏夕阳的美景作为主要的景点立意，如苏州拙政园的“绣绮亭”就是观赏夕阳湖光山色的景点之一，亭子内部行楷匾额“晓丹晚翠”，描述的是红色的丹霞、翠绿的暮色。天空的自然变幻，能形成一种特殊气氛的景观，说明大自然中变化多端的自然景色也是构成优美欣赏空间的重要部分，充满诗情画意。

3.5.5 夜晚

夜晚主要指日落后至第二天日出前的时刻，夜幕降临，一切色彩都暗淡无光，被消解在夜色之中，让人进一步体会到没有光就没有色的道理。有月亮的夜晚是最迷人的，深蓝色的夜空中高悬一轮明月，繁星点点，在这样的夜色下，人们近处色彩的饱和度很低，远处的颜色被消解成一个平面，周边的景色若隐若现、隐隐约约，此时人们的视角大多仰望天空，欣赏深蓝带点紫色的夜空中皎洁的月光，月光清亮而不艳丽，使人境与心得、理与心合，清空无执，淡寂幽远，清美恬悦。宇宙的本体与人的心性自然融贯，实景中流动着清虚的意味，因此月光是追求宁静境界园林的最好配景（图3-24）。如苏州拙政园中的“梧竹幽居”“与谁同坐轩”，网师园的“月到风来亭”，艺圃的“响月廊”，畅园的“待月亭”，耦园

图3-24 网师园夜晚的景色

的“受月池”“望月亭”，拥翠山庄的“月驾轩”等，都是观赏月亮的景点。

3.6 三种主要天气现象与苏州园林色彩显色的关系

苏州气候条件和天气现象也为苏州园林的色彩显色增添了几分魅力、神秘与意境，如雨、雾、霜、雪等天气现象将改变景物的面貌特征，使园林景物呈现独特的色彩氛围。受视觉经验的影响，不同天气会使景物具有不同的感情基调，产生不同的审美情趣，如留园“佳晴喜雨快雪之亭”，集诗文碑帖之语成景点立题。佳晴，取宋范成大“佳晴有新课”的诗句；喜雨，取《春秋谷梁传》中“喜雨者，有志于民者也”的句意，喜雨即及时雨；快雪，取自晋·王羲之《快雪时晴》帖[8]。妙合成句，用来表达不同天气现象下的景物，不论晴雨风雪都值得观赏。本节主要选择影响苏州园林色彩显色的三种主要天气现象，即雨、雾、雪来进行探讨。

3.6.1 雨天中的苏州古典园林

苏州城常年年平均降水量为1110.6mm，年降水日为128d[16]。苏州的黄梅雨始于6月中旬，终于7月上旬，约20d，降雨量达205mm左右，这些是降水量最多的月份。夏季降水最多，冬季最少，但降水日春夏均等，约38d；秋冬均等，约26d，雨天占常年比例的36%。唐·王昌龄《芙蓉楼送辛渐》“寒雨连江夜人吴”、《送李擢游江东》“吴门烟雨愁”、《太湖秋夕》“水宿烟雨寒”等都是描绘苏州多雨的气候现象的诗句。白居易《池上小宴问程秀才》中说：“洛下林园好自知，江南景物暗相随……雨滴篷声青雀舫，浪摇花影白莲池。停杯一问苏州客，何似吴松江上时。”说明在白居易心目中，雨已成为江南典型的物象。

在江南美学形象中，雨是极其重要的因素，古今表现它的文艺作品不计其数，但多为描绘苏州小雨的景象，如“细雨”“烟雨”“微雨”“残雨”“丝雨”“霏霏”等。如唐朝谢朓《观朝雨》中“空蒙似薄雾，散漫如轻埃”，用薄雾、轻埃来形容雨的细密；陆龟蒙《江南》中“细雨层头赤鲤跳”，韦庄《菩萨蛮》中“人人尽说江南好，游人只合江南老。春水碧于天，面船听雨眠”，以及寇准的“漠漠靠霏着柳条，轻寒争信杏花娇”等，表现了江南因雨而显得温润、优美，表现雨温润迷离的质感，充满诗情画意。

雨天自然光没有明确的方向，没有直射光线，借助水气微粒的作用，光线在其中不断地反射、折射，形成朦胧的显色效果。苏州雨中清丽温润、深微迷蒙的景象，使园林中的山水成为一幅幅宋元青绿山水画，雨后的山色华丽清新，石色在雨后斑驳成多种色彩，苔痕滴翠。万物在雨的滋润下如上了一层油，色彩的现象体现为饱和度高、明度减低、润度提高、明度对比及纯度对比鲜明，成为苏州古典园林中主要的景观之一，也是其重要特色之一，图3-25是冬季的雨景，可看到在20m可视范围内，没有水气的影响下，景物所呈现的色调饱和度很高，明度减低，纯度提高，平日里难以见到的“黛瓦”在雨中被润成黑色，在漫反射的光线下，从低视角看，其暗部像女子的眉毛一样，清新明了。

笔者针对苏州雨后景观元素的显现效果进行了色彩比对试验。时间：2014年1月9日（阴）、11日（雨），上午10:00～11:00、下午2:00～4:00；地点：苏州拙政园；远看距离：3～8m；色卡：孟塞尔国际标准色卡；内容：砖、瓦、石等建筑材料；观测者：作者及助手两名，无色盲及色弱；测色内容：建筑材料的固有色、雨润后的色彩，以及远观下显色值的比对，并记录显色值，工作方法如图3-26所示。园林的建材多取天然的建筑材料，如黄石、碎石、太湖石、花岗石等，其色彩种类非常丰富。因此，在测色的过程中主要选取色彩比例较大的颜色进行比对，如黄石的色彩很丰富，有棕红色、中黄色、深黄色、褐色、赭石色、黄灰色、青灰色等，因此，选取比例较大的棕红色、青灰色、褐色进行比对；而砖和瓦在烧制过程中，受土壤、温度和水的影响，色彩呈现不同程度的色差，根据色彩空间混合的原理，取其中间平均值，如新烧制的瓦N2.75、N2、N3.5等，取其中间色为N2.75进入色标的记录；另外，花街铺地主要由鹅卵石、瓦、砖、碎石等材料根据图案组合而成，色彩显色丰富、生动，在色彩组合中因为色彩在空间中的混合，而

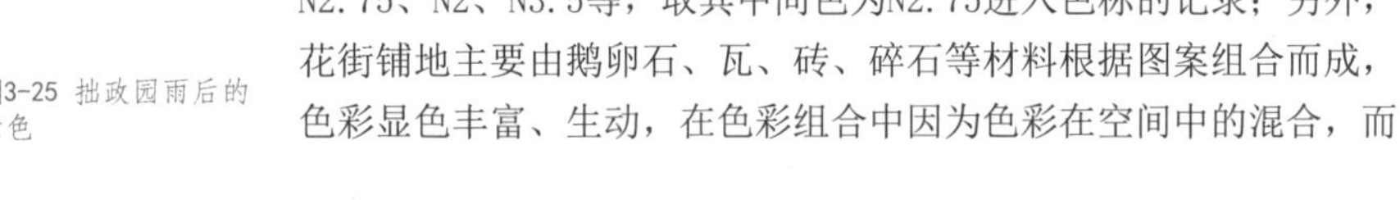

图3-25 拙政园雨后的景色

(a) (b) (c)

图3-26 雨前及雨润后的色样采集

(a)固有色;(b)雨润后的显色;(c)远距离的观测

形成空混效果，主要分为暖色系和冷色系两大类，具体的将在铺装章节详细说明。

根据所测的数据（表3-5）进行分析，固有色被雨滋润后的色彩显色值，基本上有这样的规律：①雨润过的建筑材料整体上明度减低，如减到N2以下，其色相消失；②纯度提高，其中带橙色及褐色的纯度变化明显；③从3～8m的观测角度再看材料时，此时受光线的漫反射作用，亮度的明度增强，但暗部更暗；④受肌理及质感的变化，肌理越大，凹凸变化越强，整体色调偏暗；肌理小，反光强，整体色调偏亮。

雨前及雨润后的色样采集数据分析 表3-5

内容	颜色	固有色	雨润	色相差	明度差	纯度差	雨后远看
新砖	深灰色	N3.25	N2	0	-1.25	0	N2.75
老砖	深灰色	10YR 4/2	10YR 2/1	-1	-2	-1	
花岗石	黄灰色	10YR 5/2	7.5YR 4/8	-2.5	-1	+6	7.5YR 5/4
	浅黄色	10YR 6/2	7.5YR 5/8	-2.5	-1	+6	
新瓦	深灰色	N2.75	N2	0	-0.75	0	N2.25
老瓦	深灰色	10YR 3/1	10YR 2/1	-1	-1.25	0	
青石	深灰色	N4.25	N2.25	0	-2	0	N3.5
	浅灰色	5YR 5/1	5YR 4/1	0	-1	0	

续表

内容	颜色	固有色	雨润	色相差	明度差	纯度差	雨后远看
黄石	棕红色	2.5YR 5/6	2.5YR 4/6	0	-1	0	5YR 3/4
	青灰色	10Y 5/1	10Y 4/1	0	-1	0	
	褐色	5YR 4/4	5YR 3/6	0	-1	+2	
太湖石	灰色	10PB 6/1	10PB 5/1	0	-1	0	5PB 5/1
	青黑色	5PB 3/1	5PB 2/1	0	-1	0	
花街铺地	暖灰色	5YR 4/4	5YR 3/4	0	-1	0	5YR 4/2
	冷灰色	5Y 5/1	5Y 4/2	0	-1	+1	5Y 5/1

3.6.2 雾中的苏州古典园林

苏州的雾天不会持续一整天，只出现在春、秋、冬季的晚上或清晨，因地表温度逐渐冷却，较潮湿的空气很快便降温至露点，形成无数的小水珠悬浮于空气中。它们对光线起到了柔化的作用，使较暗的景物看起来饱和度更低，但是对于有色彩的光或者明亮的景物，则会形成模糊的彩色光晕，增加了光的神秘色彩。雾，如雨，如尘，如烟，如气，似有而若无，似无而若有，能以其模糊感来制造距离，而距离产生美，使景物蒙上了羽纱，影影绰绰，倒映入水，隐隐约约，这是朦胧美的极致。

晨曦及暮色中的粉墙黛瓦融在迷茫的灰调子中，似乎失去所有的透视感和三维感，而变成和谐简练的平面世界，成了画布。空灵的花窗、滴水，如画的植物带来幻象美和清静素雅的气氛，这种朦胧美、意向美是古人在自然因素影响下，对生存、生活环境探索下的遗产，是在东方哲学思想指导下产生的“无之美”“空灵之美”的境界，使人超越了有形世界和转瞬即逝的各种现象，通过“无形”去接近无限的境界（图3-27）。

图3-27 太湖与拙政园的雾境

(a)

(b)

(c)

图3-28 雪景

(a)艺圃雪景；(b)留园涵碧山房雪景；(c)网师园雪景

3.6.3 雪中的苏州古典园林

雪天在苏州天气中所占的比例很少，只有全年2%，属于难得一见的天气现象，但却是苏州园林重要的审美情景之一。雪是一种独特的具有实体形态的天气元素。在空中，轻质飘飘，随风飘落在景物上，将景物化彩为素、化零为整。由于白雪的反光很强，未附着白雪的地方，明度降得很低，色相及纯度减弱或消失，景物被一层厚厚的白雪附着，飞雪连天色，整体色调呈黑白对比，如同一张水墨画；雪后天晴无雪处的景物在白雪的反衬下则更为显眼，如果是晨曦时分，此时的自然光较弱，雪将反射天光，使景色整体呈现蓝色基调；到了上、下午时间，自然光及白雪之间反射性很强，冰晶会将阳光折射形成闪烁的光点，使景物都变得清辉闪烁，具有独特的美感（图3-28）。

3.7 自然环境综合因素造就的苏州园林色彩特色

3.7.1 水乡泽国与苏州园林的理水艺术

水乡泽国的地理条件，使苏州用水之便得天独厚，因此凿池引泉一直是造园的一大特色。苏州园林最美之处是它的水，无水不成景，无水不成园，因此有“无水不园，园因水活”一说。在经历了长期的造园实践之后，明清苏州园林的理水技艺已臻完善，无论大小园林都能以水取景、纵水生辉，达到了极高的艺术境界。

园林中的水景总是占据园子的中心地带，亭台楼阁依水而建，灵石桥梁亦依水而造。有了水，园林就有了活力。晴天里，水就像一面蓝色的镜子映照着周边的景色，使倒影的景色通过天色、水色的统一后，形态被简化，细节被淡化，一切繁缛的细节都被隐调在蓝绿色的水面里，而色彩的明度和纯度对比被水色给凸显出来，又被水色给调和起来，就像色彩学中的调和原理一样；又像上了油一样，倒影显得虚幻而美丽。受气候条件、时辰和天气现象的影响，水无时无刻不在变幻它的色彩，展现出“池塘倒影，拟入鲛宫”的意趣，为园林景色增添了无穷的神奇魅力。

3.7.2 苏州青山绿水与青绿山水园林

人栖息、依附于大地之间，山与水构成人类赖以生存的物质生态环境。先民在人与自然的关系中，以“坎”“艮”两卦，代表水和山。《易·说卦》中说：“润万物者，莫润乎水。终万物始万物者，莫盛乎艮。”这是以朴素的哲学观点，概括了山水对于万物和人类的重要生态功能。继而在山水审美上，孔子在《论语·雍也》中提出“智者乐水，仁者乐山”的意趣隽永的名言，对后来的隐逸思想及审美情趣起着深远的影响。晋左思《招隐》中的“非必丝与竹，山水有清音”，成为隐逸审美的主题。

自然山水作为审美主体，诗人、画家们凭着山水这个生态客体，展开了精神世界的丰富性：感觉、知觉、快感、美感、联想、想象、感情、理智……山水，已成为人们由衷的生态追求，成为人们精神生活的重要组成部分。因此，在平日，虽身不能至，却心向往之。于是，山水园早就出现于中国园林史上[17]。从对自然山水的欣赏、品鉴、借鉴，到山水画，再到园林中的三维体现，不单是空间、尺度、景点等的借鉴，从自然的色彩及格调上也是取法于自然。

吴中的江湖河汉纵横交错，滋润的空气及晴晦变幻、山清水秀的景色，浸润并培育了民众对于色彩、色调灵敏而细腻的感觉，受自然山水、地理结构的影响，苏州人的审美偏向明快的高长调。苏州水域面积大、水网密集发达，水域映着天色，水色与天色合二为一，占据人们的主要视域，平原及山区的主要绿色植成为视觉中突出的色块。如果是晴天，蓝天碧水映衬青山绿树，就像青绿山水画，蓝绿成为苏州的主基调色；如果在阴雨天或晨暮时分，绿色呈现出不同明度的青黑或墨绿色，水天呈现淡灰色，就像一幅幅水墨画；这两种自然山水显色格调随着自然天气的变化而相互融合、相互渗透，就如明中叶在苏州崛起的小青绿山水画的格调一样。这种自然因素不仅影响着绘画艺术的设色，还影响着园居环境的格调追求，而青绿格调的山水园林又影响着吴门画派庭院题材青绿山水画的创作。

3.7.3　良辰与美景的相互融合

现代物理学和哲学的研究成果表明：运动和时间、空间是三位一体、紧密相连的，或者说，时间和空间是互为因依、互为渗透的，既没有无时间的空间，也没有无空间的时间，爱因斯坦称这种结合为“空间-时间”。古典园林的艺术空间同样如此，它不可能离开春夏秋冬的季相变化，不可能离开晨昏昼夜的时分变化，不可能离开晴雨雪雾的气象变化。郭熙在《林泉高致》中写道：“山，春夏看如此，秋冬看又如此，所谓四时之景不同也；山，朝看如此，暮看又如此，阴晴看又如此，所谓朝暮之变态不同也。如此，一山而兼数十百山之意态，可得不究乎？”这揭示了一条时空交感的美学原理，即在同一座山的空间形象上，季相、时分、气象三个时间系统可以互为叠合交叉，于是，一山就能兼有数十百山的意态之美。又如欧阳修在《醉翁亭记》里写琅琊山朝暮四时之景的不同审美效果：“若夫日出而林霏开，云归而岩穴暝。晦明变化者，山间之朝暮也。”这里写了因时间不同而形成的两种对比鲜明的审美效果。“日出”是朝，“林霏开”是明，“云归”是暮，“岩穴暝”是晦，写了一天景色的变化。“野芳发而幽香，佳木秀而繁阴，风霜高洁，水落而石出者，山间之四时也”，这几句又概括了山中春夏秋冬的四时美景。“野芳幽香”谓春天；“阴繁木秀”谓夏季；秋高气爽，“风霜高洁”，点明秋季；“水落而石出”，则是写冬季，泉水低了，便可看得见水中的石头。

可见，中国古代的造园家和鉴赏家们早就掌握了园林景观的时间性。随着实践和认识的发展，他们不断地直至主动地、充分地利用和把握自然性的天时之美，使“良辰”和“美景”互相融合、相得益彰，使时间和空间互相交感，构成一个个风景系列。而这种时空交感，正是园林美物质生态建构的元素和重要条件之一。“巧于因借，精在体宜”，依据造园的环境和条件，借天时之美的自然景色融入园林中，也是计成在《园冶》中一直贯穿的一条基本创作理念。

第4章

苏州古典园林色彩特征与人文因素

苏州的建城历史可追溯到春秋时期，公元前514年，吴王阖闾令伍子胥建阖闾大城，由此揭开苏州古城的历史序幕。唐代陆广微《吴地记》曰："阖闾城，周敬王六年伍子胥筑。大城周回四十五里三十步，小城八里六百六十步。陆门八，以象天之八风，水门八，以象地之八卦。"自2500多年前吴王阖闾城池至今，古老的苏州城历经不断的建设与发展，虽几经兴衰，却至今繁华如故、韵味依旧，基本保持和延续着最初的建设理念："水陆并行、河街相邻"的双棋盘格局和"三纵三横一环"的河道水系。晚唐时期陆广微《吴地记》中所记的"通利桥"与"芠荐桥"至今犹存；城区内一些桥梁的桥名、地名等至今还与宋代《平江图》所标完全一致，如胡厢使桥、平江路、仓街、唐家桥、通利桥、众安桥等。这种城市文化的传承在中国历史文化名城中实属罕见，其历史价值自然是不言而喻的。

几千年来，从浙江河姆渡和吴县草鞋山文化至今，苏州文化的继承与发展从未间断过。从某种意义上说苏州区域色彩景观，是苏州文化的再现，是苏州人民历经几千年探索适合于该区域自然及人文环境下色彩需求的结果。苏州古典园林色彩作为苏州色彩文化的重要组成部分，离不开历史发展所带来的各方面影响，特别是明清以来社会、政治、经济、文化等多方面的影响。因此，分析苏州人文因素对苏州园林色彩艺术特征的研究是具有典型意义的。

4.1 苏州历史沿革对区域景观色彩的影响

4.1.1 苏州的历史沿革

苏州，古代名称有句吴、吴、会稽、吴州、吴郡、平江等，隋置苏州，延称至今。苏州别称有吴都、吴会、吴门、东吴、吴中、吴下、姑苏、长洲、茂苑等。

据史料记载，以苏州作为国都的政权有：春秋末年的吴国和越国、汉朝的荆国、三国时期的东吴、晚唐的吴越、南渡之际的宋朝和元末张士诚政权。根据考古资料，在太伯奔吴后，吴国的都城逐步东移，到诸樊时移到现苏州城的位置，建立约五里的"吴子城"，此为苏州建城伊始。吴王阖闾将苏州建成与春秋各大国相仿、具有相当规模的都城。《吴越春秋》记载，阖闾元年（公元前514年），阖闾命行人伍子胥，"相土尝水，象天法地，造筑大城"。这个城包括外郭、大城和内城三重城垣；大城周四十七里二百一十步二尺（约23900m），陆门八座，水门八座；城里划分为官廷区、贵族居住区和市肆，体现了"前朝后市"的传统格局。阖闾大城的规模和格局奠定了苏州城2500年的基础[1]。楚相国曾置国都于吴五年，至越王翳，又迁都于吴，直至越国灭亡，《史记·越世家》引古本《竹书纪年》记载："翳三十三年，迁于吴。"战国时期，楚灭越，考烈王封相国春申君黄歇于吴，建造极为庄丽的宫殿。汉高祖六年（公元前201年）以东阳、鄣、会稽三郡五十三县置荆国，国治苏州，晚唐钱谬封吴越王，国治苏州。宋南渡之际宋高宗所发《诏书》中说："……或必用兵窥我行在，倾我宗社，涂炭生灵，竭取东西金帛、子女，则朕亦何爱一身，不临行阵，以践前言，以保群生。朕已取十一月二十五日移跸，前去浙西，为迎敌计。"这里提到的"行在""浙西"，均指平江府，可证从建炎三年（1129年）起，苏州就定为行都。元末，张士诚自称吴王，改平江府为隆平府，都治苏州。

历史上的苏州，一度为省会所在地：唐时的江南东道、浙江西道，元时的江淮行中书省，明时的应天巡抚署，清时的江宁巡抚署、江苏巡抚署、江苏布政使，太平天国的苏福省民国时期的江苏都督行署，中华人民共和国成立后的苏南苏州行政专员公署等。表4-1整理了苏州的建置、隶属沿革，足以表明苏州文化在华夏文化史上占有重要的位置。

苏州的建置、隶属沿革一览表　表 4-1

时代	时间	郡国州府	简史	备注
商殷	公元前 17 世纪～前 11 世纪	荆蛮之区	巫咸、巫贤为代表的巫文化	
吴（春秋五霸之一）	公元前 560 ～前 548 年	吴子城	诸樊从苏州平门西北二里地方南迁到苏州市中心位置，在那里建造过一个约五里的"吴子城"	
	公元前 514 ～前 473 年（阖闾在位公元前 514 ～前 496 年，夫差公元前 496 ～前 473 年）	阖闾城（吴都）	相传为伍子胥所筑（或参与设计），城周围达四十七里（与现在的苏州城不相上下），内外挖有城壕及河道，开辟有陆门八座、水门八座	吴国的都城建立后，有三四十年之久，成为当时东南一带政治和经济的中心
越	公元前 479 ～前 355 年	越都	苏州归越，越公元前 468 年迁都琅琊，至越王翳（公元前 379 年），又迁都于吴，直至越国灭亡	越王勾践灭吴，意图北上称霸

续表

时代	时间	郡国州府	简史	备注
楚	周显王十四年（公元前355年～战国末年）	相国都	苏州归楚，战国末年，楚考烈王封相国春申君黄歇于吴	楚威王灭越
秦	秦始皇二十六年（公元前221年）	会稽郡	天下为三十六郡，苏州地方属会稽郡，领县二十六，吴居诸县之首，始置吴县	郡治、吴治设于吴国故都（今苏州城址）
汉	刘邦五年（公元前202～前195年）	荆国国都（吴）	刘贾(汉高主刘邦从兄)为荆王，更会稽郡为荆国，建都于吴	
汉	刘邦十二年（公元前195～前129年）	会稽郡	刘濞为吴王，建都广陵（今扬州），更会稽郡，属吴所有，归扬州刺史管辖，领县二十六	
东汉	顺帝永建四年（129年）	吴郡	分浙江以西置吴郡，治苏州，领县十三；浙江以东为会稽郡，治山阴，领县十四	从汉的会稽郡分出吴郡和会稽郡
三国（东吴）	东汉兴平三年，（194～280年）	一度吴国国都、吴郡郡治	苏州一度为孙权的根据地，后来建都建业（今南京），于苏州置吴郡，领县十五	孙氏在苏州经营了十五年之久（194～208年）
西晋	265～316年	吴县	太康元年（280年）苏州属扬州，翌年又分置昆陵郡，太康四年（283年）又割吴县，置海虞郡（今常熟），领县十一	
东晋	317～420年	吴国国都	苏州一度改为吴国（晋成帝封弟司马岳为吴王）	
南朝	刘宋时代	吴郡	领县十二，有时也叫吴州，南朝重镇	南朝佛教至梁武帝而全盛
隋	581～618年	苏州、吴州、吴郡	隋兵灭陈，废吴郡，改吴州为苏州(因姑苏山得名),领县五，这是苏州得名之始；大业元年(605年）又改为吴州，三年后(607年)，又改为吴郡	大运河的开凿再一次促进了苏州的经济
唐	618～907年	苏州、江南道、吴郡、吴国	唐武德四年（621年），复置苏州；唐太宗贞观元年（627年）苏州属江南道；唐玄宗天宝元年（742年），苏州改为吴郡；唐肃宗乾元元年（758年），领县七，属浙江西道；904年钱谬为吴越王，国治苏州	苏州在唐代时期长期稳定发展，晚唐时，开始繁荣起来，成为东南最富庶的地方之一

续表

时代	时间	郡国州府	简史	备注
北宋	开宝八年（975 年）	苏州	赵匡胤平定江南，改中吴军为平江军；太平兴国三年（978 年），改平江军为苏州，属浙江西路	财赋在全国占举足轻重的地位
南宋	宋徽宗政和三年（1113 年）	平江府	1113 年定为“帝节镇”，中央政府直接管辖，并升为平江府，1129 年定为行都	《平江图》于南宋绍定二年（1229 年）刻成
元	元世祖～至元十三年（1279 ～ 1356 年）	平江路	改平江府为平江路，置总管府，属江淮行省（后改江浙行省），领县二、州四	外族入侵，肆行破坏，历史名建遭到兵燹破坏
大周	正十六年～正二十七年（1356 ～ 1367 年）	隆平府	张士诚攻陷平江，自立为吴王	承天寺为府第
明	明初，洪武元年（1368 年）	苏州府	直隶中书省	
	弘治十年（1497 年）～明朝后期	苏州府	苏州府领太仓州（昆山、常熟、嘉定），县七（吴县、长洲、昆山、常熟、吴江、嘉定、崇明）	苏州已成为一座手工业城市，是明朝丝织业的中心
清	雍正二年（1724 年）～咸丰十年（1860 年）	江苏布政使、江宁巡抚署、江苏巡抚署	升州增县，划长洲县东南部建立元和县，与吴县、长洲县合城而治；由于经济繁荣、人口增多，苏州领县逐渐减少，地域亦随之减缩	清兵渡江，苏州文物又遭一次浩劫
太平天国	咸丰十年（1860 年）	苏福省省会	李秀成攻下苏州，建忠王王府	拙政园旧址上兴建忠王府
民国	1912 ～ 1949 年	江苏都督行署	官僚、地主、买办资本家享乐的地方，纷筑花园，经营别墅	中国传统文化受到外来文化的极大冲击
中华人民共和国成立后	1949 年至今	苏州	苏州成为历史名城之一	修建名胜古迹

来源：作者根据朱偰，《苏州的名胜古迹》，江苏人民出版社，1956 年版整理。

4.1.2　苏州历史与封建礼制的色彩限定

色彩进入政治领域后具有了更加丰富的文化内涵和鲜明的阶级性。政治因素对色彩文化产生了巨大的干扰和强制力，不但影响了建筑的色彩取向，还影响了城市色彩景观的形成，大致归为两种情况：

苏州作为国都时，色彩是皇权与阶级等级的反映，色彩运用自由而大胆，呈现出庄丽、辉煌的景象，如战国时期，楚相国春申君黄歇在吴期间，建造极为庄丽的宫殿，司马迁南游写道："吾适楚，观春申君故城，宫室盛矣！"

苏州作为省会时，则受到国家色彩礼制的制约，统治阶层对建筑的规模、形制及色彩都有严格的规定，王府官邸直至寻常百姓家，只能用至尊的金、黄、赤色调以外的颜色，等级高低依次为绿、青、蓝、黑、灰等，民居只能用黑、灰、白等色调。在皇权的严控下，即使是有相当财力的江南士绅，也没有使用这些颜色的权利。因此，苏州建筑用色，除了白墙、青砖、灰瓦及油饰木作外，多选择自然的材料，呈现出低调淡泊而幽雅的基调。当然不同朝代色彩礼制的差异使得苏州也呈现出用色的不同，在政治管控薄弱时期，用色也有出入。

受文化思潮及宗教信仰等各方面的影响，个性色彩需求开始出现与发展。如宋元以后，由于受理学影响，喜欢素雅者越来越多，用色清淡、风格朴素的用色理念深入民心。

城市发展与政治是分不开的，政治环境的宽松将促进城市及建筑色彩的发展。如明朝永乐时期，政治环境相对宽松，经济繁荣，苏州出现大量的优秀建筑群体，文人士大夫大兴土木，甚至可以建造一些充分展现个性的园林建筑，现在可看到的苏州民居彩画就是那段时期流行的。这种风气为苏州建筑的生长提供了适宜土壤，由此产生了一大批优秀的园林建筑和民居。从历史发展上来讲，不同朝代颜色的象征意义又是随社会发展及历史的沉淀约定俗成而来的，是动态的文化现象。

4.2 苏州岁时节与古典园林色彩

民俗是区域生活文化的最集中体现，不仅涉及衣、食、住、行，还包含了婚、丧、嫁、娶，以及节庆、娱乐、信仰等方面。苏州四时节令，节事不断，季季有节庆，月月有习俗，这与苏州是鱼米之乡、水乡泽国的水乡农耕文化是分不开的。清代顾禄的《清嘉录》和袁景澜的《吴郡岁华纪丽》是两部关于苏州岁时民俗的专著，都是按月、日记载民俗事件，每月一卷，共十二卷，清晰明了，充分反映了苏州的民俗特征。如一月有行春、城内新年节景、马灯夜会、走百病、闹元宵、猜灯谜、灯节等；二月里有元墓探梅、百花生日、玉兰房看花、春台戏等；三月有画舫游、踏青、放断鹞、清明开园、游山玩景、南北园看菜花、谷雨三朝看牡丹等；四月轧神仙；五月龙舟竞渡；六月有画舫乘凉、消夏湾观莲……[2] 明代文震亨《长物志・书画》中的“悬画月令”，描绘了不同岁时节对进行园居装饰的艺术品的布置及品鉴：“岁朝宜宋画福神及古名贤像；元宵前后宜看灯傀儡；正、二月宜春游仕女、梅、杏、山茶、玉兰、桃、李之属，三月三日宜”，通过悬画的内容可看到苏州浓厚的民俗文化与人们日常生活的紧密关系。在苏州古典园林中除了自然的色彩是动态的以外，岁时节里根据民俗特点进行装点的节日色彩也属于动态色彩。但受节日时间的限定，因此，本节节选清代岁时节中四大节日，对节日中所呈现的民俗对苏州古典园林色彩景观的影响进行探讨。

4.2.1　红色主调下色彩斑斓的春节

农历正月初一，旧称元旦，苏州人称之为“过年”，是一年中最为盛大隆重的节日，有祭祖祀神、贴春联、放爆竹、拜年、吃年节酒、张灯结彩等习俗，一直要持续到元宵才算结束。其中，贴春联和张灯结彩会增添节日里的景观。

春联为红底黑字，贴于门楣及两侧。另红色在中国传统文化中是吉祥、喜庆、热闹的象征，黑色的字寄托了人们对新一年的祈愿，红底黑字显得喜庆与肯定。春联的色彩在整个园居中的比例很少，但其所处的位置和意义在人们的视觉及心理占有重要的地位。

为了渲染节日的气氛，家家会挂起红灯笼，无论在园林里，还是在素雅的建筑中，一个是色相的强对比，一个是纯度的强对比，两种对比都带给人们视觉感官的刺激和美好的心理感受。在夜里，红色灯笼在烛光的透射下，红色在黑夜背景中格外明显、清透、美好。

一年中第一个月圆之夜——元宵，古人也称之为“元夜”“上元节”。苏州的元宵灯节在历史上很有名，有“吴中风俗，尤竞上元”之说，宋代周密在《乾淳岁时记》中已记载：“元夕张灯，以苏灯为最，圈片大者径三四尺，皆五色琉璃所成，山水人物花竹翎毛，种种奇妙，俨然著色便面也。”到了明清，张灯之俗就更为兴盛了。苏州的彩灯在江南也是很有名的，“腊后春前……货郎出售各色花灯，精奇百出，如像生人物，则有老跎少、月明度妓、西施采莲……其奇巧则有琉璃球、万眼罗、走马灯、梅里灯、夹纱灯、画舫、龙舟，品目殊难枚举”[3]。可见，灯彩品种繁多、样式精美、光影交织，色彩斑斓，在光的作用下，使人置于其中如同浸泡在彩色的水晶宫中，奇妙无比。

春节从大年初一持续正月十五，这十五日内每天都有重要的活动，城市的商业街、寺庙、道观、祠堂等公共设施区域的张灯、结彩、挂旗、各色表演活动、丰富的娱乐、色彩斑斓的商品、人们身上的新装等，给城市增添了鲜艳的色彩。这些色彩虽然只能在节日里出现，且所占的比例很小，却把整个城市烘托得喜气洋洋，这种与平日所见的色彩形成强烈的色相对比，不仅引起视觉生理的强烈反差，还引起视觉心理的强烈反差。因此，节日的色彩虽然比例很小，但在人的视觉及生理上却形成了很大的反响。

4.2.2 花红柳绿的清明

清明是一个很重要的节气，清明一到，气温升高，正是春耕春种的大好时节，故有“清明前后，种瓜种豆”“植树造林，莫过清明”的农谚。苏州人过清明节主要有三大活动:上坟扫墓、山塘看会、踏青游玩。

文献记载:“吴俗，清明前后出祭祖先坟墓，俗称上坟。大家男女，炫服靓妆，楼船宴饮，合队而出，笑语喧哗。寻常宅眷，淡妆素服，亦泛舟具馔以往”。拜祭后，“趋芳数，择园圃，游庵堂、寺院及旧家亭榭，列座尽醉，杯盘酬勤，踏青拾翠，有歌者，哭笑无端，哀往而乐回，以尽一日之欢”[4]。

山塘看会是苏州最具特色和热闹的民俗之一，苏州府及吴县、长洲县、元和县三个附郭县的城隍、土地诸神神像，排开仪仗，经过山塘街，被抬到虎丘郡厉坛前集中，因为祭祀的对象主要是无祀鬼神，所以也称之为“无祀会”。出会队伍中除了神灵的官衙仪仗之外，还有众多的民间杂技、文艺表演。袁景澜在《吴郡岁华纪丽》中描述了这一色彩绚烂的场景:“走会者戴花枝，捧香炉，裙襦衫帻，色以类从，鬟簪鹭羽翦彩花，雪丝红艳，辉映路衢。色目则有皂隶衙兵、舍人掾吏。健儿手旗，苍头擎，牵画舫而陆行，装抬阁而陈戏。箫鼓悠扬，旌旂璀璨，卤薄前行，幡幢林列……士庶之家，装饰童稚，红殷翠鲜，香熏粉传，兰芽棘心，鹓雏璧树，锦带悬髦，执鞭跃马，是名揞会。会所经行之家，折简召客，宾从戚属，闺秀嬰奇，云至雨集。花间玉勒，柳下红妆，星目横波，云鬟拥翠，珠连锦簇，黛绕鞶迴。家窥则朱栏绮席，水览则白舫青帘。观者填溢衢巷，臂倚肩凭，袂云汗雨，不可胜计，是名看会。”

苏州清明时节，春暖花开、枝叶扶疏、新绿可爱，是踏青游玩的好时节。苏州的山水为踏青提供了优越的自然条件，自古就有游山玩水、探古迹、访名胜、观景赏花等习俗。在古城里则突出表现为“清明开园”，“清明开园”指的是苏州私家园林每到清明时节，都会对外开放，供人游观，仅收取少量的扫花钱，一直到立夏才结束。顾禄《清嘉录》里记述道："春暖，园林百花竞放，阍人索扫花钱少许，纵人流览。士女杂遝，罗绮如云。园中畜养珍禽异卉，静院明轩挂名贤书画、陈设彝鼎图书。又或添种名花，布幕芦帘，堤防雨淋日炙。亭观台榭妆点一新……[5]"袁景澜《春日游吴郡诸家园林记》中记述了游园盛况："吴郡，东南一大都会，其间民俗之靡丽，风物之清美……闾井繁富，豪门右族，争饰池馆相娱乐，或因或创，穷汏极侈……园外缭以粉垣，趁市者张幔列肆，瀹茗以待来客……粉舆数百，雁冀鱼贯以进，喧声潮沸，粉黛若妍若媸，目不给辨，延颈鹤望，不见其后……园内金壁陆离，目夺神炫。临其台，则峦翠参于雉堞，西山之爽气，若可挹焉；蹑其阁，则蛾绿充于雕栏，南部之烟花，可平视焉。更有银塘碧沼，转水成瀑，惊鸿往来于桥上，文鱼游泳于波间，或投饼饵，观其唼食，以为笑乐。假山迭云，鸟跂虫结，倪迂南垣之遗制……"从中可看到游园活动之精彩，园主事先装饰池馆，展示收藏字画、珍禽异卉；游人来自四面八方，摩肩接踵，头不得顾，众拥身移；园林景色金碧陆离，目夺神炫。

4.2.3　彩龙霞锦之端午

农历五月初五端午节是中华民族最为古老的传统节日之一，最主要的活动莫过于吃粽子和龙舟竞渡。在苏州端午习俗的流传源于纪念伍子胥，但不管是伍子胥还是爱国诗人屈原，都是通过对"先贤"的纪念，让我们更好地应对未来的磨难和挑战。

苏州是端午节龙舟竞渡的发祥地，在民间有"竞渡之事，起于勾践"的说法。苏州龙舟竞渡的最早起源应该是"胥门塘河"，即今天的胥江河。清朝时，苏州端午龙舟竞渡盛极一时，地点众多，阊门、胥门、南北两濠及枫桥西路水滨都成为竞渡之地。袁景澜在《吴郡岁华纪丽》中描述道："……先有船长手执五色旗插画舫楣，诸龙舟视旗插处，必回向盘旋，曰打招也。于时，水珠飞溅，鼓乐杂奏，画桡鳞次，聚观曼衍，彩旗飐空，锦标悬竿，波起龙跃，云摇风举，往来倏忽，粲如霞锦。士女靓粧炫服，倾城出游。藻川缛野，楼幕尽启，罗绮云积。山塘七里，几无驻足；河中船挤，不见寸澜……"竞渡时，"龙舟"都根据自己旗号的差异，通过色彩给以区分，而龙首、龙鳞则在统色中用鲜艳的彩色给以装点，使其色彩斑斓，船身四角的彩旗在竞渡时随风飞扬，如霞锦，洋溢着热烈与喜庆。而岸边的景象更为热闹，人们穿着绚丽的衣服倾城出游，商家用色彩装点店面，节日氛围非常热闹。

4.2.4 皓月当空之中秋

中秋节是中国汉族的四大传统节日之一，是最具诗情画意的节日。在秋高气爽的时节中，明月当空，加上历史传说及唐诗的歌咏，给中秋之夜增添了美丽的神话和浪漫主义色彩。中秋时节的活动都是围绕月亮展开的，有“烧斗香”的中秋祭月活动、妇女们“走月亮”的串门习俗、游虎丘曲会、赏石湖串月和宝带桥串月等。其中，虎丘曲会为中秋夜最为热闹的地方，虎丘塔下、千人石上，人们席地而坐，拿出佳肴美酒，欣赏一年一度蔚为壮观的虎丘曲会。明代袁宏道如此描绘：“虎丘去城可七八里，其山无高岩邃壑，独以近城故，箫鼓楼船，无日无之。凡月之夜、花之晨、雪之夕，游人往来，纷错如织，而中秋为尤胜。每至是日，倾城阖户，连臂而至。衣冠士女，下迨蔀屋，莫不靓妆丽服，重茵累席，置酒交衢间。从千人石上至山门，栉比如鳞，檀板丘积，樽罍云泻，远而望之，如雁落平沙，霞铺江上，雷辊电霍，无得而状。布席之初，讴者百千，分曹部署，竞以新艳相角，雅俗既陈，妍媸自别。未几而摇首顿足者，得数十人而已。已而明月浮空，石光如练，一切瓦击釜，寂然停声，属而和者，才三四辈。一箫，一寸管，一人缓板而歌，竹肉相发，清声亮彻，听者魂销。比至夜深，月影横斜，荇藻凌乱，则箫板亦不复用。一夫登场，四座屏息，音若细发，响彻云际，每度一字，几尽一刻，飞鸟为之徘徊，壮士听而下泪矣。剑泉深不可测，飞岩如削。千顷云得天池诸山作案，峦壑竞秀，最可觞客……[6]”。明月掩饰了一切色彩，一片清凉之感，而曲乐沟通了人与自然无限的空间，引发无限联想。

苏州古典园林特别注重这个节日在园林里的景象效果，并以赏月活动设定专门的景区进行观赏，现存的园林有八九处以月为主题的景点，其中最为著名的莫过于拙政园的“月到风来亭”。

4.3 人文因素造就的苏州各个历史时期园林色彩艺术

苏州的人文色彩十分丰富，无论是历史沿革、区域交往所带来的经济和文化的发展，还是民俗民风都独具特色，丰富到极点就是无，就像日光是最丰富的色彩，而最终只表现为白色。从阴阳五色体系观念理解，就是无，就是极，就像苏州的粉墙看是无色，而色最丰。

苏州凭借着其优越的地理、气候优势，滋养着生活在这片土地上的人们，吸引着历朝历代优秀的人才，包容创新出独特的苏州文化，形成了独具鱼米之乡特色的“才智艺术型”地方文化，这种个性凝练出了“智巧、细腻、柔美、素雅、平和”的社会文化特征和“清丽秀美、雅俗共赏”的审美个性，在城市建设和居住环境的配色理念中无不渗透出这种独特的文化特征，具体表现如下。

第一，在用色理念上，追求辩证统一关系，在强对比中寻求雅与趣。受官方用色礼制的影响，苏州在有限的色彩范围内选择了以大面积的白配精致的灰黑色，形成黑与白的强对比，作为外在居住形象的展示，清新且肃穆；而在亲人尺度的柱子、隔扇、梁架等木料上，则选择桐油保护下的木本色或木料上朱黑漆，金黄的木本色或朱黑色的隔扇在大面积的自然青绿背景下，形成色相的强对比，显得亲切而温馨；在用色的时间和比例上采用强烈的色彩反差，如因为商业、节日庆典、民俗等需要，适时增添绚丽的色彩，雅俗共赏。

第二，在用色手法上，以白衬彩，巧于因借。自然界为苏州人提供了丰富多彩的颜色，这些色彩是大自然的造化，美丽无比，各具特色，是人类取之不尽的用色源泉。苏州人的智慧就是选择用白色来衬托大自然的色彩，展现大自然的色彩魅力为人所用，巧借自然之色是其最高的用色手法。

第三，在色彩象征性上，把握阴阳“素以为绚”的准则，以无求有、以素色求绚色的阴阳成彩配套法则。阴阳黑白在苏州建筑中的交互运用，有常理而无常情，正因其本乎心灵，故而配色讲求高古、优雅、脱俗、清静、朴实；格调温馨而明秀，追求感官与心灵的互补，格调沉稳、含蓄、平和与升华。它貌似单调的黑白色彩是属于心灵观照的，与西方建筑讲求外象色光的灿烂有非常大的区别，有着深奥广博的象征意义[7]。

第四，在色彩视觉感知上，追求细腻、生动的视观感受。在粉墙黛瓦下，采用丰富的灰度色阶及微妙的纯度对比作为视觉的缓和与过渡，如青砖、各式的花街铺地、当地花岗岩、黄石、太湖石等作为黑白强对比下的过渡色阶，过渡自然、亲切，丝毫没有匠味。就像水墨画一样，墨色在不同水的作用下，呈现出丰富的明度变化，适当加点颜色，墨色中透露出一点色差，显得意境高雅。

4.4　本章小结

本章主要从苏州自然因素和人文因素的角度探讨苏州古典园林

色彩艺术特征形成的客观因素。

通过对苏州自然因素中的地理环境与地质资源的特质解读，笔者分析了吴地人们用江河湖泊的水元素、清山峻峰的山元素构成青山淡水的地理色彩；用自然植被多样性、四季花事不断等植物元素构成了丰富多彩的花木色彩；用地质资源山石、湖石、土壤等建筑材料元素构成质朴、温润的构造色彩。通过对苏州气象特征的研究，分析了苏州日照与辐射系数所产生的弱光源光照条件。从城市色彩的光源类型上分属于典型的阴影中的城市，并根据天气现象得到了苏州以白、银白为主的天色背景，占了全年80%的比例，而以淡蓝色为主的晴天只占了14%的天色规律。这种以漫反射为主的自然光源特征，让人们对色彩中明度的感知不鲜明，视觉感知的空间结构是二维的，需要通过明度的长调对比提高清晰度和舒适度，故苏州建筑外立面出现了白色的墙及深灰色的瓦，以适应在这种光环境下的视觉色彩感知。同样在这种光照系数下，人们对纯度变化非常敏感，能分辨出细微的色差，如苏州建筑中暗红褐色的门窗与家具中就存在丰富的色差变化等。正由于苏州特殊的自然因素，一方面人们习惯优美、丰富、多样而变幻的自然色彩；另一方面，为了更好地适应自然条件，而创造了与之相匹配的白底黑形的建筑外观色彩，以及红灰相衬的建筑内部色彩，以提高视觉的舒适度，从而在营造的园林中更好地凸显自然之色。

苏州拥有悠久而灿烂的历史，曾经为国都、郡县、省会，并相当长时间内为全国的文化中心等，这些特殊的人文因素对苏州城及园林的色彩具有重要的影响。虽历史总是在变化发展，文化总在变迁，民俗文化也总是在更新，但受自然恩赐及滋养下的苏州民众对于色彩、色调灵敏而细腻的感觉，一直在延续着古老而经典的色彩观念，即高雅基调中求色彩的强对比、无中求色、素以为绚、丰而不杂等。

总之，苏州古典园林色彩特征的形成源于苏州特殊的自然与人文因素，形成了与之相匹配的“地域风格”，验证了“一方风土造就一方景致”的色彩地理学。

第5章

苏州古典园林色彩元素的采集与分析

苏州古典园林中自然因素占主导地位，时间的流转使得园林中的色彩总是在变化。有些颜色看似物体固有色，但随天色和环境的变化，会不断发生微妙的色彩变化；看似变化丰富的自然色彩，似乎成为不变的自然背景，固有与变化、动与静、恒定与非恒定是相对的。根据古典园林尺度与色彩显性的特点，笔者把园林色彩构成体系分为静态色彩和动态色彩。把随着时间、气候、光色等条件的变化而不断变化的物象色，称为动态色彩，如天色、植物、水色和其他装饰等构成要素的色彩；把在一定长度时间内相对恒定、不变的物体色，称为静态色彩，如建筑、山石、铺砖等园林构成要素的色彩。因此，本章以动态色彩和静态色彩作为研究苏州古典色彩元素调研与分析的主体框架，综合分析采集的色值数据，按色彩属性进行归类，从而提取典型色彩作为主要建筑元素的色彩依据。

5.1 动态色彩

5.1.1 天色

1. 天色的规律

天空是无色的。七彩的太阳光波进入大气层时，14%被吸收、43%被散射，在进入大气层的途中和反射回宇宙空间，只有43%到达地面。其中波长较长的红色、橙色等光，透射力大，透过大气射向地面；而波长短的紫、蓝、青色光，碰到大气分子、冰晶、水滴等时，就很容易发生散射现象[1]。由于大气的作用天顶色与远处的天色显现不一致，在测色时主要以天顶色为主要观测依据，图5-1是对苏州天顶色的总结归类，从左到右依次为多云、雨、晴、阴、雪。多云时，中、低云云量占天空面积的4/10～7/10，或高云云量

N9.5　2.5PB 8/6　N5～N6　7.5PB 7/10　N7.75～N8.75　N6～N7.75

图5-1 苏州多云、雨、晴、阴、雪等天气现象的天色

占天空面积6/10～10/10，天空中云层较多，阳光不很充足，但偶尔能从云的缝隙中见到蔚蓝色天，此时天空由云的斑块组成，在光影的作用下，天色以浅蓝色（2.5PB 8/6）为主基调，当空中水汽较多，各种色光都被散射时，天空就会呈现乳白色（N9.5）；雨天时，天空的云量集聚到一定程度，天色阴暗，呈中灰色（N6～N7）；晴天时，被散射了的紫、蓝、青色光布满天空，就使天空呈现出一片蔚蓝色（7.5PB 7/10）；阴天时，中、低云总云量在8/10及以上，阳光很少，或不能透过云层，天色阴暗，呈浅银色（N8.75）、浅灰色（N7.75）等；雪天时，天空的云量集聚到一定程度，天色也呈阴暗的状况，但因白雪有漫反射光的作用，天色呈中高明度的灰色（N6～N7.75）等。

苏州历史天气统计三年（2011～2014年）天气现象的数据分析显示，多云482d、雨399d、晴153d、阴52d、雪18d，其中多云、雨、阴、雪天占全年总数的86%，晴天只占了14%（图5-2），以上数据说明苏州天色主要以浅灰色为主要基调，孟塞尔色值主要为N9.5～N6。这说明了苏州属于典型的阴影中的城市，自然光照系数较低，光线比较柔和，对色彩的饱和度表现更好，感知物色会更鲜艳。

由于季节和光照、温度的变化，天色在四季所呈现的色彩也略有不同。根据近代学者张宝坤的分类法，苏州的春季为3月中旬～5月、夏季为6～9月、秋季为10～11月、冬季为12～3月中旬，结合天气现象观测数据可得到苏州一年四季天气现象与天色的变化规律（表5-1，图5-3）。根据四季天气现象及采集的色彩数据分析，秋冬两季多云，乳白色（N9.5）的天色所占比例较大；春夏两季多

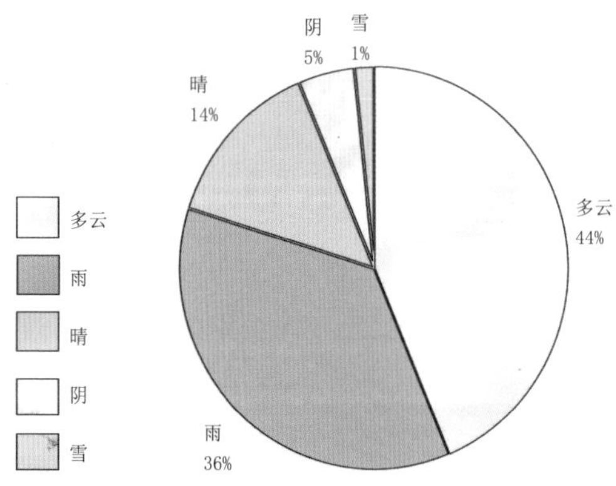

图5-2 苏州历史天气现象统计

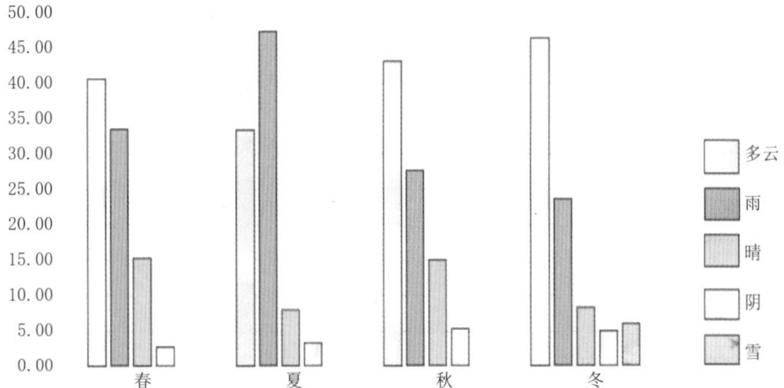

图5-3 苏州一年四季天气现象与天色的变化规律

雨，因而浅银色（N8.75）及浅灰色（N7.75）的天色所占比例较大；春秋季晴天比例比夏冬季多一半，从色彩属性上春夏偏高明度、高纯度的蓝紫调，大都为2.5PB 6/8、2.5PB 7/4、2.5PB 8/6等；而秋冬两季多偏高明度、中纯度的紫蓝调，大都为7.5PB 7/6、7.5PB 6/10、7.5PB 7/10等。

苏州一年四季天气现象数据统计（近三年的平均值） 表5-1

季节	多云	雨	晴	阴	雪
春	40.50	33.50	15.25	2.75	0
夏	33.33	47.33	8.00	3.33	0
秋	43.00	27.67	15.00	5.33	0
冬	46.33	23.67	8.33	5.00	6.00

2. 天色的色彩表情

苏州古典园林中的天色主要是以高明度的灰色系为主，从色光效果上看，浅灰色的天色在弱光作用下呈现银灰色的光亮感。从混色或组合效果上看，高明度的灰没有强烈的个性，主要作为彩色系的色彩配角，或调和过于鲜艳的色彩，同时这种具有光亮感的银灰色衬托出的纯色很具时尚感。从色彩心理学来看，亮灰色给人宁静、高雅的印象，象征朦胧、暧昧、柔弱和寂寞。

晴天里的蓝紫调主要偏向高明度、中高纯度系列的色彩，因大气的作用从天顶到天边呈现色彩的明度渐变。由于蓝紫色光的波长较短，穿透空气时形成的折射角度最大，在空气中的辐射距离最短，给人一种透明的感觉。它在视网膜上成像的位置最浅，能表现空间的深远感。这种自然的天蓝色加以白云的点缀显得格外明朗、清爽，给人宁静舒缓、高深莫测、令人遐想之感，具有隽永、理智、深邃的特征。

3．天色与园林要素的色彩组织关系

苏州古典园林中天色对建筑的天际线、大乔木及水色的影响最大。

苏州建筑粉墙黛瓦的色彩是人们经过长时间的实践才证明的其用色的科学性。根据苏州天气现象分析，乳白色（N9.5）、浅银色（N8.75）、浅灰色（N7.75）、中灰色（N6）的天色占了全年86%的比例，主要是在6～9明度色阶之间。自然界植物的绿色也主要是在2～4明度色阶之间，从自然环境的明度分析属于低中调对比，出于视觉生理的需求，需要通过高亮度的白来加强明度的反差，使之呈现低长调对比，激活视觉的活力。深灰色的瓦或屋脊在光的作用下亮部更亮、暗部更暗，灰黑与白墙形成鲜明的对比，且过渡色阶丰富，当天空为乳白色时，白墙与天成一色，墙被天色隐藏；当灰色系天色时，白墙起到调节色彩对比关系的作用。从色彩的角度上说，白墙灰瓦是从自然背景中塑造了与之和谐的人造背景，为人们提供舒适的视觉色彩审美。

园林里的植物与天色的背景有着紧密的联系，对植物的呈色效果有重要的影响。其中大乔木与天色的关系最为紧密，高明度的天色如同画布，为园林里的植物提供了高级灰的背景。春天新绿在高明度灰色系天色映衬下格外清新而有活力；夏天的浓荫与高明度灰色系天色形成强对比，似浓墨重彩；秋天里绚丽的叶色在高明度灰色系天色的映衬下显得格外鲜艳；冬天里的枯枝在高明度灰色系天色的衬托下显得轮廓清晰，似水墨淡彩。而在个别植物的品鉴上，天色会改变人的审美情趣。如白玉兰的白色在蓝紫调的背景下显得格外纯洁、高贵，而辛夷淡紫色（桃红色）的花在蓝紫调的天色下，由于明度接近、纯度接近、色相邻近，所以不及白玉兰的尊贵；但如果是在浅灰色的天色下，白玉兰因与背景相近，趋于柔和、平淡，而辛夷则相反，浅灰色的天色突显其粉艳的色调（图5-4）。

图5-4 植物与天色的关系

5.1.2 水色

1. 水色

“水色连天色，风声益浪声”（唐·海印《舟夜》），“一雨池塘水面平，淡磨明镜照檐楹。东风忽起垂杨舞，更作荷心万点声”（北宋·刘攽《雨后池上》），“水本无色，而色最丰”[2]。可见，水就像一面镜子倒映着上面的景色，景色与天色对水色的呈现起着重要的作用。仔细分析水面所透射的景色，可以发现其一般比景色要暗，主要是因为镜面倒映的原理，水镜在下，倒映物象的暗部较多，显色角度与观测视角不同，加上水及水底的其他介质影响，故呈现的水色就比景色暗一些。据现场对两个季节两种光照系数下同一个景点的观测，强光下秋季的植物、红柱、白墙、黄石、蓝天等在水上依次为5GY 5/6、7.5R 5/10、N9.5、5YR 6/6、2.5PB 9/1，水下显示在7.5GY 2/2、10R 3/6、2.5YR 7/1、5YR 5/6、10G 6/1。可见，强光下水下色彩显色从色相上偏黄、偏绿，从明度上偏暗1～3个色阶，从纯度上高纯度的颜色偏低2～4个色阶。弱光下冬季的植物、红柱、白墙、黄石、蓝天等在水上依次为5GY 4/4、2.5R 3/4、N9、7.5YR 5/2、N9.5，水下显示在7.5GY 3/2、5RY 3/2、5PB 6/1、5GY 4/1、N8。可见，弱光下水下色彩显色从色相上偏黄、偏绿，从明度上偏暗1～3个色阶，以偏暗

1个色阶为多，从纯度上高纯度的颜色偏低2个色阶。综合上述数据，水面成色从色相上偏黄、偏绿，从明度上偏暗1～3个色阶，从纯度上高纯度的颜色偏低2～4个色阶（图5-5）。

从苏州的天气现象数据中可知，晴天的蓝色对水面景色的影响年均仅占14%，大部分由高明度的灰色调倒映到水面，加上弱光作用下景色光影不是很明确，故水面所倒映出的色彩多为景物的颜色，带蓝调的水色只有在特殊的晴天里才能呈现。

苏州古典园林是以植物为主的园林，其中沿水会安排一些近水的植物，如柳、桃、枫杨、榆、黄素馨等；在水里还会种植荷花、

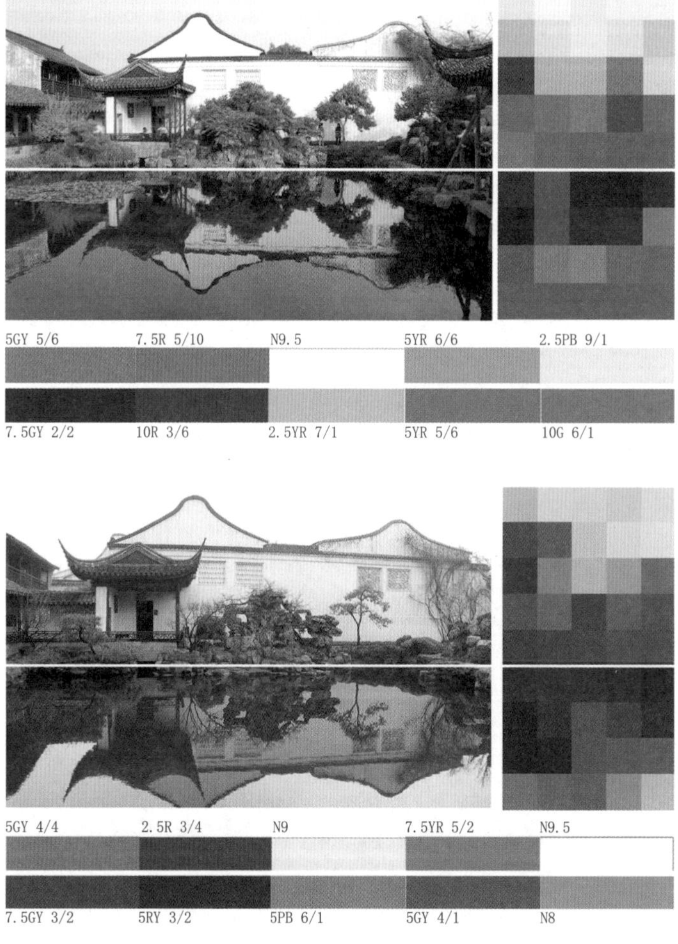

图5-5 水色的呈色规律

睡莲、芦苇、紫萍、金鱼藻等水生植物，这些植物会从水里的倒影中影响水色。

综合上述三点原因，为了更有针对性地描述水色，本章只以植物和天空倒映下的水色为根据，分析得出苏州古典园林的水色在多云天气呈碧水之色；在阴、雨、雪天由于光线较暗，水呈暗绿色；在晴天呈现出的天色将根据倒影面积影响水色的蓝调；在特殊的天色里，将呈现丰富的水面颜色等。为了便于描述水色，选择用墨绿里夹杂浅蓝调的“碧”来形容苏州古典园林的水色。

2. 水色的色彩表情

苏州园林中碧水的色彩主要偏暗绿色，在水色中透着高明度的灰或淡蓝绿色的天色，色彩统一而微妙。从色光效果的角度看，碧色的波长偏中低，其光波的微差辨别力最强，是人眼最能适应的光谱色，是能使眼睛得到休息的色光；从色彩的组合效果上，低明度的绿色具有很强的包容性，能与大多数的色彩组合；从心理感觉上，碧色给人稳重、低调、清秀、豁达之感，有时也给人悲伤、衰颓的感觉；从视觉生理上，碧色还能消除人的视觉疲劳，让人感到放松。

3. 水色与其他园林要素的组织关系

水景是组成园林的要素之一，更是苏州园林中主要的特色之一。有水必有山，有山必有水，山水相映成趣，山水之间相互依存、相得益彰，以达到一种和谐配色之美——“青山碧水”，园林方显得葱茏碧翠、生机盎然。碧水之畔，一般由山石的景观元素构成，黄石倒映在水面，使碧水的边界更为清晰而明亮；太湖石虽为灰色，但由于“透、漏”的特点，在光影作用下亮部与暗部对比强烈，形成丰富的明度色阶，丰富了碧水的明度层次。

碧水之旁，会根据景色的需要进行花木种植，在山石旁常见黄素馨和霹雳草，尺度较大的水景旁多见垂柳、桃、枫杨等。这些植物在色彩上与碧水相互映衬，黄素馨与霹雳草的叶色主要为7.5GY3/6、7.5GY3/4，这种深黄绿色投影到水面呈现墨绿色，在强调水的边界色的同时，又起到色彩的过渡作用，其中黄素馨的黄花（7.5Y 8.5/12）在春季里可丰富水面的颜色，黄绿相间，充满活力，因这两种植物为常绿植物，在冬季里依然把水映衬为碧色。水边的小乔木多选用桃树，桃花的粉（10RP5/12、2.5RP7/10）与碧水形成色相与明度的强对比，水中倒影的色彩因经过水色的调和，韵味十足。垂柳多见于水边，除了植物的生理习性及造型的匹配外，色彩也同样起着重要的作用，早春（5GY 5/8）“柔条拂水，弄绿搓黄，大有逸致”（文震亨《长物志》）；夏天（7.5GY4/6）是大乔木中色彩明度轻浅、纯度较高的植物；秋天（2.5GY5/8、7.5Y8.5/12）叶子渐变成黄色；冬日如果是金丝垂柳，还将显为黄色等。这些植物多以黄、黄绿与碧水构成邻近色，统一中寻求微妙的变化。园林中紧邻水边的建筑比较有名的有拙政园的“倒影楼”“香洲”、艺圃的“延光阁”、网师园的“濯缨水阁”等，这些建筑暗红色的门扇与白色的墙倒映在碧水之上，呈现明度或色相的强对比，白墙无色，增添了水色的明度强对比，暗红色的门窗虽然与碧水呈色相的强对比，但因为都是低明度、低纯度的色彩属性，既统一，又具丰富的色彩变化。

碧水之面，多选择种植荷花、睡莲，这两种植物叶子的色彩都略带蓝调（10GY3/4、7.5GY4/8），与碧水交相呼应，丰富碧水的层次，荷花、睡莲多为粉与白（2.5RP6/12与N9.5），与叶子和碧水构成明度或色相的强对比，显得格外高雅，历代文人对其色彩的描述非常精辟，如“青荷盖绿水，芙蓉披红鲜”（晋·乐府《青阳渡》），“江南莲花开，红花覆碧水”（南朝·梁·萧衍《夏歌》），“秀樾横塘十里香，水花晚色静年芳。胭脂雪瘦熏沉水，翡翠盘高走夜光”（宋·蔡松年《鹧鸪天·赏荷》），“接天莲叶无穷碧，映日荷花别样红”（唐·杨万里《晓出净慈寺送林子方》）等。

碧水之中，养殖的观赏鱼类多为红鱼。红鱼在碧水中显得格外醒目，红与碧是色相的互补色，但明度接近，所以，只要比例控制好了，就能获得完美的色彩组合。

5.1.3　植物

1．植物的颜色

本章将《刘敦桢全集·第八卷》中的植物种类与实地调研测绘的植物种类相结合，加以植物学的分类法，把苏州古典园林中的植物划分为大乔木、小乔木、灌木、藤本、水生、草本植物等，并根据常绿与落叶的变化进行细分。依据植物分类进行透光度、肌理、四季叶色与花色、造型的几何化归类，并对观赏季节与观赏点等的结构进行调研，对植物叶色及花色的固有色进行色卡比对（表5-2）。

表 5-2

苏州古典园林常见植物叶色与花色的色彩数据采集

名称	透光度	肌理（叶 / 花）	树冠立面	春	夏	秋	冬	观赏时间	观赏部位	颜色
白皮松	半透光	线状 /7.5/ 密	1/2 圆形	5GY 4/4 7.5GY 3/4	7.5GY 4/4	5GY 3/2 5GY 3/4	5GY 3/2 5GY 3/4	11 月～2 月	干 / 叶	
罗汉松	不透光	线状 /8/ 匀	椭圆形	5GY 3/6	5GY 4/6	5GY 4/6	5GY 3/4	8～9 月	叶 / 果	
黑松	不透光	线状 /8.5/ 密	1/2 圆形	5GY 4/6	5GY 5/8	5GY 3/6	5GY 3/6	四季	叶	
马尾松	不透光	线状 /10/ 密	1/2 圆形	7.5GY 3/4	7.5GY 3/4	5GY 3/6	5GY 3/6	四季	叶	
桧柏	不透光	羽状 /10/ 密	椭圆形	7.5GY 4/6	7.5GY 3/4	10GY 3/4	5GY 3/4	四季	叶 / 果	
柳杉	不透光	羽状 /1.5/ 密	椭圆形	7.5GY 4/6	7.5GY 3/6	10GY 3/4	5GY 3/4	四季	叶	
广玉兰	不透光	面状 /15×7/ 匀（花 17.5）	3/4 大割圆 圆形	5GY 3/4 N10	5GY 3/4	5GY 3/4（30%） 5GY 2/2（60%）	7.5GY 2/4	5～6 月	花 / 叶	
香樟	半透光	片状 /7.5×4.5/ 密	3/4 圆形	2.5GY 7/8（20%） 7.5GY 3/6（80%）	10GY 3/4	3.75Y 8/12（20%） 5GY 3/6（80%）	5GY 3/6	秋季	叶	

1.2 大乔木（落叶）

名称	透光度	肌理（叶片）	树冠立面	春	夏	秋	冬	观赏时间	观赏部位	颜色
垂柳	半透光	线状 /12×1.5/ 密	圆形	5GY 5/8	7.5GY 4/6	2.5GY 5/8（50%） 7.5Y 8.5/12（50%）	无	3～10 月	叶	

续表

名称	透光度	肌理（叶片）	树冠立面	春	夏	秋	冬	观赏时间	观赏部位	颜色
白玉兰	半透光	面状 /18×7/ 匀（花 6 ～ 8）	椭圆形	N10 2.5GY 6/8	5GY 4/6 2.5GY 5/8	2.5Y 7/10 2.5Y 6/8	无	3 月	花	
槐树	半透光	羽状 /5×3.25/ 密	3/4 圆形	2.5GY 7/8	5GY 5/4	5GY 5/6（80%） 7.5Y 8/8（20%）	无	5 月	花 / 叶	
榆树	半透光	片状 /5×2.35/ 密	3/4 圆形	2.5GY 6/8	5GY 3/6	2.5GY 4/6（60%） 2.5Y 7/12（40%）	无	3 ～ 10 月	绿荫	
榔榆	半透光	片状 /3.7×1.5/ 密	3/4 圆形	2.5GY 5/8	5GY 3/6	2.5GY 4/4（60%） 7.5Y 8.5/12（40%）	无	3 ～ 10 月	绿荫	
银杏	半透光	片状 /r6/ 匀	椭圆形	2.5GY 7/10	7.5GY 4/4	7.5Y8/12	无	11 月	叶	
梧桐	半透光	面状 /17.5×17/ 疏	椭圆形	2.5GY 6/8	5GY 3/6	5Y 8.5/14	无	11 月	叶	
臭椿	不透光	羽状 /9×3.5/ 匀	半圆形	2.5GY 6/8	10GY 3/4	5GY 4/4	无	4 ～ 10 月	绿荫	
乌桕	不透光	片状 /5.5×6/ 匀	3/4 圆形	2.5GY 6/8	5GY 3/6	2.5YR 4/10 10R 3/8	无	11 月	叶	
鸡爪槭	半透光	片状 /10×10/ 匀	1/2 圆形	2.5GY 5/8	7.5GY 3/4	5YR 5/12 2.5YR 4/10	无	11 月	叶	

续表

名称	透光度	肌理（叶片）	树冠立面	春	夏	秋	冬	观赏时间	观赏部位	颜色
朴树	不透光	片状/6.5×2.75/匀	1/2圆形	2.5GY 5/6	5GY 4/6	5GY 4/6 5Y 8.5/12	无	11月	绿荫	
枫杨	半透光	片状/10×2.5/匀	1/2圆形	2.5GY 6/10	5GY 3/6	5GY 4/6	无	4～11月	绿荫	
麻栎	不透光	片状/13.5×4/匀	1/2圆形	2.5GY 5/8	7.5GY 3/4	7.5GY 3/4 7.5YR 5/10	无	4～10月	绿荫	
构树	不透光	面状/14×7/匀	1/2圆形	5GY 6/6	5GY 4/8	5GY 4/4	无	4～10月	绿荫	
榉树	半透光	片状/5.5×2.5/匀	3/4圆形	2.5GY 6/8	5GY 4/6	2.5YR 4/10	无	4～10月	绿荫	
桑树	半透光	面状/10×10/匀	3/4圆形	5GY 6/6	7.5GY 3/4	5GY 3/6	无	6月	果	
板栗	不透光	片状/14×7/密	1/2圆形	2.5GY 5/8	7.5GY 3/4	7.5GY 3/4 2.5Y 7/10	无	4～11月	绿荫	
楸树	半透光	面状/11×7/匀	椭圆形	2.5GY 7/10	5GY 5/6,5GY 5/8	2.5Y 7/12	无	4～10月	绿荫	
皂荚	半透光	羽状/5.5×1.5/匀	3/4圆形	2.5GY 5/8	5GY 4/8	5GY 4/8, 2.5Y 7/12	无	4～11月	绿荫	
糙叶树	半透光	片状/7×4/匀	1/2圆形	2.5GY 5/8	5GY 3/4	5GY 3/6（70%） 7.5Y 8/10（30%）	无	4～11月	绿荫	

续表

名称	透光度	肌理（叶片）	树冠立面	春	夏	秋	冬	观赏时间	观赏部位	颜色
楝树	半透光	羽状 /5×2.5/ 匀	椭圆形	2.5GY 7/10 5P6/8	5GY 4/6	5GY 4/6 5Y 8.5/12	无	4～5 月	花 / 叶	
合欢	半透光	羽状 /9×3/ 疏（花 r1.5）	1/2 圆形	2.5GY 6/8	5GY 4/8 2.5R 5/12	5GY 4/8	无	6 月	花 / 叶	
红枫	半透光	片状 /8×9/ 疏	3/4 圆形	5R 4/12	7.5GY 3/4	10R 3/8 10R 3/10	无	4～11 月	叶	
拓树	半透光	片状 /11×4.5/ 匀	椭圆形	5GY 6/8	5GY 3/6	7.5Y 8/8（50%） 5GY 4/8（50%）	无	4～11 月	绿荫	

2.1 小乔木（常绿）

名称	透光度	肌理（叶 / 花）	树冠立面	春	夏	秋	冬	观赏时间	观赏部位	颜色
山茶	不透光	片状 /7.5×4/ 疏（花 r4）	椭圆形	5GY 3/6 2.5R 5/14	7.5GY 3/4	5GY 3/6	5GY 3/6	1～4 月	花	
枇杷	半透光	片状 /21×6/ 疏（果 r2）	3/4 圆形	5GY 4/4（90%） 5Y 6/8（10%）	10GY 3/6 10YR 8/14	10GY 4/4	7.5GY 4/4	5～6 月	果	
大叶女贞	不透光	片状 /10×4.5/ 匀	3/4 圆形	5GY 3/4	7.5GY 3/6	5GY 3/4	5GY 3/4	四季	叶	
夹竹桃	不透光	片状 /12×2.5/ 匀（花 r3.75）	3/4 圆形	5GY 3/4	7.5GY 3/4	7.5GY 3/4（70%） 2.5RP 8/6（30%）	7.5GY 3/4	6～10 月	粉花 黄花	

续表

名称	透光度	肌理（叶 / 花）	树冠立面	春	夏	秋	冬	观赏时间	观赏部位	颜色
柑橘	不透光	片状 /5×3/ 匀（果 r6）	3/4 圆形	2.5GY 4/4	7.5GY 3/4	5GY3/4 5YR5/12	5GY 3/4	10～12 月	叶 / 果	
桂花	不透光	片状 /11×3.5/ 匀	椭圆形	5GY 3/4	7.5GY 3/6	7.5GY 3/6 5Y 8.5/14	7.5GY 2/4	9～10 月	花	
瓜子黄杨	不透光	点状 /2.4×1/ 疏	3/4 圆形	5GY 3/6	7.5GY 4/6	5GY 3/6 5GY 3/4	5GY 3/6	四季	绿荫	
香橼	不透光	片状 /9×4/ 密	椭圆形	2.5GY 4/4	7.5GY 3/4	2.5GY 3/4 5Y 8/12	2.5GY 3/4	10～11 月	果	
枸骨	不透光	片状 /11×4/ 匀（果 r0.5）	3/4 圆形	5GY 3/4	7.5GY 3/4	7.5GY 2/4	7.5GY 2/4 7.5R 4/4	10～12 月	果	

2.2 小乔木（落叶）

名称	透光度	肌理（叶 / 花）	树冠立面	春	夏	秋	冬	观赏时间	观赏部位	颜色
绿萼梅	半透光	片状 /6×4/ 疏（花 r1.25）	半圆形	N10	5GY 4/6	5GY 3/4 5Y 7/10	无	2～3 月	花	
红梅	不透光	片状 /6×4/ 疏（花 r1～2）	半圆形	7.5R 5/16	7.5GY 3/6	5GY 4/4 2.5Y 7/10	无	1～2 月	花	
蜡梅	半透光	片状 /15×5/ 疏（花 r3）	半圆形	2.5GY 5/8	7.5GY 4/4	5GY 4/4 5Y 8/14	7.5Y 8.5/10	12～1 月	花	

续表

名称	透光度	肌理（叶/花）	树冠立面	春	夏	秋	冬	观赏时间	观赏部位	颜色
杨梅	不透光	片状/12×3/疏（果r1.75）	圆形	2.5GY 6/8	5GY 4/6 5R 3/10	5GY 4/4 2.5Y 7/10	无	6～7月	果	
榆叶梅	不透光	片状/4×2/疏（花r1.5）	3/4圆	5RP 7/10	7.5GY 4/4	5GY 4/4 2.5Y 7/10	无	4月	花	
樱花	不透光	片状/9×3/疏（花r2）	半圆形	2.5RP 8/6	7.5GY 3/4	5GY 3/4 5R 4/12	无	3～4月 5～6月	花 果	
碧桃	不透光	片状/11×3/匀（花r1.5）	半圆形	10RP 5/12 2.5GY 5/8	7.5GY 3/4	5GY 3/4 5Y 7/10	无	3～4月	花	
西府海棠	半透光	片状/7.5×3.7/疏（花r2.2）	椭圆形	5GY 5/8 10P 8/6	5GY 4/6 5GY 5/6	5GY 4/6 5GY 5/6	无	4～5月	花	
垂丝海棠	半透光	片状/5.5×3.5/疏（花r1.75）	椭圆形	5GY 5/6 2.5RP 8/6	5GY 4/6 5GY 5/6	5GY 4/6 5GY 5/6	无	3～4月	花	
木瓜海棠	半透光	片状/8×3/疏（花r1.5/果10×6.5）	半圆形	5GY 5/8 5RP 8/6	5GY 4/4	5GY 4/4 7.5Y 8/6	无	4月 9～10月	花 果	
杏	半透光	片状/7×6/疏（花r1.5/果1.25）	圆形	5RP 9/2	7.5GY 3/4	7.5GY 3/4 5Y 8/10	无	3～4月 6～7月	花 果	
枣	不透光	片状/5×2/匀（花r3/果r5）	椭圆形	2.5GY 7/8	7.5GY 4/6	7.5GY 3/6 7.5R 3/10	无	8～9月	果	

续表

名称	透光度	肌理（叶 / 花）	树冠立面	春	夏	秋	冬	观赏时间	观赏部位	颜色
石榴	不透光	片状 /5×1.5/ 匀（花 r3/ 果 r5）	半圆形	2.5GY 6/8 2.5GY 5/8	7.5GY 3/6 5R 3/12	7.5GY 3/6 10R 3/8	无	5 ～ 10 月	花 果	
花红（沙果）	不透光	片状 /8×5/ 匀（花 r2/ 果 r2.5）	半圆形	5RP 9/2	7.5GY 4/6	7.5GY 4/6 7.5R 5/12	无	8 ～ 9 月	果	
郁李	半透光	片状 /5×2/ 疏（花 r1.5/ 果 r1）	圆形	10P 8/6	7.5GY 4/6	7.5GY 4/4	无	5 月	花	
柽柳	不透光	线状 / 密（花 r4）	椭圆形	5GY 7/8	5GY 4/8	5GY 4/4	无	4 ～ 10 月	绿荫	
桃	不透光	片状 /15×4/ 疏（花 r1.8）	半圆形	7.5RP 6/10	7.5GY 3/4	5GY 4/4 2.5Y 7/10	无	3 ～ 4 月	花	
辛夷	半透光	片状 /13×6.5/ 疏（花 r6.5）	椭圆形	2.5RP 5/10 2.5GY 7/8	2.5GY 7/8 5GY 4/6	2.5Y 7/10 5GY 4/8	无	4 月	花	
丁香	半透光	片状 /8×5/ 疏（花串 r0.3）	半圆形	10P 8/4 5GY 5/8	7.5GY 2/4	7.5GY 3/4	无	4 月	花	
李	不透光	片状 /6×4/ 疏（花 r1/ 果 r2.75）	半圆形	N10 2.5GY 7/8	7.5GY 4/4	7.5GY 4/4	无	3 ～ 4 月	花	
木槿	不透光	片状 /6×3/ 匀（花 r3）	椭圆形	5GY 7/8	5GY 3/6 10P 6/8	5GY 4/6 5Y 8/10	无	7 ～ 10 月	花	
柿树	半透光	片状 /6×3/ 疏（果 r2-4）	椭圆形	5GY 7/8	7.5GY 2/4	7.5GY 2/4	2.5YR 6/14	11 ～ 12 月	果	

续表

名称	透光度	肌理（叶 / 花）	树冠立面	春	夏	秋	冬	观赏时间	观赏部位	颜色
紫薇	不透光	点状 /3×2/ 疏（花 r2）	半圆形	2.5GY 7/10 5GY 6/8	7.5GY 4/6 2.5RP 6/12	7.5GY 4/6	无	6 ～ 9 月	白花 紫花	
龙爪槐	半透光	羽状 /4×2/ 匀	1/4 圆形	2.5GY7/8	5GY 4/8 5GY 9/4	5GY 5/6（80%） 7.5Y 8/8（20%）	无	4 ～ 11 月	绿荫	
红叶李	不透光	片状 /4.5×2/ 匀（花 r1/ 果 r1.5）	椭圆形	7.5RP 9/2 5R 2/6	5R 2/6 2.5GY 3/4	5R 2/6 2.5GY 3/4	无	4 ～ 10 月	花 叶	

3.1 灌木（常绿）

名称	透光度	肌理（叶 / 花 / 果）	树冠立面	春	夏	秋	冬	典型观赏时间	观赏部位	颜色
迎春花	不透光	片状 /2×0.8/ 疏（花 r1.5）	半圆形	新叶 5GY 5/8; 花 7.5Y 8.5/12	2.5GY 3/4	5GY 3/4	7.5GY 4/4	2 ～ 4 月	花	
栀子花	不透光	片状 /1.3×4.5/ 匀（花 r2.5）	半圆形	5GY 5/6	7.5GY 3/6 N10	7.5GY 3/6	2.5GY 3/4	3 ～ 7 月	花	
六月雪	不透光	点状 /0.2×0.05/ 疏（花 r0.06）	半圆形	5GY 3/4	7.5GY 3/4 N 10	7.5GY 3/4	5GY 3/4	5 ～ 7 月	花	
探春花	不透光	点状 /2×1/ 疏（花 r0.5）	半圆形	7.5GY 5/8 7.5Y 8.5/12	7.5GY 3/6	7.5GY 3/6	7.5GY 3/4	5 月	花	
黄素馨	不透光	点状 /2×1/ 疏（花 r1.2）	半圆形	7.5GY 4/6 7.5Y 8.5/12	7.5GY 3/6	7.5GY 3/6	5GY 3/6	3 ～ 5 月	花	

续表

名称	透光度	肌理（叶/花/果）	树冠立面	春	夏	秋	冬	典型观赏时间	观赏部位	颜色
南天竹	不透光	片状/6×1.5/疏（果r0.5）	半圆形	5GY 3/6（50%）7.5R 3/8（50%）	5GY 3/6（2/3）7.5R 3/8（1/3）	5GY 3/6（2/3）7.5R 3/8（1/3）	5GY 3/6 7.5R 4/4	四季	叶	
								10～12月		
桃叶珊瑚	不透光	片状/15×6/匀	半圆形	5GY 4/4；黄点 10Y 8.5/8	5GY 4/4；黄点 10Y 8.5/8	5GY 3/6	2.5GY 4/6	四季	叶	
棕榈	不透光	面状/r40/疏	半圆形	7.5GY 3/4 5GY 5/8	7.5GY 3/4 5GY 5/8	7.5GY 3/4	7.5GY 3/4	四季	叶	
金银花	不透光	片状/4×2/疏(花r2)	爬藤	7.5GY 4/4 2.5GY 7/10	5GY 4/6 N10	5GY 4/6	7.5GY 4/4	4～6月	花	
杜鹃花	不透光	片状/3.3×1.8/匀（花r2）	半圆形	2.5GY 4/4	5GY 4/6 2.5RP 8/6	7.5GY 4/4	7.5GY 4/4	4～5月	粉花	
									红花	
含笑花	不透光	片状/7×3/密(花r2)	圆形	5GY 4/6 5Y 9/2	5GY 3/6	5GY 3/4	5GY 3/4	3～5月	花	
八角金盘	不透光	面状/r20/匀（花r2）	椭圆形	5GY 4/4 2.5GY 8/6	5GY 3/6	5GY 3/6	7.5GY 2/4	四季	叶	

3.2 灌木（落叶）

名称	透光度	肌理（叶/花/果）	树冠立面	春	夏	秋	冬	典型观赏时间	观赏部位	颜色
珍珠梅	不透光	羽状/18×11/匀（花序15×8.5）	半圆形	5GY 5/8 5GY 7/8	7.5GY 4/4 N 10	7.5GY 4/4 N10	无	7～8月	花	
牡丹	不透光	面状/8×7/疏（花r10）	锯齿面	5GY 4/6 10P 7/8	5GY 3/6	5GY 3/6	无	4～5月	粉色花	
									紫红色花	

续表

名称	透光度	肌理（叶/花/果）	树冠立面	春	夏	秋	冬	典型观赏时间	观赏部位	颜色
锦带花	不透光	片状/7.5×3/匀（花 r1.7）	半圆形	5GY 6/8	5GY 4/6 5R 5/12	5GY 4/6	无	4～6 月	花	
连翘	不透光	片状/6×3.5/疏（花 r1.2）	半圆形	5Y 8.5/10	7.5GY 3/6	7.5GY 3/6	无	3～4 月	花	
棣棠	不透光	片状/5×2.2/匀（花 r1）	半圆形	5GY 7/10	7.5GY 3/4 5Y 8/14	7.5GY 3/4	5GY 6/8	4～6 月	花	
								冬季	枝	
木芙蓉	半透光	面状/r12.5/疏（花 r4）	圆形	7.5GY 6/8	7.5GY 4/6	10GY 4/4 10RP 6/2	无	8～10 月	白花	
									粉花	
贴梗海棠	不透光	片状/6.5×4/疏（花 r2）	扇形	5GY 6/8 7.5R 5/12	5GY 5/8	5GY 4/6	无	3～5 月	花	
无花果	不透光	面状/r15/疏（果 r2）	椭圆形	5GY 6/8	5GY 6/8 5GY 4/6	5GY 4/6 5RP 2/4	无	5～7 月	果	
荼蘼	不透光	片状/5×1.7/匀（花 r2）	蔓性灌木	5GY 5/8 N 10	5GY 4/6	5GY 4/4	无	4～5 月	花	
紫荆	不透光	面状/r4/疏（花 r0.5）	半圆形	花 10P 6/10	7.5GY 4/6 7.5GY 3/4	7.5GY 3/4	无	3～4 月	花	
木本绣球	不透光	片状/17.5×7.5/疏（花 r8）	半圆形	5GY 4/6 5GY 7/8	5GY 4/6	5GY 4/4	无	4～5 月	花	
黄刺玫	不透光	羽状/5×3/匀（花 r2）	半圆形	5GY 5/6	5GY 5/6 7.5Y 8.5/8	5GY 4/6	无	5～6 月	花	

续表

名称	透光度	肌理（叶/花/果）	树冠立面	春	夏	秋	冬	典型观赏时间	观赏部位	颜色
山麻杆	不透光	面状/12×10.5/疏	椭圆形	5R 4/12 2.5GY 4/4	2.5GY 4/4	7.5YR 6/12	无	2月	叶	

4.1 藤本（常绿）

名称	透光度	肌理	树冠立面	春	夏	秋	冬	典型观赏时间	观赏部位	颜色
薜荔	不透光	点状/r3.5/中	铺地	5GY 3/4	10GY 3/4 7.5GY 3/6	7.5GY 3/4	7.5GY 3/4	四季	叶	
木香花	不透光	点状/3×5/疏（花r2）	爬蔓	5GY 6/8	5GY 5/6 N 10	5GY 4/4	5GY 3/4	5～8月	白花 黄花	
络石	不透光	条状/6×3/中（花r1.5）	铺地	5GY 4/6	7.5GY 3/4 N 10	7.5GY 3/4	5GY 3/4	5～7月	花	
常春藤	不透光	片状/5×6/中	爬蔓	7.5Y 5/8	10GY 4/6	10GY 4/6	10GY 3/4	四季	叶	

4.2 藤本（落叶）

名称	透光度	肌理	树冠立面	春	夏	秋	冬	典型观赏时间	观赏部位	颜色
紫藤	半透光	羽状/3×6.5/中 花序23×9花r1.2	攀援藤本	5P 5/8 10Y 6/6	5GY 5/6	7.5GY 4/4	无	4～5月	花	
凌霄	不透光	羽状/2×4.5/中 花序18花r1.5	攀援藤本	5GY 6/8	7.5GY 3/4 7.5R 5/12	7.5GY 4/4	无	6～8月	花	
爬山虎	不透光	片状/r6/中	攀爬	7.5Y 5/8	7.5GY 5/6	10R 3/8 2.5YR 4/10	无	9～11月	叶	

续表

名称	透光度	肌理	树冠立面	春	夏	秋	冬	典型观赏时间	观赏部位	颜色
蔷薇	不透光	羽状 /3×8/ 疏（花 r3）	蔓藤		5RP 7/10 5GY 4/6	7.5GY 4/4	无	5 ～ 9 月	淡黄色花	
									粉红色花	

5.1 水生

名称	透光度	肌理（叶 / 花 / 果）	树冠立面	春	夏	秋	冬	典型观赏时间	观赏部位	颜色
蒲苇	不透光	线状 /2×100/ 密（花序 r8×30）	椭圆形	5GY 6/10	10GY 4/6	7.5GY 4/6 5GY 9/2	无	9 ～ 10 月	花	
荷花	半透光	面状 /r55/ 疏（花 r10 果 r3）	片状	5GY 6/10	10GY 3/4 2.5RP 6/12	2.5Y 5/6 5Y 7/10	无	6 ～ 9 月	叶 / 花	
睡莲	不透光	心状 /5×8.5/ 疏（花 r2.5；果 r1.2）	浮叶	5GY 6/10	7.5GY 4/8 2.5RP 5/12	7.5GY 3/4 7.5YR 5/10	无	6 ～ 8 月	紫红色花	
									白色花	

6.1 草本（常绿）

名称	透光度	肌理（叶 / 花 / 果）	树冠立面	春	夏	秋	冬	观赏时间	观赏部位	颜色
蕙兰	不适光	线状 /1×53/ 疏（花）（花序长 30 ～ 50）	扇形	10Y 8.5/8 7.5GY 3/4	7.5GY 3/6	7.5GY 3/6	7.5GY 3/4	3 ～ 4 月	花	
十大功劳	不透光	条状 /19×13/ 中	半圆形	5GY 4/6	5GY 3/6	5GY 3/4	5GY 3/2	7 ～ 11 月	叶	

6.2 草本（落叶）

名称	透光度	肌理（叶 / 花 / 果）	树冠立面	春	夏	秋	冬	观赏时间	观赏部位	颜色
虎耳草	不透光	点状 /r4/ 中（花序 r16.5）	铺地	7.5GY 5/8	7.5GY 4/6	7.5GY 3/4 5G 8/4	无	7 ～ 9 月	叶	

续表

名称	透光度	肌理（叶/花/果）	树冠立面	春	夏	秋	冬	观赏时间	观赏部位	颜色
凤仙花	不透光	线状 /2×8/ 疏（花 r1）	椭圆形	5GY 5/6	5GY 3/6 5R 4/14	5GY 3/4	无	6～8 月	淡紫色花	
									大红色花	
芍药	不透光	片状 /2×6/ 疏（花 r5）	椭圆形（横）	5GY 6/8 N10	5GY 4/6	5GY 3/6	无	5～6 月	白色花	
									粉色花	
芭蕉	半透光	条状 /25×200/ 疏	半圆形	10Y 7/8	5GY 3/6	7.5GY 3/6	无		叶	
萱草	不透光	线状 /2.5×50/ 中（花 r9）	半圆形	5GY 5/6	5GY 4/6 10YR 8/14	5GY 4/6	无	5～7 月	花	
鸢尾	不透光	线状 /2×35/ 中（花 r5）	半圆形	2.5GY 5/6 7.5PB 6/10	7.5GY 4/4	7.5GY 4/4	无	4～5 月	花	
紫萼	不透光	面状 /11×14/ 疏（花 r3）	半圆形	7.5GY 5/8	7.5GY 3/4 5P 8/4	7.5GY 3/4	无	6～7 月	花	
玉簪	不透光	面状 /12×19/ 中（花 r1）	半圆形	5GY 4/8	5GY3/6 N10	5GY 3/6	无	8～10 月	花	
秋葵	半透光	掌状 /r8/ 疏（花 r2.5）	条形	5GY 6/8	5GY 4/6 10Y 9/4	5GY 3/6	无	5～9 月	花	
蜀葵	半透光	掌状 /r7/ 疏（花 r4）	条形	5GY 6/8	5GY 4/6 2.5R 4/14	5GY 3/6	无	6～8 月	花	

续表

名称	透光度	肌理（叶/花/果）	树冠立面	春	夏	秋	冬	观赏时间	观赏部位	颜色
杜若	不透光	片状/5×20/中	铺地	5GY 5/8	7.5GY 4/6 N10	7.5GY 4/4	无	6～7月	花	
蒿草	半透光	羽状/2.3×23/中	条形	7.5GY 5/8 7.5GY 4/6	7.5GY 4/6	7.5GY 4/6	无	8～10月	叶	
鸡冠花	不透光	线状/1.5×10/疏（花序 15×18）	椭圆形	2.5GY 6/6	2.5GY 5/6 10RP 4/12	2.5GY 5/6 10RP 4/12	无	7～10月	花	
鸭趾草	不透光	片状/1.8×6/中（花 r1）	铺地	7.5P 3/8	7.5P 2/6 5P 8/4	7.5P 2/4	无	5～9月	花	
丝兰	不透光	剑状/3×50/中（花 r2）	半圆形	10GY 4/8	10GY 4/6 N 10	10GY 4/4	无	7～9月	花	
石竹	不透光	线状/0.3×4/中（花 r2.5）	条形	7.5GY 4/6	10P 5/12 7.5GY 4/6	10P 5/12 7.5GY 4/6	无	4～10月	花	
金钱草	不透光	点状/r2/中	铺地	5GY 4/6	5GY 3/6	5GY 3/6	无	4～10月	花	

6.3 地被

名称	透光度	肌理（叶/花/果）	树冠立面	春	夏	秋	冬	观赏时间	观赏部位	颜色
莎草	不透光	线状/0.5×20/疏	扇形	2.5GY 5/6	5GY 4/6	5GY 4/6	无	夏	叶	
苔藓	不透光	点状/极小/密	铺地	5GY 3/6	5GY 3/6	5GY 3/6	无	夏	叶	

续表

名称	透光度	肌理（叶/花/果）	树冠立面	春	夏	秋	冬	观赏时间	观赏部位	颜色
沿阶草	不透光	线状/0.3×30/中	半球形	7.5GY 2/4	7.5GY 4/6	7.5GY 4/6	7.5GY 3/4	夏秋	叶	
铺地柏	不透光	线状/0.2×0.7/密	云形	10GY 4/4 2.5G 7/4	10GY 4/6	10GY 4/6	10GY 3/4	冬季	叶	
翠云草	不透光	卵形/0.1×7/密	伏地蔓	7.5G 5/6	2.5G 4/6	2.5G 4/6	2.5G 4/6 2.5G 3/4	夏	叶	

7 竹（观叶）

名称	透光度	肌理	树冠立面	春	夏	秋	冬	典型观赏时间	观赏部位	颜色
哺鸡竹	半透光	片状/2×12/疏	线形	5GY 5/8 5GY 4/6	5GY 4/6 5GY 3/6	5GY 3/6	5GY 3/4	四季	叶	
慈孝竹	透光	片状/1.5×12/中	扇形	5GY 5/8 5GY 4/6	5GY 4/6 5GY 3/6	5GY 4/6	5GY 4/4	四季	叶	
箬竹	透光	片状/7×32/中	半椭圆形	5GY 3/4 2.5GY 5/6	5GY4/6	5GY 3/6	5GY 3/4	夏季	叶	
板桥竹	透光	片状/1.25×8/中	发散形	5GY 4/6 5GY 6/8	5GY 4/6 5GY 6/8	5GY 4/6	5GY 4/6	四季	叶	
金镶玉竹	透光	片状/1.4×12/中	线形	5GY 5/8 10RY 7/12	5GY 4/8 10RY 7/12	5GY 4/6 10RY 7/12	5GY 4/6 10RY 7/12	四季	叶	

*. 肌理的描述主要针对叶、花、果的典型性，叶子从形状、尺寸、密度 3 个方面，花的单朵或花序的半径尺寸为主，所有尺寸取平均值，以厘米为单位。

2. 植物花、叶色彩的变化规律

根据上文对苏州古典园林中常见植物的叶色和花色在四季典型色彩显色的固有色色值比对，对其数据进行色彩规律的分析，具体如下。

春季新绿中的5GY 6/8出现12次、5GY 5/8出现10次、2.5GY6/8与2.5GY5/8出现9次、5GY3/4出现8次、N10与5GY4/6出现6次等，整体上以植物的新叶色为主，花色中以白色为主，其次是黄色，最后是色彩丰富的粉色、紫色系（图5-6）。

夏季叶绿素充足，色彩主要以墨绿色为主，其中5GY4/6出现26次、7.5GY3/4出现24次、5GY3/6出现19次、7.5GY4/6出现13次、7.5GY3/6出现11次、N10出现9次、2.5GY7/8与7.5GY4/4出现7次，整体上植物叶色的饱和度很高、明度较低，花色以白色为主，其次是粉色2.5RP6/12和红色7.5R5/12，最后是色彩丰富的黄色系和紫色系（图5-7）。

秋季植物叶色非常丰富，黄色系叶色占了很大的比例，但整体上

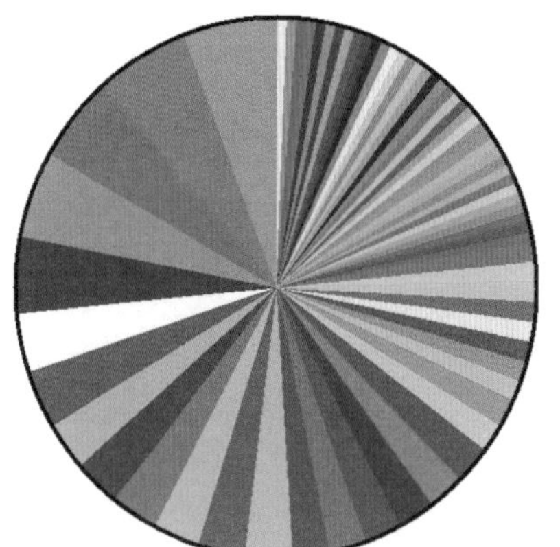

植物色彩规律（春季）

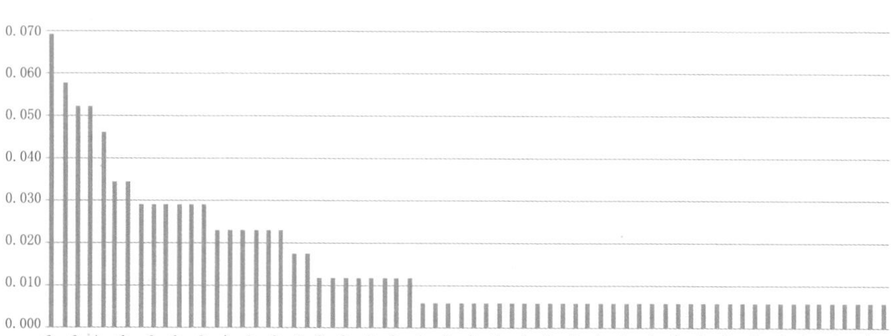

图5-6 春季植物叶色与花色的色彩规律

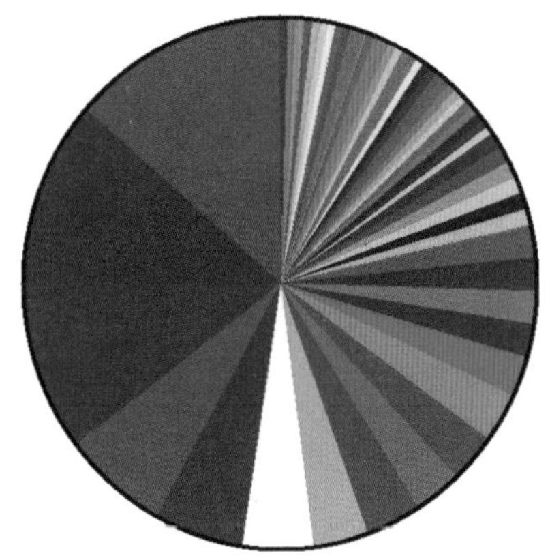

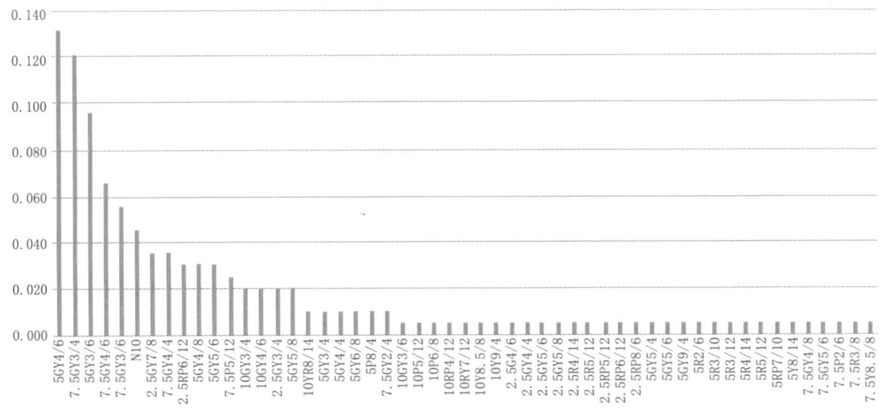

图5-7 夏季植物叶色与花色的色彩规律

还是深绿色占主导。其中的5GY3/6出现19次，5GY4/6出现18次，7.5GY3/4出现14次，5GY4/4出现13次，5GY3/4出现12次，7.5GY4/4与7.5GY3/6出现9次，7.5GY4/6出现6次，5GY4/8、2.5YR4/10、2.5Y7/10、10R3/8出现4次，7.5Y8/8、5Y7/10、5GY5/6、10GY4/4、2.5Y7/12、2.5Y7/10等出现3次，植物呈现金碧之色（图5-8）。

冬季很多植物都落叶了，进入冬眠期。植物叶色表现不是很丰富，还是以暗绿色为主。其中的5GY3/4出现12次，5GY3/6出现7次，7.5GY3/4出现6次，7.5GY4/4出现5次，7.5GY2/4出现4次，5GY4/6出现3次，5GY3/2、2.5GY3/4与10GY3/4出现两次等，花色的黄是冬季里主要的点缀色（图5-9）。

3. 以植物色彩为主题的景点

人的观赏角度受人尺度的限制，当光作用于植物上时，同种颜

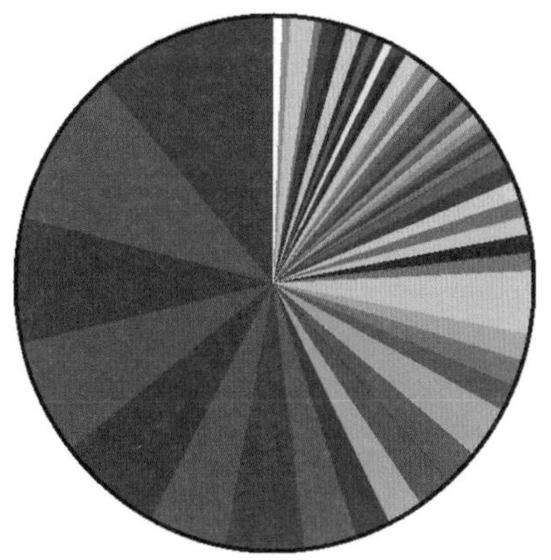

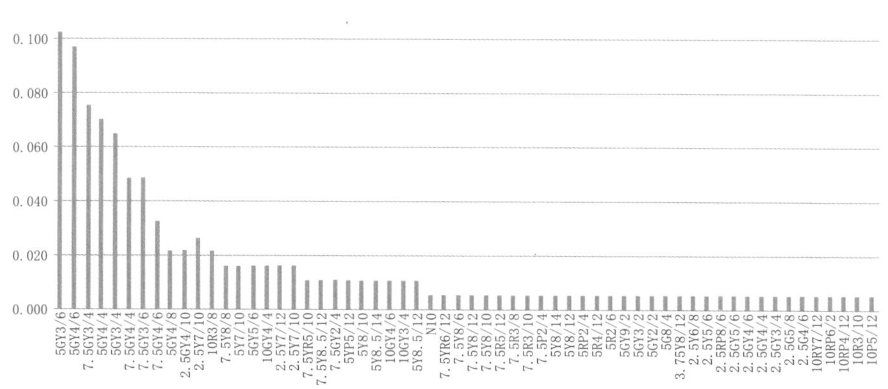

图5-8 秋季植物叶色与花色的色彩规律

色的植物在视平线以下、视平线及视平线以上所感受到的色彩变化不一样，因此根据植物的分类及人的观察视角，把植物分为三种视角，在空间色彩氛围的分析过程中，可根据植物在光作用下的显色规律进行色值调整。

（1）人视平线以上（图5-10）

视平线以上的植物主要由大乔木构成，四季色彩变化明显。春季主要以新绿为主，点缀粉色系及白色系花色；夏季绿色素的饱和度很高，这时主要体现植物的透光度；秋季叶的比例较大，主要由黄、橙、红三色系构成；冬季落叶乔木只剩枝干，常绿植物的叶色变化不大，都在低明度的绿色系中。

（2）人视平线左右（图5-11）

视平线左右的植物以小乔木、藤本、竹类为主，四季色彩变化

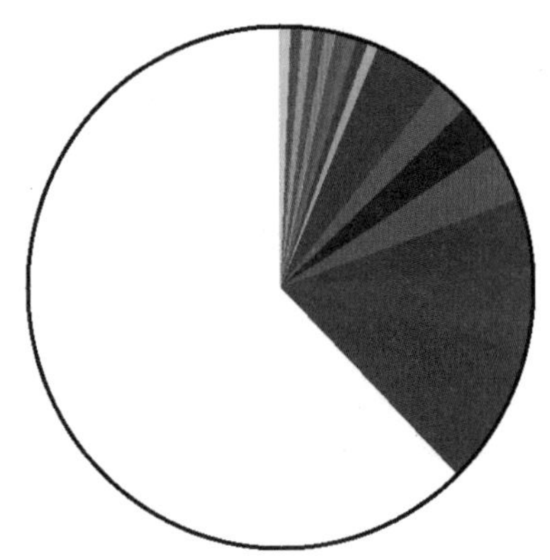

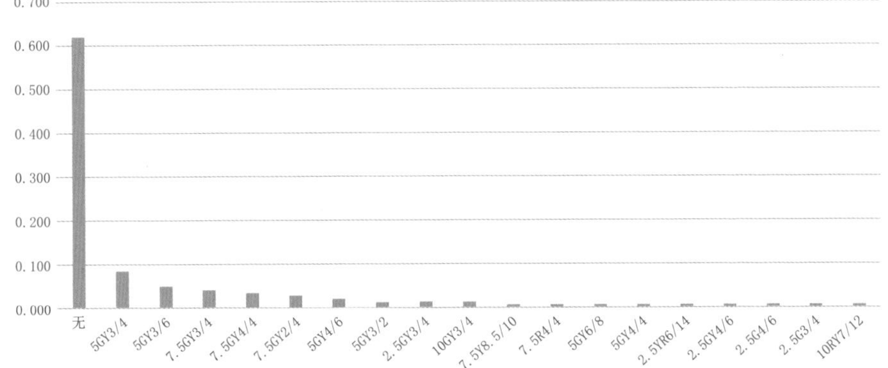

图5-9 冬季植物叶色与花色的色彩规律

非常丰富。春季的色彩主要以花色的变化为主，多粉色系；夏季花叶相间，花色中红色、粉色、白色为多；秋季叶色、果色与绿色相间；冬季黄橙色系的花果色点缀其间。

（3）人视平线以下（图5-12）

视平线以下的植物以花灌木、地被、水生植物为主，四季色彩变化非常丰富。春夏季色彩斑斓，除了蓝色，其他色相俱全，但还是以绿色系为主；秋季花色不多，以枯叶色点缀，其他多低明度的绿色系；冬季主要为低明度的绿色系。

4. 以植物色彩为主题的景点

苏州温暖、潮湿、多雨、四季分明等优越的气候条件，为造园提供了种类丰富的植物，加上花木文化在中国传统文化中占据重要位置。因此，在苏州园林中有大量以植物为主题的景点，除了必要的精神需求外，人们更注重的是植物所呈现的美丽景象。其中单纯以植物的色彩呈现作为园林立意的景点有沧浪亭的“翠玲珑”；网

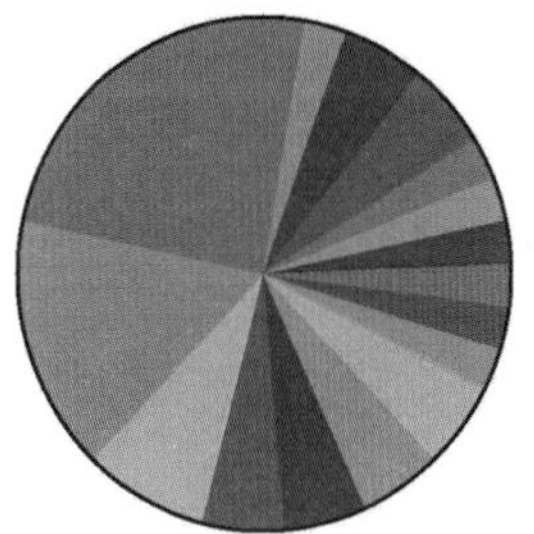

人视点以上植物色彩规律（春季）

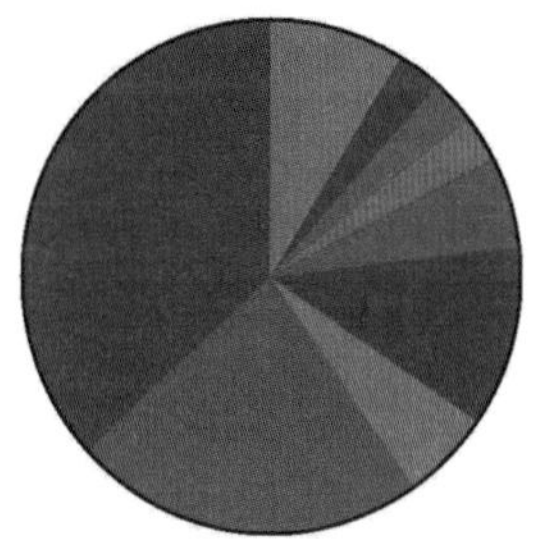

人视点以上植物色彩规律（夏季）

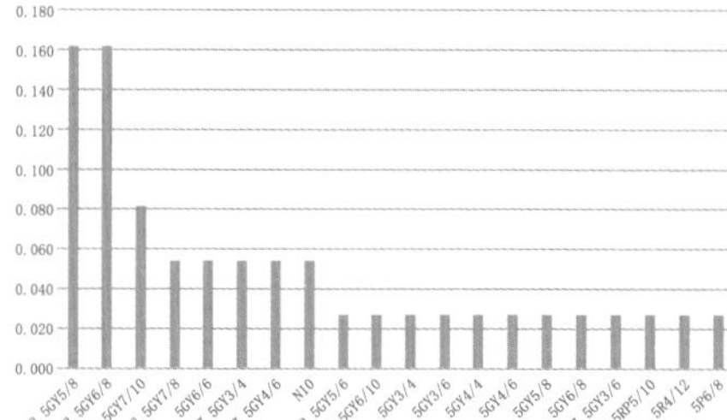

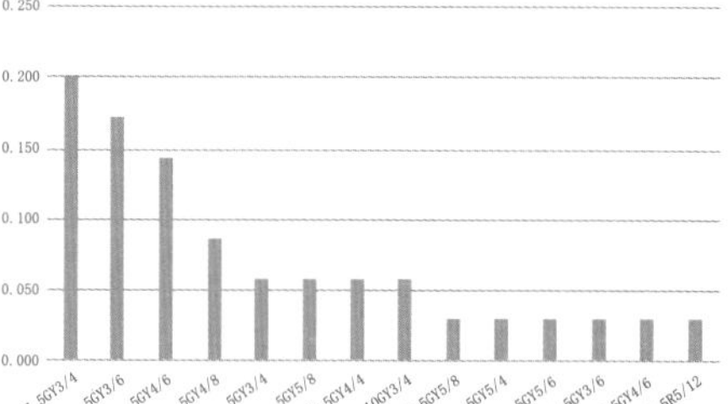

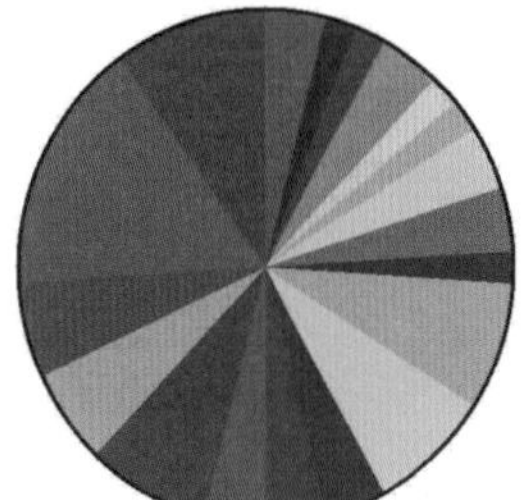

人视点以上植物色彩规律（秋季）

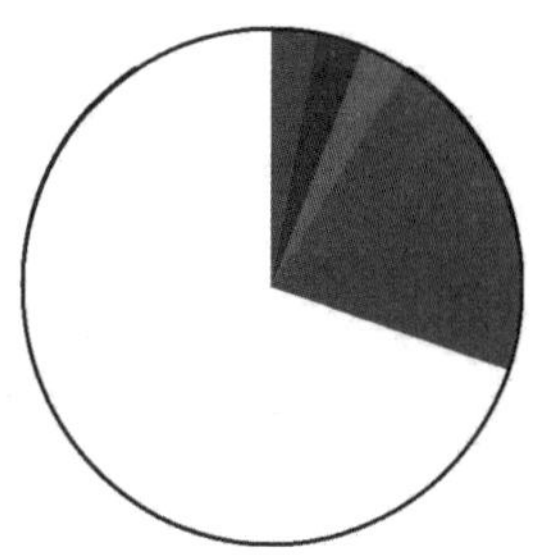

人视点以上植物色彩规律（冬季）

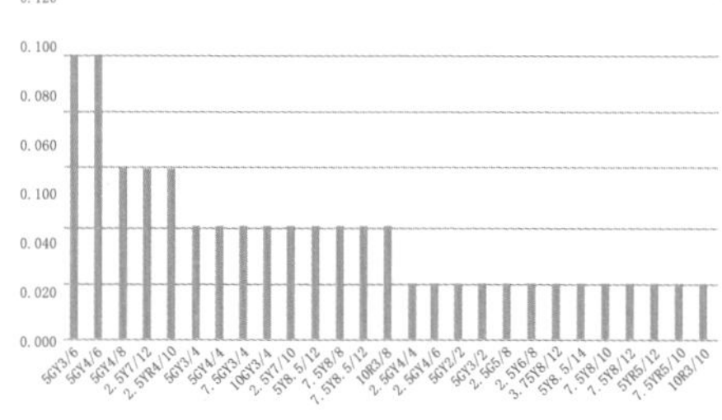

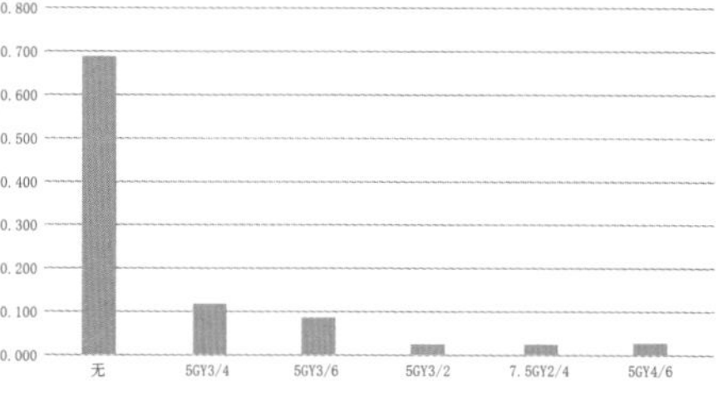

图5-10 人视平线以上植物的四季色彩规律

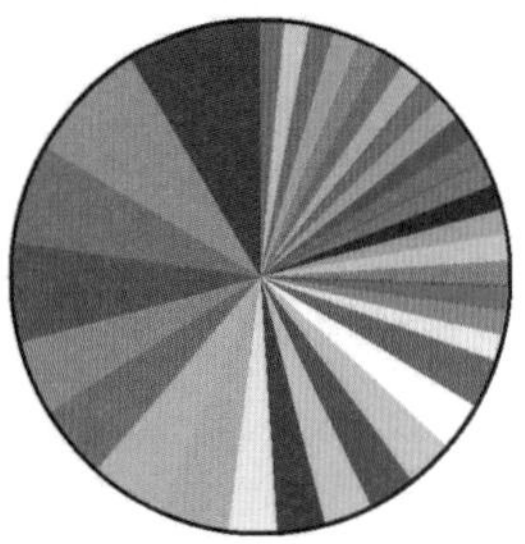

人视点左右植物色彩规律（春季）

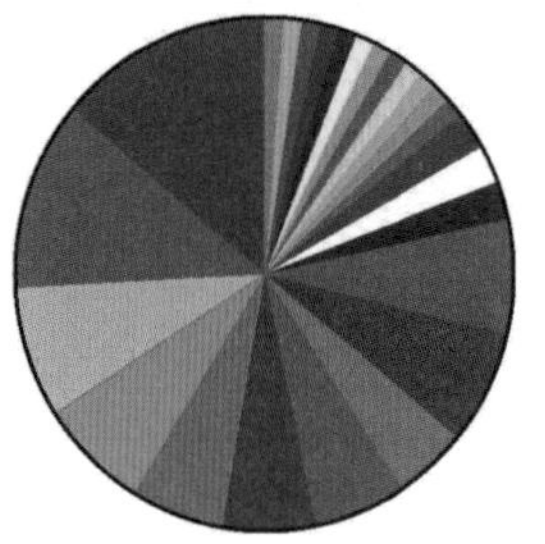

人视点左右植物色彩规律（夏季）

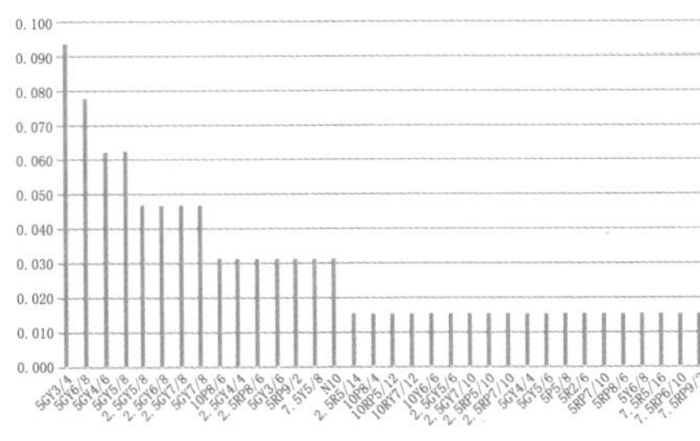

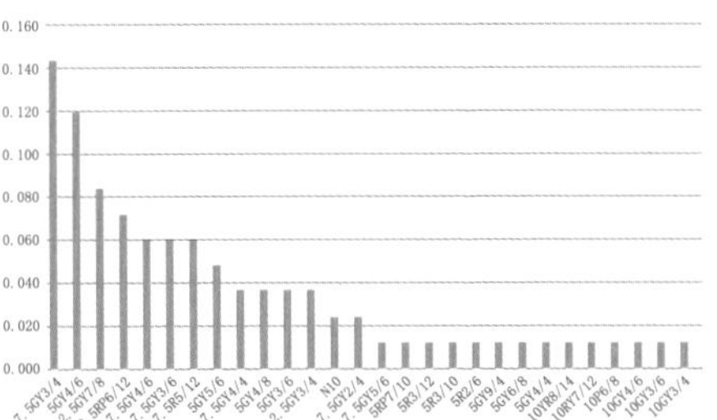

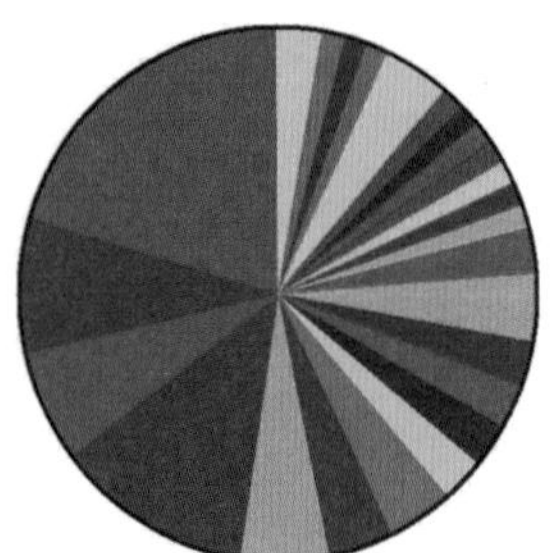

人视点左右植物色彩规律（秋季）

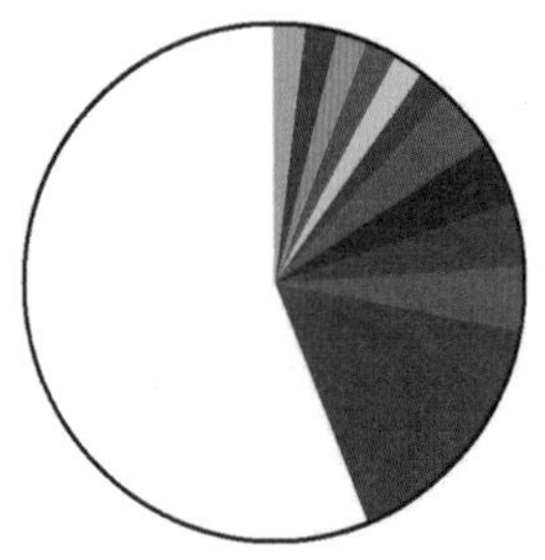

人视点左右植物色彩规律（冬季）

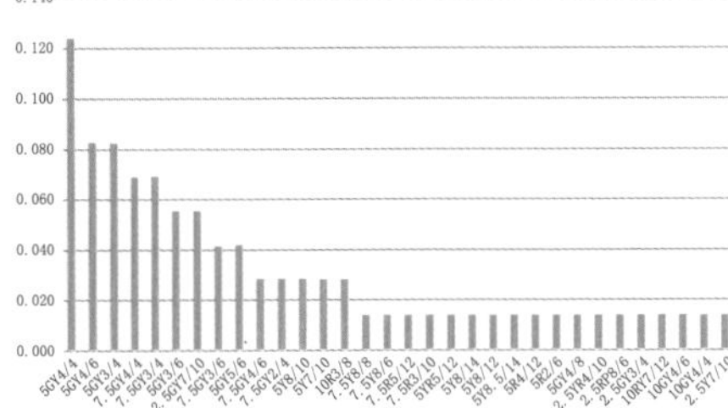

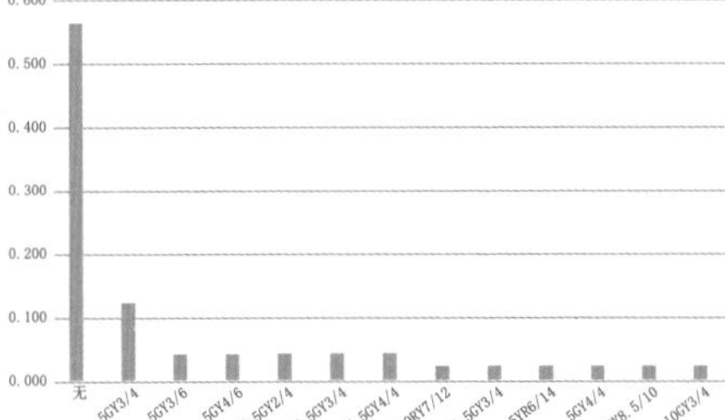

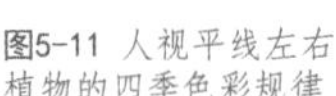

图5-11 人视平线左右植物的四季色彩规律

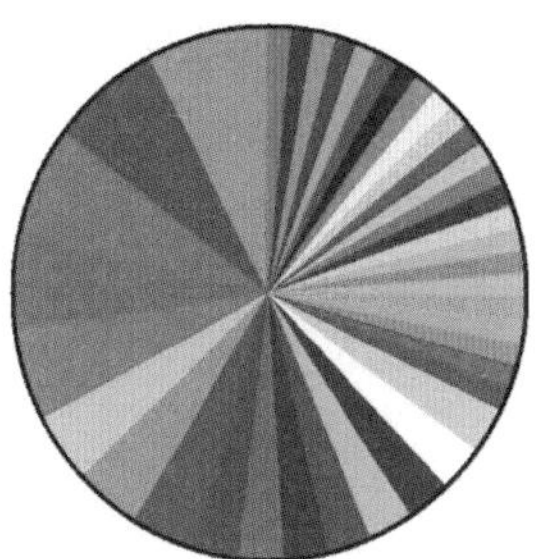

人视点以下植物色彩规律（春季）

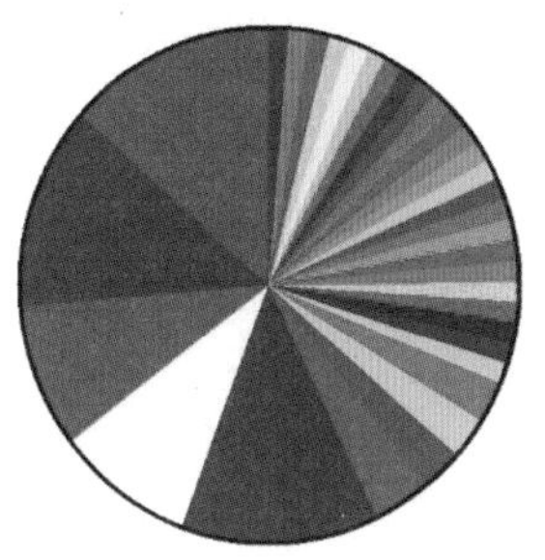

人视点以下植物色彩规律（夏季）

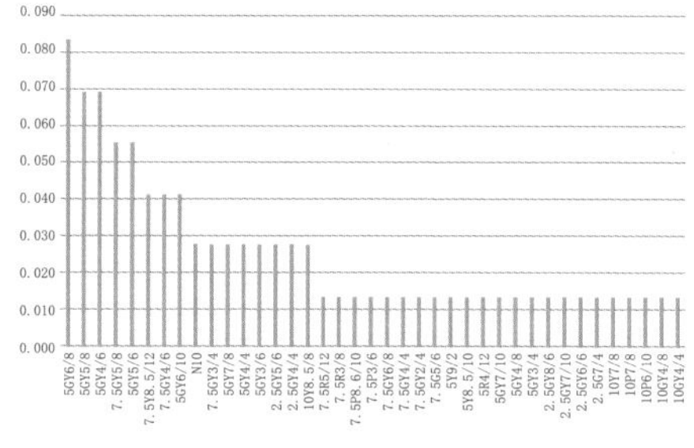

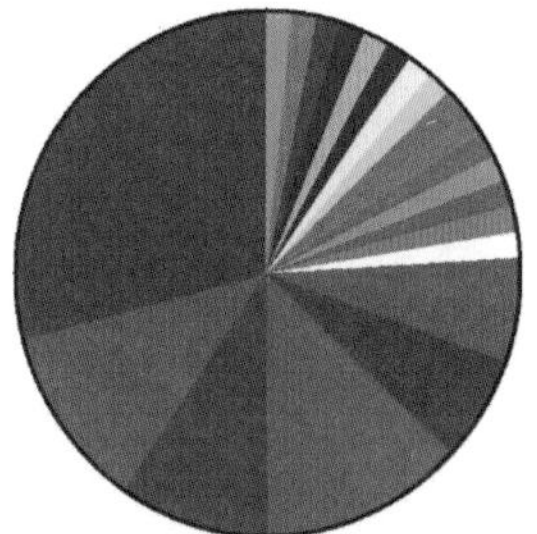

人视点以下植物色彩规律（秋季）

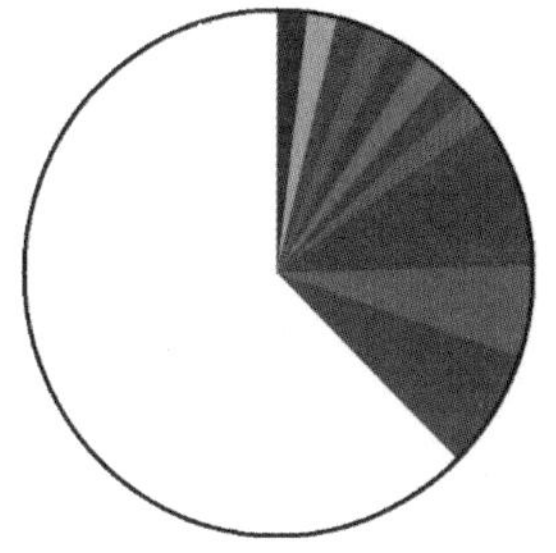

人视点以下植物色彩规律（冬季）

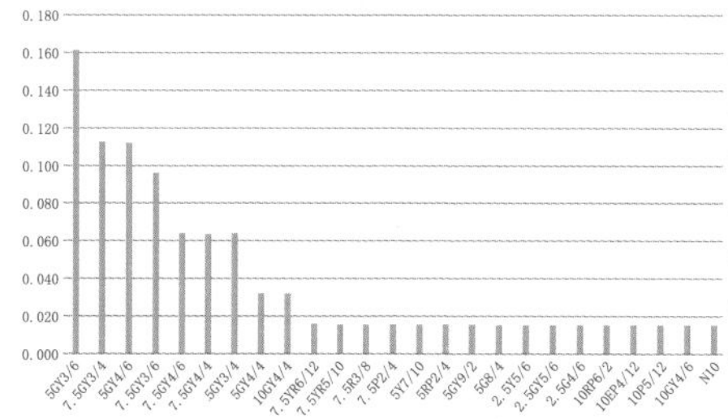

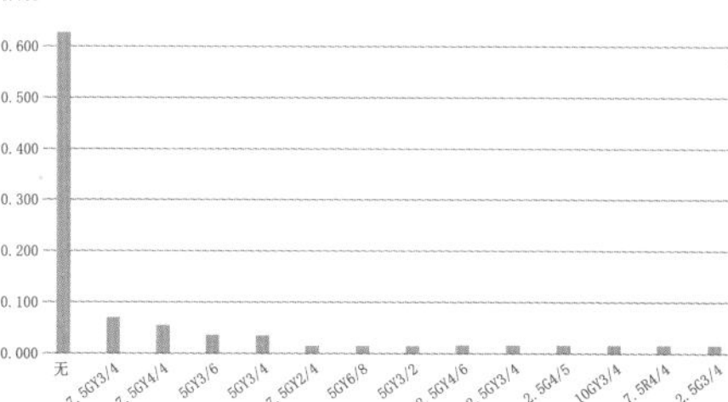

图5-12 人视平线以下植物的四季色彩规律

师园的“露华馆”；拙政园东园的“流翠亭”“涵青”“晚翠”，中部的“玲珑馆”“晓丹晚翠”“雪香云蔚”“绿漪亭”“拥翠”，西部的“浮翠阁”；留园的“绿荫轩”“明瑟楼”“涵碧山房”“远翠阁”“洞天一碧”；环秀山庄的“环青”“摇碧”；怡园的“锁绿轩”“抱绿湾”“金粟亭”“碧梧栖凤”等。还有很多景点的布置直接以观花或观叶的植物作为景点的立意，并出现在楹联中。据统计，苏州古典园林中以植物命名的景点约70个[3]，以植物品题的楹联比例约为48.9%[4]。可见，植物是构成苏州古典园林的主要元素之一，是园林色彩艺术中重要的组成部分。

5. 植物色彩与其他园林要素的组织关系

植物色彩在苏州古典园林中起着重要的作用，决定着空间氛围、主题立意及意境的生成，并与其他构成要素之间有着紧密的联系。在色彩显色方面主要有两种静态色彩对其显色具有一定的强调作用。

（1）白墙

白墙作为植物的背景，对植物的色彩具有强调作用，特别是庭院中的植物，被白墙映衬的植物在色彩的纯度及明度系数上均有上升，因为白墙把光源漫反射到叶或花上，植物的色泽被提亮，暗部被减弱，一般叶片透光度高、叶色较浅者，在白墙的映衬下枝叶扶疏、清新明亮，如竹子、青枫、白玉兰、西府海棠等（图5-13）。

（2）暗红色的花窗、挂落、门窗

从建筑室内往外看庭院或天井里的植物，室内很暗，室外很亮，明暗对比强烈，加上人视点在1.5m左右，看到的大都是透光下的植物叶色，如第3章“强光下的植物色彩”测试中说明的，逆光下透光度强的叶片其色相变化较为丰富，其中明度大部分明显亮或偏暗1～2个明度值，纯度大部分偏纯2～6个纯度值，根据绿叶固有色的规律，逆光的叶色是纯度很高的“黄绿色”。暗红色的花窗在室内很暗，显色为5R 2/1，构成鲜灰的互补色对比，黄绿色被暗红色的花窗映衬得非常鲜亮，在大部分的花窗透景中芭蕉与竹子的叶

图5-13 白墙映衬下的植物显色

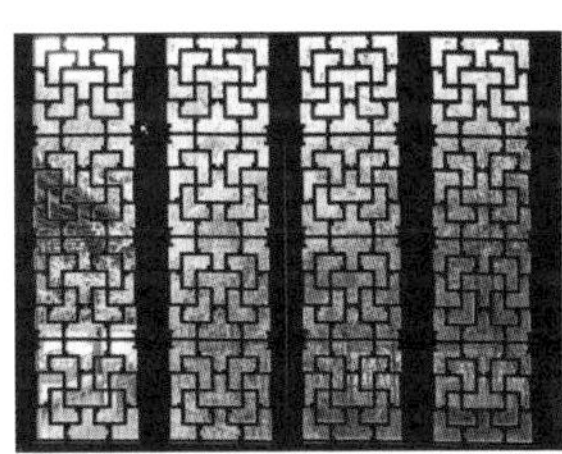

图5-14 暗红色窗格映衬下的植物显色

色是最具代表性的（图5-14）。

5.1.4 移动的色彩

1. 动物点缀

苏州古典园林中，蓄养动物有着悠久的历史，如鹿、兔、松鼠、鹤、鸳鸯、雉、鸭、鱼、龟等。但由于游客太多，目前只能欣赏到鸳鸯、鱼、龟等，偶尔也能欣赏到一些到园林中做客的动物，如蝉、蝴蝶、鸟类等。这些动物的色彩所占比例很小，其动态性增添了园林的色彩氛围。其中，红鱼对水色的影响非常大，活跃了碧水的色彩氛围，在园林色彩景观元素中起着重要的作用，其色彩的动态性起调剂作用，从而改变人的视域和视点。

2. 园林中特殊的人群

为了提升古典园林的视觉和听觉品位，留园定时会有一些穿着古装的表演者演奏苏州评弹、古筝、琵琶等，或随意漫步于园林之间。这些表演在某种意义上复原了当时园林被使用的情景，古装的色彩淡雅、柔和、清新，如鹅黄色、藕荷色、粉红色、白色、水绿色等都是高明度、中纯度的暖色系，与园林整体色调形成反差，像移动的花色一样，点缀其间，给人以春的气息，如图5-15展现了表演者服饰色彩在园林中的作用。

另外，还有一些古装摄影，色彩同上，也为园林添色不少。至于游客着装的颜色，实在丰富多彩，无法归类，不在讨论范围。

3. 节日中的色彩

在各朝代的《舆服志》记载中，官府的限色令四处笼罩。但是，古代艺匠创新的灵光时时闪现，他们总会充分借用自然材料所蕴含的色系巧妙搭配，借民俗节庆常用的艳丽装饰物来装点环境，从而营造出一种质朴其表、热闹其中的环境美感，而且世代传承、绵延不断[5]。但目前这些节日的色彩在苏州古典园林中已经看不到了，只能在历史文献中查阅到，在第3章“苏州岁时节对苏州古典园林色彩景观的影响”中有具体描述。

图5-15 表演者的服饰色彩

5.2 静态色彩

5.2.1 粉墙

1．粉墙的颜色

粉墙，即用白石灰涂抹外墙表面，孟塞尔色号为N9.5（新）、5Y 8.5/1（旧）。由于苏州多雨潮湿，粉墙可防止渗漏，根据《苏州平江府志》所载："涂白垩以防潮，非为费材而饰也"，可见，建筑之初对墙粉饰是一种生态性选择，也是实用功能影响了建筑外观色彩的选择。粉墙除防潮外，也是建筑庭院及室内的主要色彩，因白色是反光系数很高的颜色，利用白墙的漫反射原理，可增加室内外的光线或光感，弥补木制花窗透光量小的不足；在室内白墙除了显得干净明快之外，还衬托出室内的一切布置，比如，中国传统家具的色彩较为低沉，有白墙作为背景，使体形更为明朗而突出。另外，白墙对于阴影中的城市能满足提高视觉舒适度的要求，在灰蒙蒙的天空下，建筑显得精神明亮；在白亮的天色下，白墙像穿了隐身服似的，融到天色中，有扩大空间的作用；在蔚蓝色的天空下，显得清新明朗，似蓝天白云的气息；当临近水边时，水边的倒影微波荡漾在碧波中，白与绿显得格外青翠而明快；在这样的大背景下配上小桥垂柳、绿蕉翠竹，就构成了一幅幅清新美妙的画面。总之，先人在不断试验中，最终选择了粉墙作为主要的建筑色彩，是有其科学性和实用性优点的。

但也有好事者，为了强化差异，精工细作，强化白色的光感和质感，以区别于普通人家，如《园冶》一书中说："历来粉墙，用纸筋石灰，有好事取其光腻，用白蜡磨打者。今用江湖中黄沙，并上好石灰少许打底，再加少许石灰盖面，以麻帚轻擦，自然明亮鉴人。"利用白蜡磨光打亮，使其平、光、整，或用好石灰盖面，用麻帚轻擦，使其铿亮。

2．粉墙在造景中的作用与特点

粉墙也用于园林空间的划分，并起到组织景观的作用，如廊道中的白墙、白色的月亮门及白色花窗等，这些白色花窗的作用除了借景外，更主要的是借色。因花窗本身就是景，很难透过花窗去赏景，所以更多的是把自然的色彩纳入粉墙，一般透入花窗的色为植物的颜色，主要是黄绿色，白与透光下的黄绿交织在一起，赋予廊道空间一种幽静、清新、轻快、变幻而明亮的感觉。沧浪亭白墙上白色的漏窗是苏州古典园林最大的特色之一，本章节选"流玉"南侧游廊的漏窗进行色彩比例的分析，通过分析花窗与花窗所透景色的面积，发现在"流玉"景点的漏窗其透景面积几乎是一样，人走在其中不会只感到窗外的光与色，也不会被过多的景物所干扰（图5-16）。但在留园"古木交柯"的景点中，发现漏窗对建筑的进光量有着重要的影响（图5-17），"留在天地间"匾额后的第一个漏窗进光量适中，从第二个漏窗往西进光量从25%逐渐变为100%的空窗；而进入东廊的花窗由于廊道空间的限制，四个漏窗的进光量接近均值，到西楼下大敞间变为100%的空窗。图5-18中分析了10个漏窗的进光

图5-16 沧浪亭"流玉"景点漏窗进色量的分析

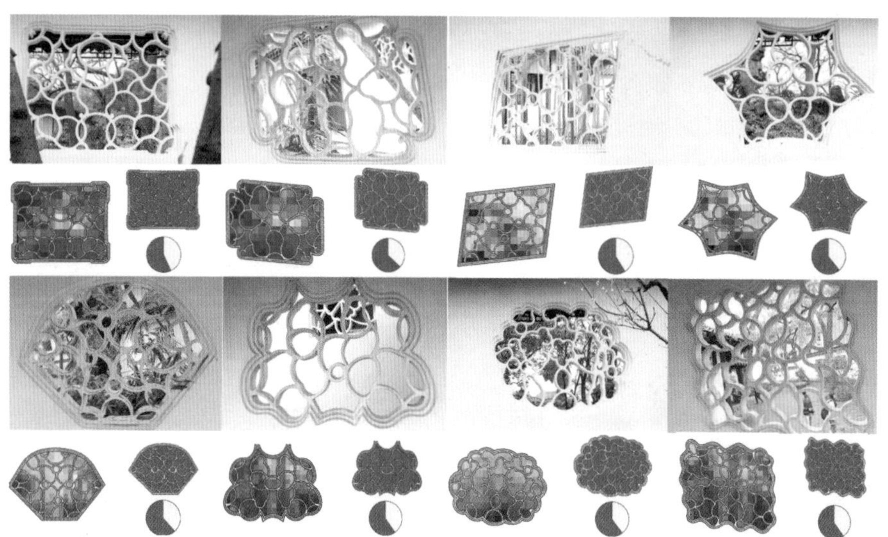

北面漏窗照片

古木交柯景点平面图

廊道西面漏窗照片

北面漏窗照片

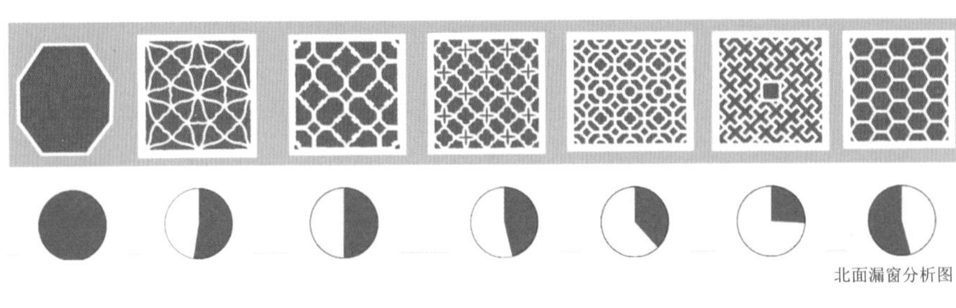

北面漏窗分析图

廊道西面漏窗照片

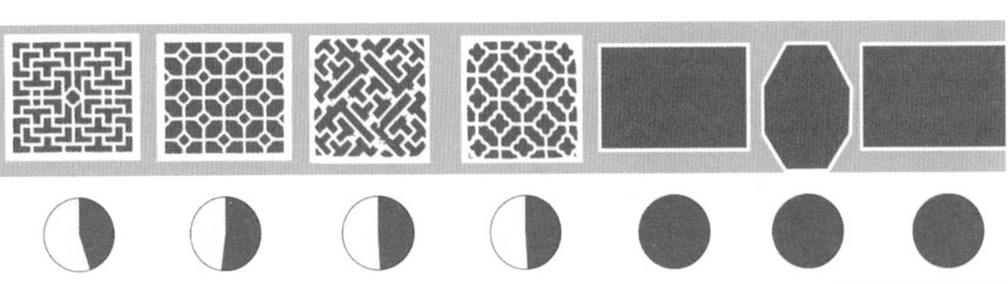

廊道西面漏窗分析图

图5-17 留园“古木交柯”景点漏窗进色量分析

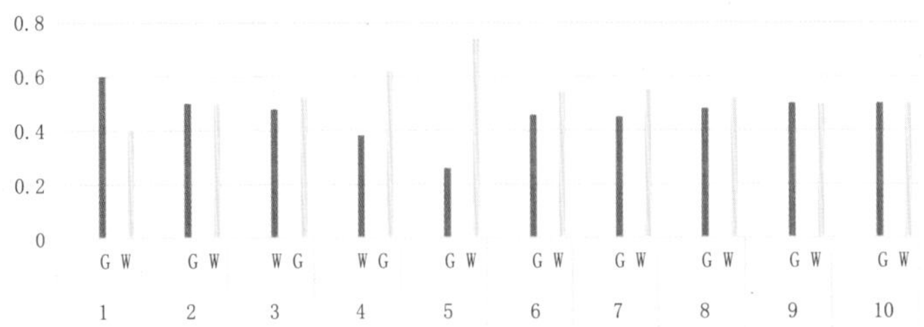

图5-18 漏窗纹样与漏景面积的比例分析

比，可见漏窗对于调节光线和空间的明度变化起重要作用。

从以上对漏窗纹样和漏景面积的比例分析可见，在古典园林中光线及空间的明暗变化是非常巧妙的。因空间的功能需要而设定其漏窗的纹样，而且这些纹样的存在对明暗感知力方面也很讲究。

以此可推论门窗的雕花窗棂纹样，以及以前所用的窗纸、贝壳等都是很讲究其视觉感官需求的，这些高明度、半透明的材质对园林的景象也起着重要的作用，起着从建筑外观上与白墙取得色彩呼应及视觉连贯性的作用。这些材质有一定的漫射效果，使进入建筑空间的自然光和景致变得模糊和抽象，并不能看清窗外植物的完整形状，而是以一种整体的绿意在窗外摇曳。透入室内的是一种微微泛绿的柔和阳光，宁静而清新，并以一种感性的方式提示了自然的存在，同时也加强了对自然更深的渴望[6]。可见，古典园林对自然的引入和欣赏非常有节制，这种节制产生了含蓄的美。

白色的墙可衬托出花木之胜、假山石的层次和肌理等，当阳光照耀在树枝与花叶上而投射到白墙上，犹如一幅幅带有时间的动态水墨画。这就是“以墙为纸，以景为绘”的巧夺天工之妙。

3. 粉墙变黑墙的历史记载

《营造法原诠释》第十章“墙垣”中关于“墙垣上光及刷色法”载：“苏地外墙，类多刷黑，其上蜡发光之法，则用青纸筋揭粉，须俟干透，先刷料水数次。料水者和轻煤之水，其色青灰。再用淡料水刷数次。所罩轻煤水干透后，用新扫帚刷三、四次，须干帚刷透，再用蜡一两，以丝棉包揩压磨，即亮，称为罩亮（原文作搔亮）。[7]”从中可看到当时（约民国时期）苏州的外墙大多刷黑，上蜡，呈青灰色，这与现在所看到的“粉墙黛瓦”差别很大，解释为当时是沿用秦风尚苍，或是因1937年后防空需求而抹黑。由于黑色墙面在城市中所带来的压抑感，以及视觉心理的不科学性，目前这种黑色墙面几乎消失。

5.2.2 黛瓦

黛瓦，即灰黑色的瓦，俗名青瓦，有色差，孟塞尔色号为N2.5、N2.75、N3.5（拥翠山庄），当受雨润后呈黛色，或在光照下暗部呈黛色。优质的黏土与冷却水的控制是制造优质瓦的重要条件，当青瓦烧好后需要用冷水冷却，何时取出是其色泽的关键，太早则浅，太晚则废，适时取出青黑发亮。此外，砖瓦的色泽及质地与窑地有很大关系，祝纪楠编的《营造法原诠释》中说明苏州的大窑比小窑好，北窑比南窑好，因北窑用黄土，南窑用田泥，北窑色泽较稳较匀。瓦根据位置及用途的差异，在用色上也是会寻求变化的。

1. 瓦扣和滴水瓦

瓦扣和滴水瓦级别较高，要求质地偏硬、色泽偏深，孟塞尔色号为N2-N2.75（图5-19），且有精致的图案，好比一枚精致的印章，其寓意大都以吉祥、安福为主。滴水瓦上面的图案，一般是很浅的阳纹，图案是灰黑色的瓦更为沉稳、精致，在光影的作用下，黑里透着亮灰，柔和过渡建筑屋檐下的暗部与屋面的亮部，又在建筑的立面上起着重要的装饰作用。

2. 仰瓦和盖瓦

仰瓦和盖瓦主要用于淌水，盖瓦连接两行仰瓦以防其间渗水，孟塞尔色号为N2.75-N4。由于仰瓦和盖瓦很整齐、很有秩序，仰瓦在下形成很深的暗面，盖瓦在上，在光线下显得很亮，明暗清晰有序，就像女子黛色的眉毛一样一根根清晰可见。它们处于屋面，通常不会受到很大的关注。其色泽的视觉要求不高，图5-20是对仰瓦和盖瓦固有色及8m处观测的色号取样。

3. 压顶瓦

压顶瓦（黄瓜瓦）在古制中都是黑色，这使其轮廓清晰。据现场调研，卷棚和廊顶的压顶砖都被涂上了墨黑色（似墨汁），经过长时间的日晒雨淋，它们不断褪色，出现灰黑色彩斑驳，不是很雅。

4. 黏土素筒瓦

黏土素筒瓦一般用于级别较高的建筑，这使其轮廓清晰、光影明确，因此，对它的色泽和均匀度要求较高。

但不管什么功能的瓦，一旦经历风吹日晒都会变浅、变黄，孟塞尔色号为N4.75、10Y 4/1。另外，在雨季，瓦面会长青苔，瓦色偏黄绿灰色，孟塞尔色号为5GY 4/1、5GY 3/1。

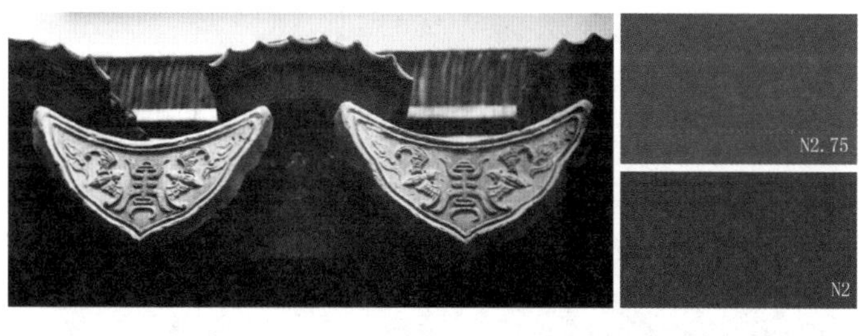

图5-19 瓦扣和滴水瓦的色号

图5-20 仰瓦和盖瓦固有色及远看色彩的色值

5.2.3　青砖

青砖，主要指砖细（细砖）、砖雕类的优质青砖，是在青砖的基础上进行细致的加工打磨，使砖的表面更加光滑、细腻、棱角分明。青灰色是其新生产出来的颜色，孟塞尔色号为N4～N6，时间长了就会发黄、发青，孟塞尔色号为5Y 6/1、10Y 6/1、10YR 5/1。苏州外城陆墓、太平、大东、常熟、北桥等地是优质青砖的烧制地，但由于资源保护的要求，目前都已经不生产了。常用的品种有城砖、方砖、金砖、嵌砖、望砖、黄道砖、八五青砖、九五青砖、装饰条砖、花砖等。

1. 望砖

望砖，指铺在椽子上的薄砖。用以承受瓦片，阻挡瓦楞中漏下的雨水和防止透风落尘，并使室内的顶面外观平整，明度变化在N5～N7之间。但色相变化比较丰富，在Y、RY、GY、PB等色域中都有出现，整体上暖色系为多（图5-21）。由于室内自然光线较弱，望砖的颜色也会适当浅一些，一般旧的望砖色泽较深，整体在中明度调子。

2. 方砖

方砖一般为房屋的铺地，平整的亭廊地面也多选择方砖，是使

图5-21 望砖及色值（艺圃）

用量较多的建筑材料之一，测量的孟塞尔色号有5Y 3/1、5Y 4/1、10YR 4/1。亭、廊铺地用30cm×30cm或40cm×40cm方砖，厅、堂铺地用40cm×40cm、45cm×45cm或50cm×50cm方砖。铺设讲究整齐磨砖对缝，勾缝要饱满，缝宽在0.2cm左右。待灰缝达到一定强度后，进行补、磨，并清理表面，讲究的可揩桐油，图5-22为留园五峰仙馆的样本。

3. 青砖贴面

青砖贴面也称砖细贴面，加工成长方形、八角形、六角形等形状，镶嵌于墙面，周边设镶边线脚，下设勒脚细。砖细墙面有勒脚细、八角景、六角景、斜角景、砖细抛方等。测量的孟塞尔色号有N5.25（拥翠山庄的亭子）、N5.75、N6、5Y 6/1、5Y 5/1（拙政园大门的门框）、5Y 6/1、10Y 6/1、N5.5、N5.75（网师园）等，贴面青砖明度大都在N5～N6之间，为中明度调子，色相变化主要在Y、RY、G、PB等之间，色差变化很丰富，形成低纯度的中明度短对比关系（图5-23）。

4. 细砖镶嵌地穴、月洞、门窗景

凡走廊、庭园的墙垣辟有门宕，不装门户者，称之为地穴；墙垣上开有空宕，而不装窗户者，称之为月洞。凡门户框宕，满嵌细砖者，则称门窗景。这些门窗景（套）四周镶以细砖，边出墙面寸许，边缘（看面）起线，工艺要求严格，色泽讲究均匀，孟塞尔色号主要以N5.25（新）、10YR 5/1（老）为主。地穴比较有名的是月圆门，比较常用的有宫式茶壶档地穴，门窗景有八角、六角等式（图5-24）。

5. 砖细字碑

在地穴出入口的顶部，一般会安排字碑，其形状主要与地穴的形式相呼应，或方，或扇形，或书卷形，刻字技法有阳文、阴文、线刻等，镶边可用单料、双料或数料组合，镶边施以线脚或刻浮雕，字体贴金、填绿、撒煤、撒沙等（图5-24）。

图5-22 方砖及色值

图5-23 青砖贴面

图5-24 砖框及字碑

6. 砖细垛头

垛头是山墙延续的部分，是硬山式山墙所具有的一种独特结构，孟塞尔色号主要以N5.25、5Y 4/1为主。垛头的出现与屋檐有紧密的联系，其目的是增强墙垛与出檐的视觉平衡效果，屋顶及屋檐在光的作用下很暗，墙面又多为白色，用青砖装饰垛头和山墙，可缓和视觉的高反差，同时也增强墙的力度和稳重感。垛头可以分为三个部分，其上部为挑出以承檐口部分，以檐口深浅之不同，其式样各异，或作曲线，或作飞砖；中间为方形之兜肚；下为承兜肚之线脚砖。上层挑出部分依其形式和雕刻可分为飞砖式、纹头式、吞金式、朝板式、壶细口式、书卷式等。

7. 砖雕

苏州的水磨砖雕很精细，独具地方特色，是被列入遗产保护的地方民间工艺。在民居中被广泛应用，如门楼、墙门、照壁、墙面、窗槛下座基。苏州园林建筑中砖细门楼和墙门是园林建筑重要的景观之一，按“底脚”平面可分为八字垛头式和流柱衣架锦式。八字垛头式下枋以上较流柱衣架锦式复杂，除设上下枋、字碑、三飞砖等外，施加挑台、栏杆、斗棋等。屋面形式有硬山式、歇山式，主要用于主堂屋的入口处。流柱衣架锦式常用于非重要之地，如边落。图5-25为网师园大厅的砖雕门楼，青砖经过雕刻，不但拥有了吉祥如意的意义，还因其凹凸变化产生的明度变化而形成中明度的中对比，从而带来视觉的舒适感与亲和感。

8. 砖细栏杆

砖细栏杆由槛砖、线脚砖、侧柱、芯子砖、拖泥组成，高50cm左右，常用于廊柱之间，槛砖起木角线，内设通长木条，以增强栏杆之整体性。芯子砖可镂空，可刻花纹。砖细栏杆的灰色与地面的方砖，在色彩上属于无彩度，它们使空间更为整洁、端庄，同时也

图5-25 网师园万卷堂的砖雕门楼

是很好的调剂色，调和高明度的地面与暗红色的门窗之间，或白墙与暗灰色瓦之间的强烈反差。

5.2.4　灰饰

苏州民居建筑的另一特色是该简约之处绝不繁复，该丰富之处绝不疏笔，如在视觉焦点、重要节点、视觉转折处，以及起色彩过渡作用的地方，增加一些灰泥雕塑艺术，行话称为“堆塑”，是苏州民居建筑较为突显的一种装饰形式，历来被誉为凝固的舞蹈——以静态灵动的造型表现动感，成为苏州传统建筑艺术中由来已久的独特装饰[8]。据现场勘测，有些堆泥雕塑上残留一些颜色的痕迹，想必在一段历史时期里它们曾经被赋予丰富的色彩，但受官方礼制的制约或其他原因，颜色被取缔，人们只能选择普通窑货，其素面不施彩釉，或涂施粉刷，多采用灰粉。

灰浆用途很广，凡砌墙、筑脊、粉刷等均需使用，建筑屋脊、发戗多采用灰浆涂刷。除溶化石灰浆外，常用于调制混合砂浆及纸筋灰。灰砂者以石灰与砂泥和水混合成胶泥，用于砌墙筑脊，以及粉刷、打底、刮利糙之用[7]，并形成专业的配合比例。在实际情况中会根据实际造型进行调配，具体如下。

1. 屋脊

屋面与屋面交接处或屋面与梁枋、墙面交接处要设屋脊。屋脊按所处的位置不同，可以分为正脊、戗脊、赶宕脊、环包脊等。脊由吻（纹头）部分和脊身组成，按两端用的纹头、吻不同，可分为龙吻脊、鱼龙吻脊、哺龙脊、哺鸡脊、纹头脊、雌毛脊、甘蔗脊、游脊等。脊头吻的图案不同，脊的造型也有差异，脊头为了强调吉祥图案，一般采用浅色灰泥浆进行涂刷，孟塞尔色号在N7～N9之间，底色则多与正脊的颜色相匹配（图5-26）。现状调研除了青砖雕饰的正脊保持本色外，由瓦与砖组合的正脊大都被墨汁刷成黑色，经过风吹日晒雨淋，逐渐变脏，再加上很多脊头的图案用浅灰色的涂料加以强调，黑白对比强烈。但有些过于肃穆，与苏州格调很不匹配。

2. 龙腰

龙腰指的是屋脊正中心的位置，按建筑的性质采用不同题材的灰泥堆塑，这是古建筑中一项专业装饰性强、工艺性繁复而寓意深远的装饰艺术。题材多出于对吉祥心理的诉求及美好愿望的寄托，如福禄寿、和合二仙、刘海戏金蟾、招财进宝、八仙过海、金玉满堂、福寿绵长、神仙富贵、凤穿牡丹、鱼跃龙门、鸳鸯戏水、三多九如等。现状都为浅灰色，孟塞尔色号在N6～N8之间，属于中高明度，充满灵气与趣味，脱颖于黛瓦，但同属于灰色调，于黛瓦间和谐而充满逸趣（图5-26）。另外，通过现场查看，有些龙腰上残留一些色彩的痕迹，想必在一段历史时期内（清末）龙腰被赋予了丰富的色彩，但受官方礼制的制约或其他原因，颜色被取缔。

3. 飞檐

苏州建筑屋顶多硬山式、攒尖式及歇山式，除硬山式外都有飞檐。飞檐是建筑的点睛之笔，先由瓦、木作、铁条做结构，上面用灰泥做造型。据现场调研，灰泥本身会加入墨汁，使其色泽较暗，等干透后再刷墨汁（现在园林修复多采用北京一得阁墨汁），一般墨汁被灰泥或瓦片吸收后，色彩不会褪色。现场调研所测的孟塞尔色号在N3～N6之间。

4. 歇山花

歇山花指屋脊下墙面的堆塑装饰艺术，其构思巧妙、寓意深远，形象地体现了人们的美好愿望。不仅丰富了外墙立面的层次，更与周边的自然花草相互辉映，十分生动有趣。主要的题材有福运如意、松鹤延年、多福多寿、凤穿牡丹、梅妻鹤子、鸳鸯戏水、纳福迎祥等。这些装饰艺术大都是潜浮雕的形式，且精美绝伦，都属于无彩色的高明度调，其粉饰的孟塞尔色号在N7～N9之间。在光的作用下，浮雕呈现丰富的光影变化，与屋脊的深灰色、瓦的黑灰色及粉墙的白色，有着丰富的层次关系，过渡轻松自然，且有流畅的曲线及吉祥的图案，给人以美好的视觉感受，其中福寿绵长、纳福迎祥的图案作为色调的过渡最为自然、亲切。

图5-26 屋脊与龙腰

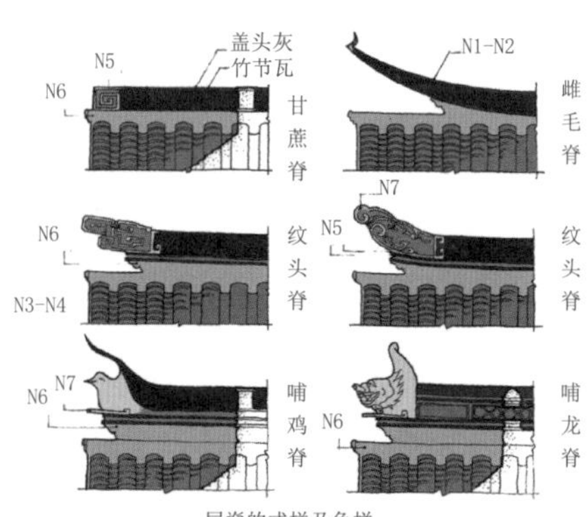

屋脊的式样及色样

龙腰的式样及色样

5. 垛头饰

垛头位于山墙侧或屋檐下，垛头的层面丰富、结构多样，线条、棱角变化无穷，多为青砖雕刻图案，但也有泥塑预制件。孟塞尔色号多在N5～N6之间，图案精美，凹凸变化明显，光影层次丰富，主要起视觉上从亮过渡到暗的作用，以及增强山墙的厚重感，同时赋予吉祥如意的心理感受。

5.2.5　油漆

油漆工程的主要作用是装饰和防腐。因传统建筑是以木构建为主，为延长建筑的使用年限，对木材表面进行防腐和油漆等处理。木材油漆的施工工序：清灰—撕缝—刷底漆—打磨—捉嵌腻子—打磨—满批腻子—打磨—刷色漆—打磨—刷广漆。而广漆的调配主要为生漆+生猪血（轻质铁红和铁黑，过120目筛）+坯油（加工过的桐油），然而，由于建筑结构及功能不同。所选择的工艺也不同。不同的工艺及结构，其色彩显性也不同，如暗红色的漆就有褐色、红褐色、朱黑、栗壳色、马蹄色（荸荠色）等色差，对苏州九大古典园林79处景点的油漆进行测色，其孟塞尔色号10R 2/6出现18次，10R 2/5出现16次，10R 2/4出现12次，10R 2/2出现9次，2.5YR 2/4出现6次等（表5-3）。

苏州古典园林油漆采样　表 5-3

孟塞尔色号	数值	孟塞尔色号	数值
10R 2/6	18	10R 3/6	3
10R 2/5	16	5R 2/4	3
10R 2/4	12	10R 2/1	2
10R 2/2	9	10R 3/4	2
2.5YR 2/4	6	2.5YR 6/6	1
5YR 3/4	3	2.5YR 4/5	1
5R 2/1	3		

苏州古典园林中的建筑主要以木构架为主，因此，油漆的颜色成了园林建筑中重要的色彩之一，与白色的墙、深灰色的瓦、青灰色的砖、浅黄色的花岗石等共同构成建筑的色彩结构，图5-27为拙政园的“香洲”建筑，可看到油漆的色彩在视觉要素中占重要的比例。另外，在厅堂、轩榭、亭等园林建筑中，暗红色的油漆比例更

大，占据人的主要视域，如图5-28可看到暗红色的油漆在拙政园“远香堂”与“倚玉轩”建筑中占了很大的比例，充满了整个视域。

苏州古典园林比较典型的油漆主要有三种类型。

第一种用于建筑的柱子及大门，多采用“披麻捉灰”的工艺，即在木头上做打药防虫处理，裹麻布、打底子（刮腻子），上面漆、广漆。广漆有两种颜色：黑和暗红色（过去称朱黑色），其中黑光漆用于级别较高建筑的立柱，如拙政园远香堂和留园五峰仙馆等的柱子用黑光漆（即灰布罩黑光漆工艺），精制的黑光漆可以选用色深、质浓、燥性好的生漆作原料，将生漆倒入晒漆盘内，在30℃以上的环境中置于阳光下暴晒，并不断用竹片搅拌、翻动，数日后，其色如酱色，便可加入3%～5%的氢氧化铁，搅拌均匀后，即成黑色推光漆；其他类型建筑及构造多用暗红色漆，孟塞尔色号主要集中在10R 2/2、10R 2/4、2.5YR 2/4等，梁、枋、椽等处也多采用暗红色漆，工艺为“满披面漆，一铺广漆”。

第二种是用于门窗、挂落和内外装修，由于这些材料构造复

图5-27 拙政园“香洲”建筑立面色彩结构

图5-28 拙政园“远香堂”建筑剖立面色彩结构

杂、多变，对工艺的要求较高，则采用“满披面漆，两铺广漆”，也就是在调制广漆时，更讲究其工艺。按刘敦桢《苏州古典园林》中的说明是不用猪血面漆，而用广漆面漆作底，并且不用稀猪血多浆调色，而以广漆调色，可使漆与木料结合密切，更为耐久。其颜色以暗红色居多，但亦可调配为其他各种颜色。据现场调研，此建筑构造的色彩比柱子鲜亮一些，孟塞尔色号主要集中在10R 2/6、10R 2/4、5YR 3/4等。暗红色的门窗在园林中的作用特别大，在第4章中略有说明，首先，从光照强度来说，当银灰色的天色与白墙混为一体时，暗红色的门窗在弱光下显得较暗，与高明度的白墙形成强烈的色彩反差，形成肯定、明确的空间氛围；在艳阳天下，暗红色的门窗在光的作用下显得特别明亮，与蓝天、翠叶形成色彩鲜明的对比，又给人无限的生机与活力。接着，从建筑内部往外看，暗红色的油漆显得很暗，接近黑色，但还具有红色的属性，与窗外的翠色形成了互补色的弱对比，从视觉生理学的角度来说，这是人最舒适的色彩关系。最后，说一下门窗上的纹样与视觉色彩的微妙关系，当花格的纹样均值分隔时，起弱化窗外景物、强调窗外光色的作用；当花格的纹样中留出大面积的空窗时，多为获取自然的画面，背景多为景色宜人的小景点（图5-29）。

装在走廊两面或厅堂前后的廊柱之间，或在亭榭周围、小桥两边或水池周旁等处的栏杆，在古籍文献中大部分是以“朱栏”得名，如文震亨《长物志》中“亭、榭、廊、庑，可用朱栏及鹅颈承坐；堂中须以巨木雕如石栏，而空其中。顶用柿顶，朱饰；中用荷叶宝瓶，绿饰”。虽然现在苏州古典园林中已看不到“朱栏”了，但这种印迹已经留在人们的脑海中，如拙政园小飞虹栏杆的色漆就比周边建筑门窗的油彩显得鲜亮，特别是在阳光的照射下，似“朱色”的鲜艳、明丽，与周边的碧水和绿化交相呼应，充满生机。

在调研过程中反复比对一些色样，发现栏杆部分的颜色较鲜

图5-29 门窗的纹样与色彩I

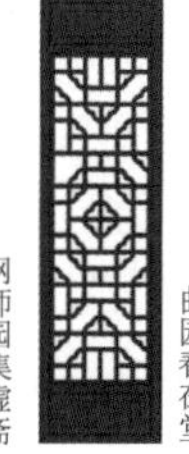
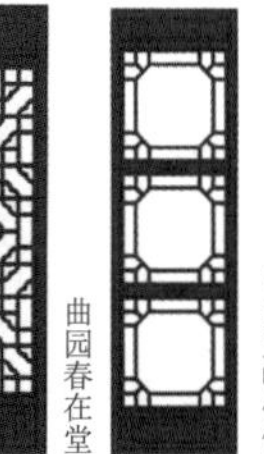

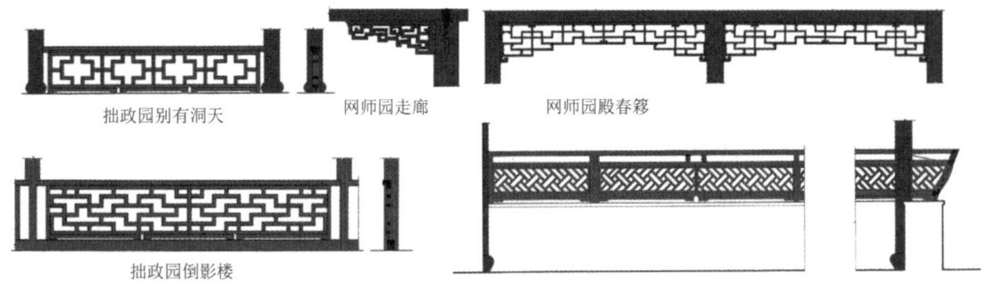

图5-30 门窗的纹样与色彩Ⅱ

图5-31 耦园“织帘老屋”的门窗

艳，色号在10R 2/6～10R 3/6之间，在周边绿化的衬托下，往往能获取很好的视觉效果。而挂落多为获取好的框景，颜色可以偏暗一些，如10R 2/2～10R 2/4（图5-30）。

第三种为揩漆（又名擦漆），是天然漆涂刷工艺中的一种传统操作方法，揩漆的工序多、工时长、操作较为复杂，但成活后，质量比刷涂的高，漆膜薄而均匀，木纹清晰，光泽柔和，表面光滑细腻，制品具有古朴、典雅、精致的特点。耦园“织帘老屋”的门窗就采用此工艺，其通透性好，会将木材的纹理和毛孔更加逼真地表现出来，更加展现了材质的天然美丽，色号为7.5YR 5/8～5YR 5/10（图5-31）。从明代园林绘画的建筑色彩分析，大部分采用生漆装饰建筑门窗，显得古朴、自然而亲切。苏州古典园林建筑中的名贵家具，如红木、紫檀木、花梨木、鸡翅木等，也都是揩漆工艺。

5.2.6 彩画

苏州彩画流行于宋、明、清的宫廷园林建筑，但源于苏州民间，具有区域色彩审美特性，在用色上很具苏州特色。但在封建社会里受官方五色体系观及制度的影响，苏州普通民居并不多见，仅在少数官署、祠堂、会馆、大宅园林里偶尔能见，鼎盛时期是明代晚期到清代中叶，当时苏州官绅宅第中流行彩绘装饰，在苏州城、常熟、东山、西山等地十分普遍，但随着时间的推移，保存相对完整的已经不多，主要代表有拙政园旁的忠王府、艺圃的乳鱼亭、常熟城古宅“彩衣堂”的满堂彩画等。

苏式彩画在色彩上与京式和玺、旋子彩画的差别在于不用大红、大绿等高纯度的颜色，常以浅色如浅黄、浅蓝、浅绿、浅红作画。苏式彩画的用料十分丰富，有白矾、桐油、白面、砖灰、土黄、石黄、青粉、沥青、朱砂、红土、胭脂、土粉、定粉、光明漆、生熟黑漆、朱漆、血漆、见方红黄金、红黄泥金等各色材料，用色非常丰富，但在色彩组合搭配时不作色相的强烈对比，或用色比例悬殊较大，整体色调特点比较清雅柔和。包袱镶边之“烟云”以一种颜色自外缘浅淡逐层“退烟云”向内圈加深，以单数三、五、七、九道随烟云配色攒退，烟云常用青、紫、黑三色，画心用色选稳重而非娇艳的颜色。而托子可适当明丽些，分别用香色（近土黄色）、绿色和红色，多数用三色攒退。特点在其包袱宕心内容之丰富多彩，画有花卉、山水、博古、摆设、飞禽走兽、云纹、海泊、风景、房舍等，画法多半用国画渲染，这些图案多出现于皇家园林建筑中，而苏州官绅宅第中多见素底杂花、宋锦、织纹居等较为精细纤巧、素雅大方的彩画。分析晚清时期“太平天国忠王府彩画”（图5-32）、清中叶常州“彩衣堂”（图5-33）及艺圃乳鱼亭（图5-34），可看到彩画主要用于柱、梁、枋、桁及牌科组件之上，梁、桁、枋等构件彩绘分左、右包头和锦袱三部分，柱类构件用上端包头，牌科组件则往往满铺彩绘。彩绘的主题图案是在素地或锦

图5-32 清末，太平天国忠王府彩画

图5-33 清中叶，常州“彩衣堂”

图5-34 清中叶，艺圃乳鱼亭

地之上，用柔和而悦目的浅蓝、浅黄、浅红诸色予以描绘，分上、中、下三等五彩制，上彩图面多数为山水、花鸟、走兽及绚丽的锦纹，有些图案还用“平式装金”和“沥粉装金”的处理。其中忠王府的彩画位于从大门到后殿的五进建筑物上，因建筑功能的差异，彩画的主色调、副色调及点缀色等的结构布局有所不同，有以金黄色为彩底来突出主梁的朱色主彩，有以黄绿底为主突出红彩，有以青绿为主调突出花彩，还有多彩组合等，这些彩画与朱黑色的油漆相互映衬，显得精致、秀丽。比对这些彩画的形态与做法，发现与《营造法式》所记载的“五彩杂花”“碾玉装”“锦纹式”“五彩遍装”“青绿叠棱间装”等有很多相似之处，可见当时流行的苏式彩画是以传统锦纹为主题的彩画，与我们在北京皇家园林所见到的苏式彩画的图案存在一定差异，可以说，北京皇家园林的苏式彩画是革新版的“苏派”彩画。

根据文献及现场的分析，大致归纳苏式彩画的三大着色法则如下。

1. 退开

苏式退开方法，级别较高的“上五彩”由粉底起，由浅逐渐加深，逐层描绘，即《营造法式》之“叠晕”，也就是色彩构成的明度渐变，通过明度渐变缓解多彩高纯对比的耀眼感。同时为了把多种高纯度的颜色组合成和谐的画面，通常采用勾边的调和法，大多数以黑线压边或拉金边，以直线边棱者谓“直开”，依花纹曲线走势者谓“弯开”，一般用3～4道的勾勒法，如装金者另加一道。边缘线“退开”通常为外浅内深，与《营造法式》中的做法相反。级别较低的“中五彩”及“下五彩”着色以先深后浅逐步描绘，最后，着白粉以衬托，谓“烘色”，亦称“晕色”。

2. 配色

苏式彩画上的五彩，定为红、绿、青、黄、紫。并由五彩组合为多个复色，每个色加白或加黑，得到许多不同色相的色阶，还采用工笔绘画的“退晕”手法，在用色上丰富多彩。同时利用色彩在空间上的混合，更加丰富，而且这种色彩组合，因为有人的参与调和，比调制的复合色更生动、鲜明，就像西方印象派中的点彩派，以小笔触的纯色在空间的混合中组合出光感十足的色彩变幻感。这种色彩的空间混合构成关系，控制好用色比例，就能产生素雅清淡且鲜明的主基调色。同时在用色上，善于用补色对比，如黄底衬紫花、黄绿底配粉紫或红、黑配红、红配绿、蓝配浅黄或杏黄等；也善于用对比色，如黄配红、红配蓝、蓝配黄等。这些色彩通常很难组合成雅色，苏州彩画中通过改变色彩的密度、肌理、图案、比例，使色彩对比鲜明，而且精致雅丽。

3．装金

装金，也称“点金”“贴金”，受礼制的约束，在苏式彩画中极少使用，寺庙中尚可见。大部分是无装金的“黄线苏画”。

5.2.7　彩饰

苏州古典园林中有一些彩饰，虽然所占的面积不大，但因多处于人视平线的视域范围内，因此成为园林重要的点缀色，如匾额、楹联、太师壁、纱隔、罩、彩色玻璃等。

1．匾额、楹联

苏州古典园林中厅堂、亭廊、轩榭等园林建筑的梁柱结构上大多悬挂木制匾额、楹联。横者为匾，竖者为额，柱子上和门两侧的对联称为楹联。在这些匾额、楹联上都刻有字、词、诗等书法艺术，以标注区域的主题、精神追求、景点意境及审美情趣等。在古典园林色彩审美中，属于点缀色的范畴，虽然体量不大，却是吸引人视觉的要素及重点之一。因此，在色质的选择上很讲究。在木材的选择上要求存放多年的红松、白松、杉木或其他不易变形的木料，在工艺上要与书法艺术相一致，在色彩上要求与周边环境相匹配等，据现场对匾额、楹联的色质统计可知，白底黑字的匾联多用于厅堂内，其他尚有褐底绿字或白字、绿底黑字、黑底绿字等。主要有两种制作工艺：清水制作和油彩制作。

油彩匾楹制作的工序大致分为四个步骤。首先，做好木坯；其次，需要做地仗工艺，一般做“一麻五灰”地仗，再加一道渗灰；接着，刻字或堆字，刻字可分为阴刻和阳刻两种，堆字也是苏州常用的做法，但对工艺要求非常高；最后，扫蒙金石，苏州古典园林中扫青或扫绿的工艺所占比例较大，要么词字做扫青、扫绿，要么底做扫青、扫绿等。扫蒙金石时要求先做字，后做底，如词字做扫青、扫绿，字迹上满刷一道稍浓的光油，停放一天，干后再刷一道与扫绿颜色相同的较稠的色油。刷油操作时要均匀饱满，不得遗漏，动作要迅速，以免字迹前后垫油的干燥速度相差较大，从而影响质量。刷完后，随时将洋绿（现在用氧化铬绿）或青颜料、小颗粒佛青，用筛子均匀过筛于字迹油面上。若是扫青应在筛铺完后立即放在阳光下晒干；若是扫绿应该放在室内阴凉处阴干。晒干或阴干约24h后，再停放12h进行二扫，将残存在表面的浮色全部扫下来，字迹应呈现青绿色绒感。字迹完成后接着做底，方法同字迹。但应注意，在做底前应将做好的字用纸蒙住，以免污染字体[9]。在现场调研中，油彩底中常用的颜色有石青色（5G 5/4）、白色（N9.5）、石绿色（7.5G 5/4）、红橙色（2.5YR 3/8、2.5YR 4/8），字多黑色（N1）（图5-35）。

清水匾额是苏州古典园林中的主要形式之一，主要出现于书斋、轩屋、亭子、水榭等小型精致的构筑物上。在木材的选择上采用颜色较浅、木质细腻、木纹清晰悦目、无裂纹、无节疤、已存放多年的优质木料，如银杏、黄柏、楠木、桧木、香樟等。木料表面一般采用揩漆工艺，为了使词字与木料本色交相辉映，常用填绿、撒煤、彩玻璃砂等工艺。揩漆前将清水匾的木料经精心制作磨透后，做到无刨刀痕、无砂皮纹；掸净后，刷豆腐色浆（即用嫩豆腐加少量血料和浅色颜料制成）；待干燥后，用抹布均匀轻揩后，批加色生漆腻子一遍（生漆腻子水头要重一点，如果生漆成分较重，底板容易较黑），干燥后用旧双0号木材打磨，后按揩漆工艺成活。填绿时，阴刻字的底面要进行打磨，不能有凹凸感，描一遍加色光油或调和漆，待干燥后，再描一遍加色光油，稀释适度，待未干时，将国画颜料“头绿”撒至所描的字上，基本做到随描随撒，并需控制所描加色光油的干燥程度。待所描匾额上的加色光油充分干燥后，用羊毛排笔掸去多余的头绿。撒煤时，为了凸显字体的立体感，通常采用在字的外延做斜凹线处理，深度不超过0.4～0.5cm，

图5-35 油彩匾楹的色样

斜面的宽度约在字体的1/10～1/8，形成字轮廓为斜面的平面字。撒煤前，先在字体上刷黑色光油或调和漆，待干燥后，刷第二遍（为了增强字体立体感，往内缩进半颗煤粒），在未干时，撒上煤粒，待充分干燥后，掸去多余的煤粒。撒玻璃砂的工序基本上与撒煤的工序一样。因为玻璃颜色较多，匾额楹联的制作者可根据建筑物的环境、匾额楹联的含义，采用不同颜色的玻璃砂，使之交相辉映[9]。

2．太师壁

在苏州古典园林建筑中，厅堂的太师壁占室内主要视域面积，对空间的格调及氛围的营造起着重要的作用。有的太师壁尺度很大，布满整个房间，有的在壁两侧各开一扇屏门，供人出入；有的用于厅堂明间金柱之间，也称照壁屏；还有的在正中开间的中内部分等。太师壁的制作方法有多种，通常采用内檐隔扇的形式，上面的隔心部分安装木板，板上雕刻花卉或诗文书法，在色泽的处理上主要根据厅堂的格调、主题进行色彩搭配。如网师园的“万卷堂”将太师壁髹饰白漆，上面挂字画，为字画提供了很好的背景色，同时匾额及楹联的底色也髹饰白漆，整间堂屋内白色占很大的比例，以凸显黑字及暗红色的建筑构件，形成明度的高长调对比，为室内空间增添了无尽的幽人雅士之韵味（图5-36）。

怡园“藕香榭”太师壁，为了凸显木本色，采用揩漆工艺，为了使画面阴刻的图案凸显出来，采用木本色的互补色湛蓝色作为装饰色。虽然是色相的强对比，但一个是木料本色的黄（黄褐色），一个以细线的形式出现，本色与形式弱化色彩的强对比，而匾额及

图5-36 网师园“万卷堂”的色彩格调

图5-37 怡园“藕香榭”的色彩格调

楹联的白底黑字，又把明度的对比加强，使空间色彩精致、雅丽（图5-37）。

狮子林“燕誉堂”室内太师壁位于鸳鸯厅的中间，正面以文字书法艺术突出“燕誉堂”南厅的书香气，采用揩漆工艺处理，适当加深木料颜色，使其呈现深褐红色，与石青的书法字体形成补色的强对比，同“藕香榭”太师壁的用色理论。由于字体的线性结构，互补的色彩在空间中相互混合，色彩的边界模糊，强对比被形式弱化，而匾额的白底黑字及桌上的大理石插屏等，通过明度的强对比，提高了南厅空间氛围的精、气、神。背面主要以线描图，突出“绿玉青瑶之馆”的北厅韵味，背板虽然也是揩漆工艺，但适当用墨汁调配了板面的色彩，使其呈现出深赭色。阴刻的山水线描稿则选石绿作为色彩装饰，色相强对比加纯度与明度的中对比，使色彩清雅、自然。两侧的楹联采用深褐色的木本色底配阴刻的石青色字体，与画屏形成呼应，丰富了色彩的层次感。清水匾额的木料则选择发红的楠木，阴刻黑字，红橙色的匾额与石青、石绿的画屏、楹联形成色相的对比，显得温馨而亲切（图5-38）。留园的“五峰仙馆”太师壁采用折屏形式，由六扇屏门组合而成，每扇屏门由中槛、下槛、横披、抱框等构成，中间四扇在深黄褐色的木本色上阴刻石绿的书法字体，旁边两扇则采用纱隔形式，目前装饰白底青铜拓印装饰品，馆中的匾额与楹联采用朱底黑字，有似春联的吉祥喜气，使清幽雅致的室内充满吉祥喜庆之感（图5-39）。

图5-38 狮子林“燕誉堂”太师壁南北面的色彩格调

图5-39 留园“五峰仙馆”南面太师壁的色彩格调

3．纱隔

纱隔，也叫碧纱橱，是清代流行于南方建筑中的隔断形式，主要由槛框（包括抱框和上、中、下槛）、隔扇、横披等部分组成，根据柱与柱之间的距离，可做成六扇、八扇、十扇等隔扇隔断。纱隔的结构以木质框架为主，多采用木质原色，有时根据空间色彩氛围的需要在木架上涂刷带有色彩的油漆。有的为了丰富木框的质感及内容，在隔扇的裙板、绦环板上做各种精细的雕刻，上面刻绘人物故事、花鸟虫鱼、梅兰竹菊或题诗作赋，与书画融为一体，色彩的明度层次丰富，且增加木本色的稳重感。纱隔的隔心是添加点缀色彩的主要部位，其花纹、棂条断面所用的木料都要比外檐装修精细很多。断面普遍使用紫檀、花梨、楠木等木材料，色泽沉稳，制作精致，极富修饰性，这些线脚的装饰都是要突出镶嵌字画或夹纱绢等，而主角或者从艺术上要高于这些装饰技艺；或者采用无的手法，让纱或绢成为装饰的背景，以突出装饰的精致艺术；目前，园林中的隔心主要安装玻璃，在中间夹着书画艺术，题材多为山水、花鸟虫草、人物故事、诗词书法等，颇有意境，书卷气息异常浓重。

留园“五峰仙馆”的室内大型纱隔是苏州古典园林建筑中的典范，屏木框的做法如该馆的太师壁，为可折叠式，中间夹花鸟虫草及青铜器拓片白底字画的纱隔，使室内空间明度对比强烈，光透过字画提高了室内的亮度，使楠木厅的色泽显示更为温润，纱隔使建筑更为玲珑、通透、淡雅、清秀，如图5-40中的1为馆的南面效果，2为北面效果。狮子林“古五松园”内纱隔，隔扇裙板及绦环板上浮雕饰有山水植物风景图案，上面的格心夹以“古松”的绘画，白底墨青线，不仅加强了主题，同时把内与外的景色联系起来，纱框如窗框、如画框，增加了室内的明亮感，显得明快、清秀，如图5-40中的3。网师园“集虚斋”的纱隔，除了分隔空间外，还把建筑的楼梯给遮挡起来，纱隔中的题材也与建筑的主题相匹配，隔心部位的绢纱墨绘清秀挺拔的竹子，边框饰有透雕的卷草纹样，淡雅的彩画和褐色的木料与南边建筑长窗的景色相呼应，室内色彩的弱化进一步凸显了室外竹子的翠绿，匹配了“集虚斋”的主题立意，如图5-40中的4和5。

4．罩

“罩”属于室内开敞的装修形式，因为它不是完全封闭的装修件，在建筑内部起到装饰及空间划分的暗示作用，造成半分半隔、似分似合的空间意趣。不同的装饰题材、图案及雕刻工艺等，将造

图5-40 纱隔作用下的室内色彩格调

成不同的空间格调，增强了室外绿化的显色效果，有的丰富了室内的空间变化及视觉生动性，有的成为视觉的主要焦点等。从罩的性质和造型上分析，可分为挂落飞罩、落地罩、栏杆罩、几腿罩、圆光罩、飞罩、炕罩、床罩等形式，也有个别的“罩”装置在园林中的一些亭、台之类的敞形建筑上，用于外檐装饰。从罩的花格纹样和雕刻题材上分析，除用细小木条搭接外，多采用整块银杏、紫檀等高档木料予以雕镂，有藤纹、乱纹、整纹、鹊梅、喜桃藤、松鼠、花中“四君子”等各种雕饰花纹。苏州狮子林古五松园的芭蕉罩、耦园山水间的松竹罩、拙政园留听阁的鹊梅飞罩等，均属罩中精品，采用髹饰深红色的油漆，窗外漫反射的光线穿透镂空的罩，亮光与暗红色的漆使窗外的绿化显得更加油亮、翠绿。从罩的材质上分析，主要用紫檀、花梨、红木等硬木。从罩的色彩装饰上分析，多髹饰暗红色的油漆，有的优质木料则采用揩漆工艺处理木本色，如网师园的看松读画轩，面阔三间，青砖墙面、黑漆柱、方砖铺地的空间色彩格调中，选用方形落地罩，罩两侧用隔心纱、隔夹万字纹，揩漆原木，凸显木质材料原色的淡雅清新，与隔心纱及雕刻的精美图案万字纹相映衬，呈现淡雅、清新、柔和、古朴的整体色调。

5. 彩色玻璃

传统建筑的门窗主要是用纱、绢、纸、白色贝壳等进行装饰，虽然现在看不到这些景象了，但是可想象这些材料使景观的格调更为高雅、清新。站在外面看建筑，因为有了这些材质，建筑呈现明度的强对比，在清末的时候，西方彩色玻璃流入，玻璃由于有很多优点，如透光性、光亮感、水晶质感、不易污染等，深受人们的喜欢。但是只有为数不多的富豪官绅用得起彩色玻璃，目前只有狮子林、拙政园西园和天香小筑等还保持一部分当时彩色玻璃的景象。如狮子林在被颜料巨商贝润生购买后，在建筑上大量使用彩色玻璃，一方面实用，另一方面也通过颜色展现其颜料商的特征。如“燕誉堂”的北厅，为女厅，为了增加女眷对色彩的需求，在门扇上加彩色玻璃，丰富室内的色彩，且这些色彩与北侧庭院的樱花与海棠花色泽取得了很好的呼应，丰富、生动而和谐。玻璃的颜色多为中黄、洋红、翠绿、淡蓝等，花色主要以中黄、洋红和白为主。四方厅的花窗上也用了彩色玻璃，远看色彩跳跃，犹如对面的景色透出的视觉感受。其旱船整个采用了西方的建造工艺，从造型上过于追求船的形象，显得很假，但从内往外看，玻璃色彩在光的作用下与窗外的景色相互呼应，特别是在春季，显得春色十足。狮子林在彩色玻璃的应用上，大部分还是很生动的，与之前用的绢画有异曲同工之妙；但在使用的过程中没有节制，使彩色玻璃的应用过于泛滥，与古典园林的文人意境不匹配。另外这些色彩是恒定的，但色相变化又很丰富，与自然植物四季变化的色彩交织在一起，总体上看色彩过多，到处跳跃，打破了园林给予人的幽静之境（图5-41）。

图5-41 狮子林的彩色玻璃

5.2.8　本色家具

苏州古典园林中常用的家具都是保持木色，目前很少有漆艺家具，文震亨《长物志》中关于家具的品鉴中，多以文木为雅、漆者为俗，但在小巧或精致的家具上却欣赏旧漆的家具，如“方桌，旧漆者最佳，须取极方大古朴”“凳，黑漆者亦可用”“橱，黑漆断纹者为甲品……经橱用朱漆”“佛厨、佛桌用朱黑漆，须极华整，而无脂粉气，有内府雕花者，有古漆漆断纹者，有日本制者，俱自然古雅”“箱，倭箱黑漆嵌金银片，大者盈尺，其铰钉锁钥俱奇巧绝伦，以置古玉重器或晋唐小卷最宜”等[10]。可见，明末清初时对家具的品鉴极为考究，对旧漆、黑漆断纹者、朱黑漆、黑漆、朱漆等色与物的功能及存在位置讲究搭配的和谐，以及器物的礼制。对文木的品鉴主要集中在榻、几、椅等在家具中占主要比例者，文木的品鉴多集中在花楠、紫檀、乌木、铁梨、香楠、乌木等木材上。《营造法原》中提及“楠木山桃并木荷”“严柏椐木香樟栗”“松杉”“血柏乌绒及梓树”等苏州常用的一些木材用于建造房屋、家具、造船等。苏州园林博物馆展示了8种常用的家具木料，据现场测色，有老红木10R 2/4、花梨木5YR 4/6、鸡翅木 7.5R 1/1（2.5YR 1/1）、楠木7.5YR 3/6、黄杨木7.5YR 5/6、银杏木5YR 3/4和榉木5YR 4/6（图5-42）。

家具在表面处理上主要采用揩漆（又名擦漆）工艺，是天然漆涂刷工艺中一种传统的操作方法。揩漆的工序多、工时长，操作较为复杂，但成活后，质量比刷涂的质量高，漆膜薄而均匀，木纹清晰，光泽柔和，表面光滑细腻，制品具有古朴、典雅、精致的特点。其中，红木和花梨木的色泽及纹理揩漆后，色彩沉稳而亮丽，暗红中透着金光，或深褐色中透着红润感，给人温暖与稳重之感。加上雕刻的图案增加家具色彩的明度变化，带来高贵、雅致的视觉审美，因此深受大家的喜爱。另外，还有一些把大理石镶嵌在家具里，这些大理石的纹理和色泽就像一幅幅抽象山水画，在增强使用功能的同时，又具有很好的装饰效果。以下针对几种常见的苏州古典园林家具做进一步讨论。

1. 红木家具

红木是热带地区出产的一种优质木材，其色深红、质硬、木纹细腻。采用擦漆工艺制成的红木家具，其表面平整、光彩照人，抚摸之细腻清凉，色泽深沉，具有一种含蓄而华贵隽永之美（图5-43）。孟塞尔色号为10R 2/4、5YR 2/4、2.5YR 2/4等。

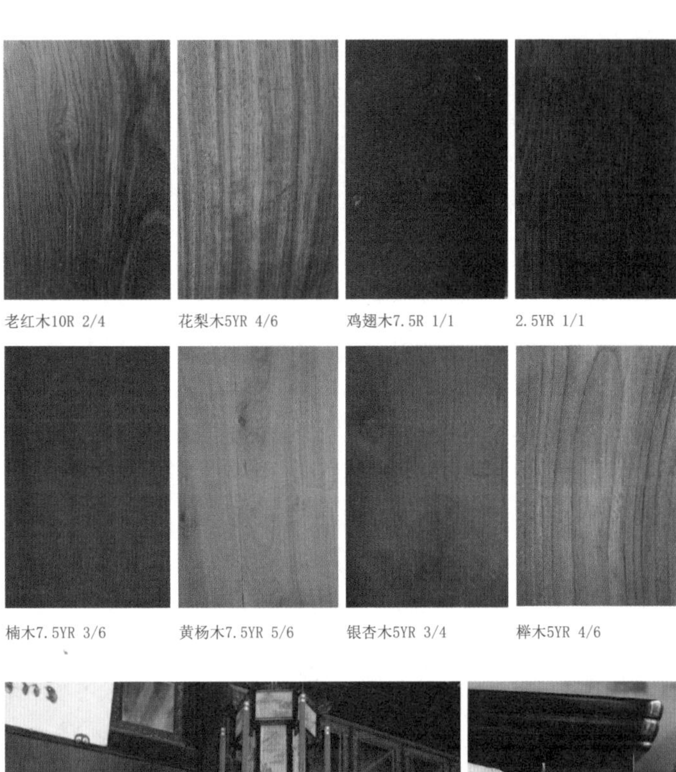

图5-42 苏州博物馆家具展厅中的木料样本

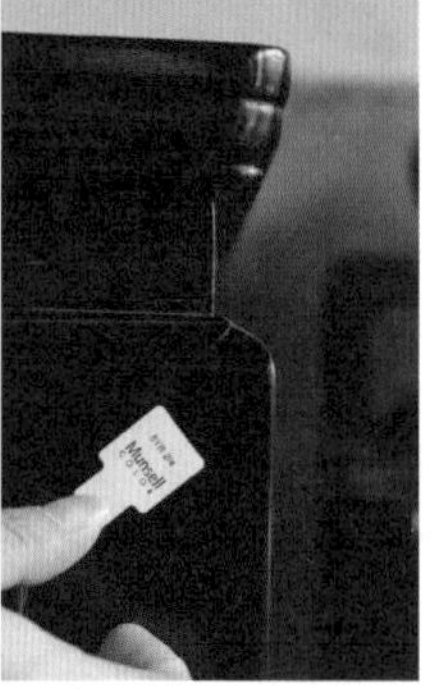

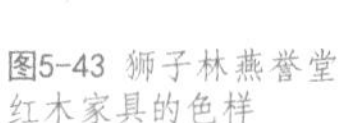

图5-43 狮子林燕誉堂红木家具的色样

2．花梨木家具

花梨木材质本身略呈浅红色或黄褐色，为了使色泽的饱和度更高、更厚重一些，在擦生漆之前，需要上底色。刷底色是先做浅色，用毛刷刷涂有色豆腐浆，要求匀净、平直、无刷痕。豆腐色浆干燥后，用粗糙的抹布抹净颗粒，再刷涂一遍生血（可在生血中加入一些染料），待生血干燥后再用粗糙的抹布抹擦光滑[9]。刷第一遍生漆时，要让木料吃饱、吃透，但又不能太厚，否则将影响漆膜的匀净透明。在上色前一定用优质色的腻子修补裂痕，待腻子干后进行砂磨，清理干净后便可进行上色。用碱性品红和碱性品绿调沸水或酒精溶解成品红水刷涂木面，待颜色干燥后用粗糙的干抹布擦光滑。刷第二遍生漆后要用水砂纸湿磨，最后擦涂面漆。在这样的工艺及润色后，花梨木呈现出尊贵的色泽与气质。

3．装饰性家具

苏州古典园林家具主要以木材为主，但出于使用功能及美学的需求，通常会利用结构的特点对家具进行装饰，或对家具进行图案雕刻，或加入其他材料进行组合。这些装饰性的元素在色彩及质感上活跃了室内暗红色的色彩基调，在凝重沉穆与鲜亮雅洁的双重风格中寻求辩证的统一性。暗红色的门、窗、罩、梁、柱和各类家具等大面积的暗色调，构成了凝重沉穆的氛围。为了调和、活跃空间的氛围，选择了色彩强对比，而所占的面积比很少的点缀性色彩，如红、黄、金、蓝、白等较为鲜亮的色彩，在深色大背景的衬托下，形成素净、雅致的色彩氛围。

比较典型的组合材料有挂屏、插屏、壁桌、椅子、圆桌凳、榻等，这些家具多选择精美的、具有抽象山水画的大理石、祁阳石或花蕊石等镶嵌在桌椅的主面或装饰面上，如石头纹理精美者被当成抽象的山水画装饰成石屏风、挂件或摆件。文震亨《长物志》几榻卷记录了“椅，乌木镶大理石者，最称贵重，然亦须照古式为之”“壁桌，或用大理及祁阳石镶者，出旧制，亦可”“屏风之制最古，以大理石镶下座，精细者为贵。次则祁阳石，又次则花蕊石”等。苏州留园收藏了许多精美的大理石挂屏、插屏、座屏等，如“林泉耆硕之馆”室内东西两壁上悬挂四件红木大理石挂屏，上面分别写着黄庭坚《跋东坡水陆赞》中的“江天帆影”“白云青嶂”“峻谷莺迁”和“万笏迎曦”；馆的西窗下还有落地的大理石插屏，上面也刻有诗歌；馆北面的大理石插屏摆件上，有曲回民士题写的“春谷烟迷”等，给人留下丰富的想象空间，同时红木的木框就像窗框，带着观者进入生动的抽象山水画的想象空间中，浅灰的大理

留园“林泉耆硕之馆”

留园“五峰仙馆”

耦园“城曲学堂”

图5-44 装饰性家具

图5-45 室内陈设

石与粉墙及窗外的风光取得内外呼应和视觉的错位关系，使深沉的室内色调充满光感，玲珑剔透（图5-44）。

可见，欣赏抽象的石头纹理，并赋予其艺术的审美情趣，使之成为园林建筑内部审美的特质，形成内外情感空间的紧密联系和色质呼应等，虽然都是很小的细节，但充分体现了古人追求统一又不失变化的美学原则。

4. 室内陈设

室内陈设品也多种多样，一方面供日常使用，另一方面也起装饰点缀作用。其中可单独放置的有大立镜、自鸣钟、香炉、水缸等；有些是摆在桌几上的，如瓷器、铜器、玉器、盆景等；有的则是悬挂的，如灯具，常见的有宫灯、花篮灯、什景灯等。

比对这些装饰性家具或摆件，大都是以高明度为主，再配以低明度的木框结构。从色彩构成上解释，高明度的色调与白墙取得呼应，低明度的木框与暗红色的油漆取得呼应，使装饰件能融合到整体空间色调中（图5-45）。

5.2.9 花岗石

苏州古典建筑中常用的花岗石主要出产于苏州附近的金山和焦

山两地。金山石，其石性较硬，石纹较细，稍脆，色略白，带青或淡红，内黑点（云母）较少[7]。其中色略白且带青的，就是人们常说的结晶石。焦山石，其石性较金山石柔，石纹较粗，石中有细小空隙，黑点较多，色带淡黄，就是人们常说的板砂石，较金山石为次。所测的古典园林中，花岗石主要有浅灰、浅黄、浅橙、黑点等色，孟塞尔色号为10YR 8/1、10YR 7/2、10YR 6/2、10YR 7/6、5Y 6/2、7.5YR 6/6、7.5YR 6/8、10YR 5/2、7.5YR 5/4、7.5YR5/6等，可见园林中的花岗石为中高明度、中纯度的橙色。由于花岗石有坚固、好看、好打理等优点，所以成为建筑物基础露明部分的主要材料，如古典建筑中的阶台（台基）、露台、门框、主要出入口的地面铺饰等，石材暖黄色的色调给人以温馨、尊贵的感受（图5-46）。对花岗石的雕刻及打磨将提高其视觉美感，在《营

图5-46 花岗石在园林中的应用

造法式》卷三“石作制度”中，关于石材雕镌制度及次序分为四等：一等，剔地起突，即高浮雕或半圆雕，凿底后留出凹凸面或花纹；二等，压地隐起，即浅浮雕，底面不起伏铲平，上口面略为隐起花纹；三等，减地平钑，即上口面端平、打谱子线刻花纹、底背打毛留面，如阴雕、平雕、平浮雕等；四等，素平，即外表面端凿平整即可，不作为雕刻工艺之列。苏州古典园林中用花岗石雕刻的场所并不多，主要出现在栏杆、砷石、牌楼及桥梁等处，由于其功能造型、雕刻图案的差异，以及所处位置的不同，将呈现出不同的色彩知觉。

1．阶台、平台

阶台，即露出地面的台基，园林中有亭、台、楼、阁、廊、榭等各类建筑，其阶台大都为石结构。厅堂、殿庭等主要建筑的阶台前面一般设置平台（露台），露台比阶台低110～140mm，主要以地坪石铺砌，这些都主要选择花岗石为材料，并进行表面处理。如《营造法原》将造石次序分为双细、出潭双细、市双细、錾细、督细等数种。大致可以这样理解，双细是经过打荒的毛坯石；出潭双细是未经打荒的毛坯石；市双细就是人们常说的甲双（铁凿布点要均匀，做到凿痕深浅匀称，凹凸程度不得超过±0.5cm）、乙双（凹凸程度不得超过±0.6cm）；錾细就是乙斩（斧印要均匀，不得显露錾印、花锤印，平面用平尺板靠测，凹凸程度不得超过±0.4cm）；督细就是甲斩（斧印更进一步要求均衡，深浅要一致，斧印要顺直，凹凸程度不得超过±0.3cm）[9]。其中錾细和督细的工艺较复杂，要求加工的次数较多，以使表面显得平整、精致；而市双细比錾细和督细在表面的凹凸变化上更为明显，差0.2～0.4cm的变化，在自然光照下，色泽显得比錾细和督细略深，光泽感较弱。因此，在看面的部位多选择錾细或督细，即甲斩或乙斩的工艺。

2．栏杆

苏州私家古典园林中对石栏的雕饰并不多见，在比较突出的园林中，除了有宋代遗风的沧浪亭还尚存有一些莲花栏柱及沧浪亭的石栏有些图案雕刻外，其他园林大都是简洁的石栏凳，或在其中部做花瓶撑，或与坐凳结合在一起表面不做雕饰等，显得古朴、自然，因没有过多的装饰，所以在环境中主要起功能限定的作用。

3．砷石

砷石，又称门枕石，即用于室内外作为构造或装饰用的石料，有磉石、鼓磴及砷石等多种形式。在苏州古典园林中最突出的是用于大宅门、将军门两旁的砷石，上部大都为圆鼓形，下部为长方形之石座，称砷座。根据上部图案及式样的差异，分为挨狮砷、纹头砷、书包砷、葵花砷等类型，其中葵花砷是最常用的。因雕刻的手法深浅有差异，其色的明度变化也有很大的差异，一般高浮雕或半圆雕显得厚重，浅浮雕或平雕者显得秀气。

4. 桥梁

园林构桥以石材为多，石桥的构造分梁式、拱式两种。梁式桥因其平坦、简洁、古朴、典雅，故常见于苏州古典园林中。有的梁式桥，仅设一块石板，跨于溪面，板形平直，或稍起拱，虽然简朴，却也有几分山野情趣。如池面较宽，将桥分为数段，平面曲折，呈"之"字形，故称曲桥，桥两边一般是石栏凳，游人可凭坐休息。有的石桥上面建有廊屋，该桥就称廊桥（拙政园的小飞虹）。而拱式桥大多为一孔，显得小巧玲珑，比较经典的案例为网师园的石拱桥，迷你、精致，通过比例的缩小，带来空间的放大感。由于花岗石的本色也雅，因此，苏州园林中的桥没有过多装饰，而是以展示自然本色为主，以突显园林中的自然景色。

另外，园林中的修补和材料更替常面临新旧色差、不协调等问题，因此需要对新料表面做旧。常用高锰酸钾，开水化解后，多次涂刷于新料表面，待其浸渗后，观察其色变与旧料相近后，再用清水冲洗，后用少许素泥浆擦蹭后，可达到预期效果[7]。

5.2.10　花街铺地

花街铺地指用碎石、青砖、卵石、剩砖、断瓦、碎瓷片等为材料，巧妙拼搭组成各种精美图案的彩色铺地。色彩斑斓如锦上添花，增添了宅院的观赏艺术价值，也称为苏州园林造景之一绝。拼搭时除了赋予吉祥寓意外，还很讲究色彩及质地的搭配，构成一幅幅地画。计成的《园冶》一书中，有记录铺地的做法，如用仄砖在庭中铺成方胜、叠胜、步步胜、人字纹、席纹、斗纹；亭边台阶用乱石铺成冰裂纹；不常走的路用砖瓦为骨构成锦纹图案，再用卵石铺填等。

铺地色彩大多追求淡雅，讲究冷暖对比和明度的中长调对比，在保持材质本身的颜色（黄、棕褐、黑、灰、白等）时，由于每一个元素都很小，远看过去，颜色之间会互相混合，也就是色彩调和理论中的色彩空间混合。在不同色相、纯度及明度变化下的颜色，在空间中因为光色的作用混合出丰富多彩的色彩，要么是圆润细腻的暖色调，要么是朴素粗犷的冷灰色调，要么是色彩消融在自然环境色下等。以下根据材质与色彩的组合呈现，分为三种类型。

1. 青条砖

青条砖，也称仄砖、黄道砖。大多铺在走廊里，也有铺在天井等地。铺设方式有席纹、回字、斗方、间方、人字等。常用规格为15cm×8cm×2.8cm，也有17.5cm×8cm×3.5cm。青条砖潮湿后易长青苔，易滑，冬季冰雪易冻坏。但因色泽统一、肌理生动、凹凸变化产生的肌理及质感，增加了灰色的色泽润度，又利于不同坡度的施工，因此被大量用在廊道空间中（图5-47）。破损的青条砖侧铺，其凹凸变化增加了明与暗的对比关系，使铺装出现四种明度色阶（青条砖的亮部、固有色、暗部、投影），一般用于光照较好的庭院中。

2. 自然石碎拼

自然石碎拼，纹理如乱冰片，主要对周边的石景进行组织铺设。如是黄石假山，则多选黄石碎拼；如在太湖石附近，则多选青石碎拼；在庭院里，多选择与墙基相似的花岗岩碎拼。在色彩、质感取得一致的同时，因为纹理的差异产生的凹凸变化及光影变化，增加了场地的协调与变化，显得自然朴实而亲切。另外，也有以花岗石碎片或青石碎片铺设50cm×50cm的方形模数的间方地面，冷暖对比，生动自然，备受喜欢。当土色勾边及贴缝时，略长青苔和小杂草，色彩整体呈浅灰色系，但因有土色勾边和碎石的肌理变化，

图5-47 常用青条砖的铺设形式

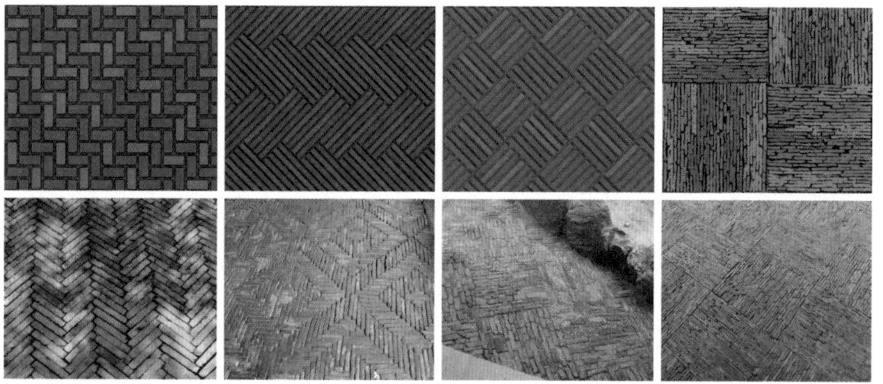

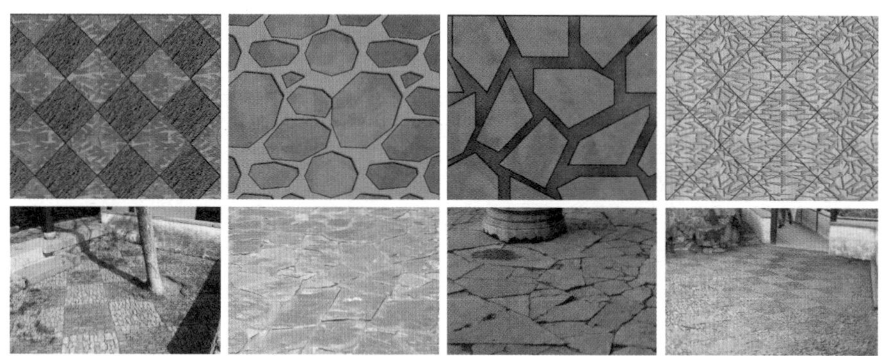

图5-48 常用自然石碎拼的铺设形式

整体上显得明快而厚重（图5-48）。

3．花街铺地

花街铺地主要是利用不规则的湖石、石板、卵石及碎砖、碎瓦、碎瓷片、碎缸片等废料，进行巧妙拼组，构成各式图案的铺地，主要用于踏步、庭院、道路和山坡蹬道等。用料凡是砖、瓦、黄石片、青石片、黄卵石、白卵石、彩色卵石，以及银炉所炼残渣有红紫、青莲碎粒、建筑剩余断片废料，皆可利用。色彩配合，亦需注意搭配和谐，不可出现黑白的强对比，多采用中调子的明度对比。如面积越大，明度对比越弱，否则会很乱。花街铺地很讲究与周边景物的融洽，并通过图案或花色增添场所的精神与寓意。如拙政园中枇杷园的花街铺地采用冰纹式，并在六边形框中按枇杷花形点缀黑白鹅卵石，与玲珑馆的主题很匹配，又显精致。苏州古典园林花街式样，结构之巧，颜色搭配之美，多不可数。本文选取苏州园林常用的几种材料进行固有色的测色（表5-4），并选取《营造法原》诠释中花街铺地样式及苏州古典园林中常用的花街铺地进行色彩分析，发现应用较广的主要有万字海棠花式、冰纹式、十字海棠式和海棠芝花式等。主要原因是这些纹样中有冷暖对比，比例大致在4：6或3：7之间，并以错开或相间的形式存在，产生生动而和谐的地面装饰（图5-49、图5-50）。

苏州花街铺地的另一特色是从青砖或青瓦中长出的苔藓，由于南方湿润的气候，在铺砖地面上会长出新绿的苔藓或小丛的青草，这些绿色与铺砖相互呼应，使铺地充满活力。浅黄绿色的苔藓或草与灰色的地面在对比中和谐统一，特别是与雨润后的色调对比，更是让人清新自然，是人与自然和谐相处的典范之一。

图5-49 常用花街铺地的样式与色样 I

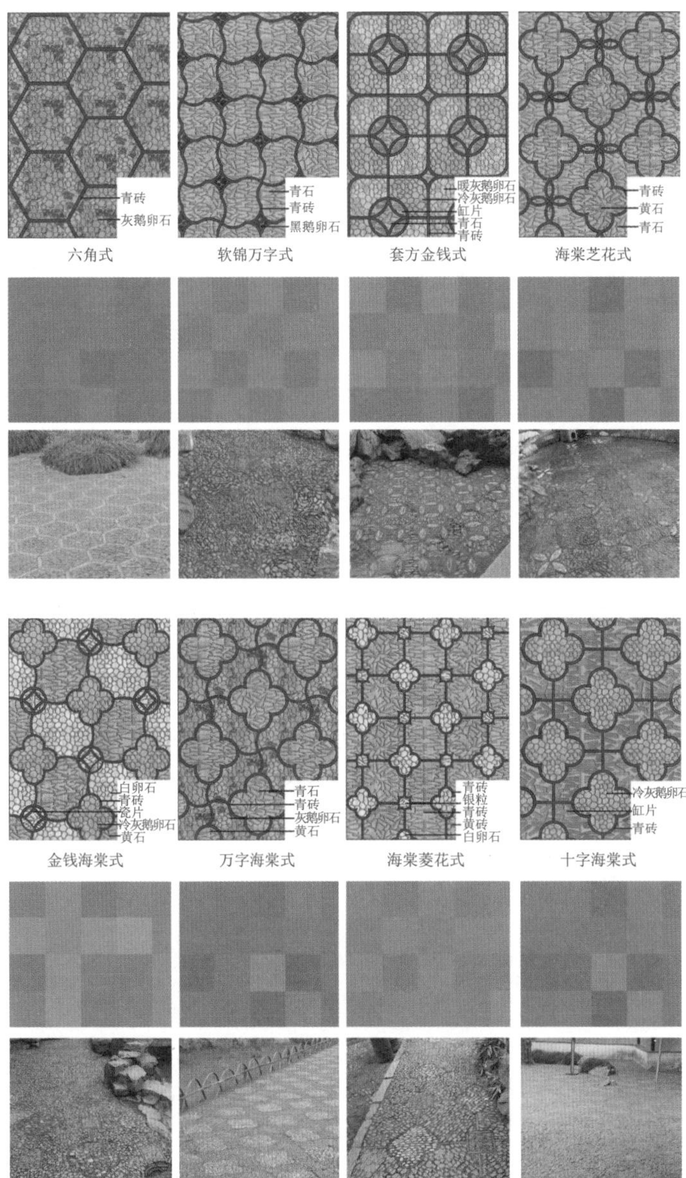

图5-50 常用花街铺地的样式与色样Ⅱ

花街铺地的材质色样　　表 5-4

名称	尺寸（cm）	色名	孟塞尔色号
青条砖	15×8×2.8	青灰色	5PB3/1、10Y3/1
废砖	约 5×2.8	深灰色	10Y 3/1
花岗岩碎石	约 2×5、5×8	浅黄色系	5Y6/2
青石	约 4×8	青灰色系	10BG 5/1、5BG6/1
黄石	约 4×8	黄褐色系	5YR4/4、5YR5/4、2.5YR5/6
瓦片	约 1×（8 ～ 18）	深灰色	N2.5、N2.75、N3
缸片	约 2×4、4×8	褐色系	5GY 3/6
暖色卵石	约 2×4	棕黄色系	10YR 3/1、10YR 4/1、5YR 3/1
灰卵石	约 2×4	浅白色系	N5.75、N6.75
黄白卵石	约 2×4	浅黄色系	10YR 6/1、10YR 5/1
青灰卵石	约 2×4	青灰色系	5GY 7/1、5P 7/1、5B 7/1
黑卵石	约 2×4	黑色系	5PB 3/1、5B 2/1
碎碗片	约 1×5	瓷白	5Y 8.5/1
银炉余粒 1	约 1×1	紫金	7.5YR 4/8
银炉余粒 2	约 1×1	青莲	2.5P 3/6

除了几何纹样的花街铺地外，还有一些图案式的花街，用于对重要驻足点的强调，并赋予吉祥如意的“俗文化”色彩，丰富了单一的碎石铺地。这些图案运用谐音、双关等手法，给铺地赋予一种吉祥的象征。拙政园、网师园、留园、狮子林的铺地中，均有“五福捧寿”图案。五只蝙蝠，围在一个“寿”字的四周，寓意着“五福捧寿”，象征着主人生活的美满和长寿。留园的俗文化铺地，更是丰富多彩。蝙蝠、梅花鹿和仙鹤寓意“福、禄、寿”。而鹤、鹿、鱼这三种动物，则包含了天上、地下和水中的一切生活空间，组成“禄寿有余”的吉祥寓意。白鹭和莲花一起组合，象征着主人在科举中“一路（鹭）连（莲）科（棵）”。一只花瓶内插三支戟，则意味着“平（瓶）升三级（戟）”。

5.3　本章小结

本章主要针对苏州古典园林中的色彩元素进行采集与分析，根据园林的特点分为静态色彩和动态色彩。静态色彩主要包括建筑及造园元素中相对恒定的固有色，根据面积或占有比例抽取其典型色谱（图5-51）。动态色彩主要包括天色、水色及植物的色彩，抽取其最具典型的色谱（图5-52）。从两组色谱可看到苏州园林中的植物色彩鲜艳、丰富，主要以青绿色系及黄绿色系为主，点缀白、粉、红、黄花色及黄、褐、红等色叶；而人造色彩及自然材料多为低纯度的高明度或低明度颜色，如白、深灰（黑）、中灰、赭红色系等。从中国传统的五色观角度分析，苏州园林中包含了白、黑、青、红四大正色，只是固有色的纯度不是太高，如黑为深灰色、红为暗红色、青为青绿色，符合中国传统五行五色相生相克的理论。可见，苏州古典园林中的色彩元素不仅吻合了视觉上的需求，又吻合了中国人心中的宇宙图式与色彩观。

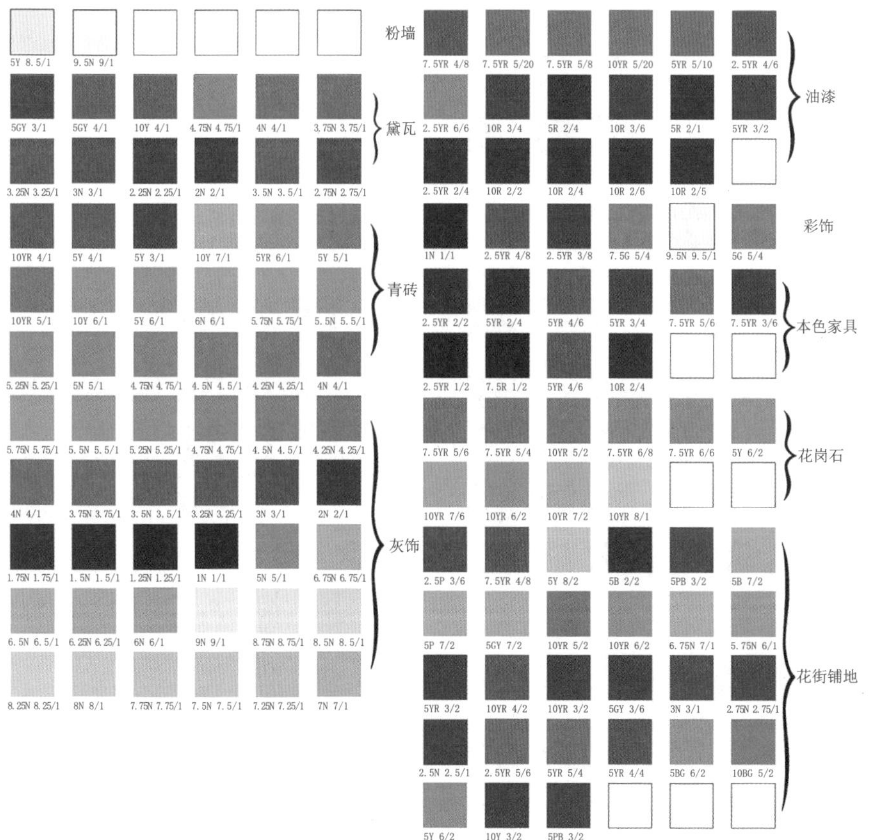

图5-51 苏州古典园林静态色彩的色谱

图5-52 苏州古典园林动态色彩的色谱

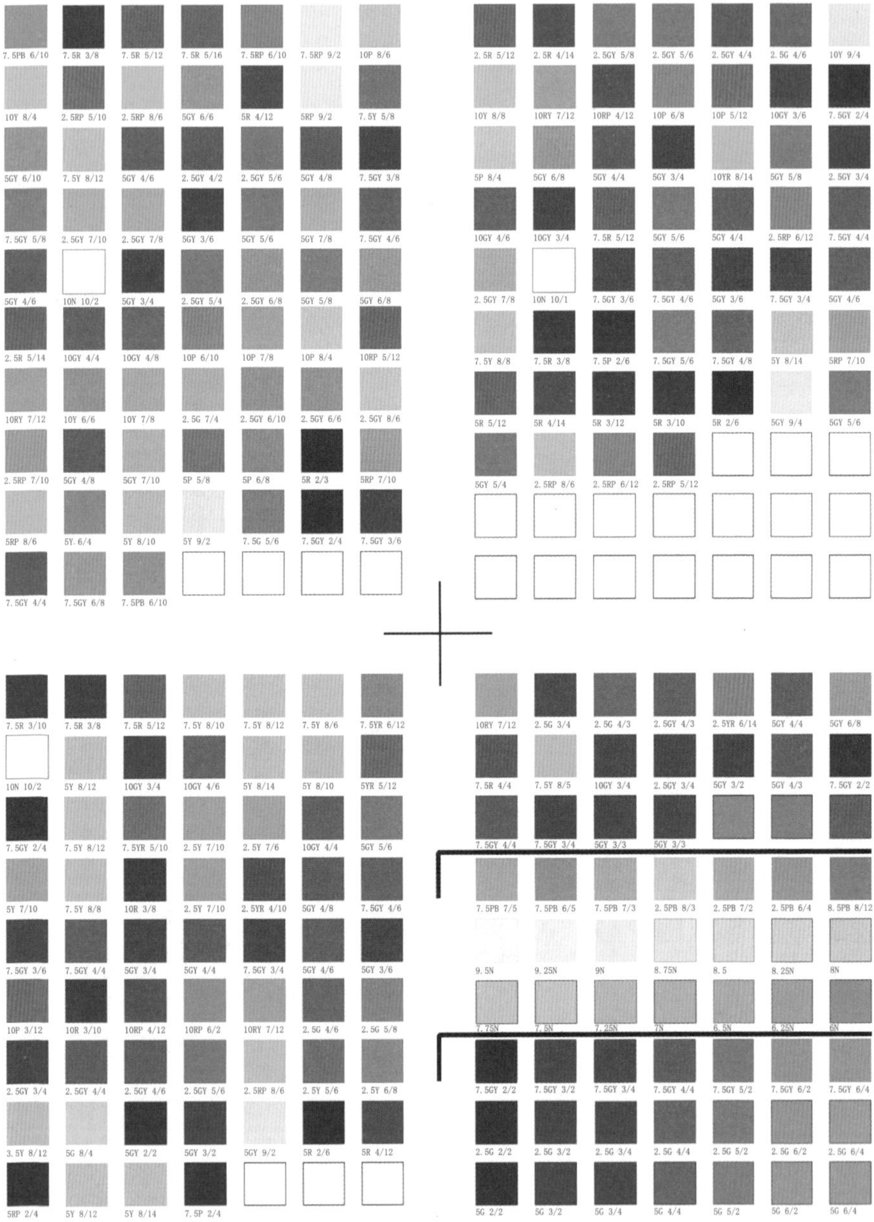

7.5PB 6/10	7.5R 3/8	7.5R 5/12	7.5R 5/16	7.5RP 6/10	7.5RP 9/2	10P 8/6
10Y 8/4	2.5RP 5/10	2.5RP 8/6	5GY 6/6	5R 4/12	5RP 9/2	7.5Y 5/8
5GY 6/10	7.5Y 8/12	5GY 4/6	2.5GY 4/2	2.5GY 5/6	5GY 4/8	7.5GY 3/8
7.5GY 5/8	2.5GY 7/10	2.5GY 7/8	5GY 3/6	5GY 5/6	5GY 7/8	7.5GY 4/6
5GY 4/6	10N 10/2	5GY 3/4	2.5GY 5/4	2.5GY 6/8	5GY 5/8	5GY 6/8
2.5R 5/14	10GY 4/4	10GY 4/8	10P 6/10	10P 7/8	10P 8/4	10RP 5/12
10RY 7/12	10Y 6/6	10Y 7/8	2.5G 7/4	2.5GY 6/10	2.5GY 6/6	2.5GY 8/6
2.5RP 7/10	5GY 4/8	5GY 7/10	5P 5/8	5P 6/8	5R 2/3	5RP 7/10
5RP 8/6	5Y. 6/4	5Y 8/10	5Y 9/2	7.5G 5/6	7.5GY 2/4	7.5GY 3/6
7.5GY 4/4	7.5GY 6/8	7.5PB 6/10				

2.5R 5/12	2.5R 4/14	2.5GY 5/8	2.5GY 5/6	2.5GY 4/4	2.5G 4/6	10Y 9/4
10Y 8/8	10RY 7/12	10RP 4/12	10P 6/8	10P 5/12	10GY 3/6	7.5GY 2/4
5P 8/4	5GY 6/8	5GY 4/4	5GY 3/4	10YR 8/14	5GY 5/8	2.5GY 3/4
10GY 4/6	10GY 3/4	7.5R 5/12	5GY 5/6	5GY 4/4	2.5RP 6/12	7.5GY 4/4
2.5GY 7/8	10N 10/1	7.5GY 3/6	7.5GY 4/6	5GY 3/6	7.5GY 3/4	5GY 4/6
7.5Y 8/8	7.5R 3/8	7.5P 2/6	7.5GY 5/6	7.5GY 4/8	5Y 8/14	5RP 7/10
5R 5/12	5R 4/14	5R 3/12	5R 3/10	5R 2/6	5GY 9/4	5GY 5/6
5GY 5/4	2.5RP 8/6	2.5RP 6/12	2.5RP 5/12			

7.5R 3/10	7.5R 3/8	7.5R 5/12	7.5Y 8/10	7.5Y 8/12	7.5Y 8/6	7.5YR 6/12
10N 10/2	5Y 8/12	10GY 3/4	10GY 4/6	5Y 8/14	5Y 8/10	5YR 5/12
7.5GY 2/4	7.5Y 8/12	7.5YR 5/10	2.5Y 7/10	2.5Y 7/6	10GY 4/4	5GY 5/6
5Y 7/10	7.5Y 8/8	10R 3/8	2.5Y 7/10	2.5YR 4/10	5GY 4/8	7.5GY 4/6
7.5GY 3/6	7.5GY 4/4	5GY 3/4	5GY 4/4	7.5GY 3/4	5GY 4/6	5GY 3/6
10P 3/12	10R 3/10	10RP 4/12	10RP 6/2	10RY 7/12	2.5G 4/6	2.5G 5/8
2.5GY 3/4	2.5GY 4/4	2.5GY 4/6	2.5GY 5/6	2.5RP 8/6	2.5Y 5/6	2.5Y 6/8
3.5Y 8/12	5G 8/4	5GY 2/2	5GY 3/2	5GY 9/2	5R 2/6	5R 4/12
5RP 2/4	5Y 8/12	5Y 8/14	7.5P 2/4			

10RY 7/12	2.5G 3/4	2.5G 4/3	2.5GY 4/3	2.5YR 6/14	5GY 4/4	5GY 6/8
7.5R 4/4	7.5Y 8/5	10GY 3/4	2.5GY 3/4	5GY 3/2	5GY 4/3	7.5GY 2/2
7.5GY 4/4	7.5GY 3/4	5GY 3/3	5GY 3/3			
7.5PB 7/5	7.5PB 6/5	7.5PB 7/3	2.5PB 8/3	2.5PB 7/2	2.5PB 6/4	8.5PB 8/12
9.5N	9.25N	9N	8.75N	8.5	8.25N	8N
7.75N	7.5N	7.25N	7N	6.5N	6.25N	6N
7.5GY 2/2	7.5GY 3/2	7.5GY 3/4	7.5GY 4/4	7.5GY 5/2	7.5GY 6/2	7.5GY 6/4
2.5G 2/2	2.5G 3/2	2.5G 3/4	2.5G 4/4	2.5G 5/2	2.5G 6/2	2.5G 6/4
5G 2/2	5G 3/2	5G 3/4	5G 4/4	5G 5/2	5G 6/2	5G 6/4

第6章

苏州古典园林的色彩艺术典型案例

苏州古典园林是文人园林的典范，都是历经了几百年甚至上千年，经过无数园主的修缮、更新及演替，达到目前比较稳定的状态，形成了独特的艺术和美学创造。因此，对主要园主修养、性格、家事、审美情趣等方面的研究有助于理解园的定位、格调及景点的立意，从而支撑色彩氛围的研究及配色规律的建构。

美国色彩学家阿伯斯说："我们要强调的是，色彩的调和虽然通常是配色的主要目标，却非色彩间唯一值得冀求的关系：色彩就像音乐一样，协调音和不协调音同样美好……要达成这一切，主要是透过量的改变，造成支配性、重复性以至位置的改变。"可见，色彩在组织结构、面积、比例、位置等方面的经营是获取情感或氛围的主要构成要素。苏州古典园林是在有限空间中的一种空间色彩组合，观者对景色的感知有近观、远观及宏观三种尺度。近观主要体现在具体事物的色彩与景点周边环境色彩的组织关系上；远观主要由距离和空间决定，物与物之间细节的变化逐渐淡化，色彩元素逐渐混合，并随着距离的扩展逐渐产生抽象的色彩感知，观者在整个园林游赏后将根据园的特征产生一种色彩印象，这种印象源于园的整体色彩结构布局及比例的关系。为此，本章采用风景园林专业表述设计的方式从整体的色彩结构布局，到区域的平面与立面的色彩结构，最后到具体景点的立意与景色、色彩构成规律进行深入分析，也就是从宏观到中观再到微观三种尺度建构每个园林的色彩特征及配色规律。

6.1 拙政园

6.1.1 概述

苏州市娄门内东北街178号，从明代中叶王献臣建园以来，已有500年的历史，园林占地4.083hm^2，是苏州现存最大的私家古典园林，是中国四大名园之一。现拙政园分为东、中、西三园，中部为精华区。宅院位于园林的南部，分东西两部分，呈前宅后园的格局。虽然园主频易、园景多变，但其大致格局、池水风貌、土石构建及建筑风格等，仍有明朝遗韵，而且个别遗址仍存在，经500年文化积淀，名园风采依旧。

1．主题解读

取晋代潘岳《闲居赋》中"灌园鬻蔬，以供朝夕之膳，是亦拙者之为政也"之意，名"拙政园"，为明代王献臣所起，并在《拙政园图咏跋》说："罢官归，乃日课童仆，除秽植楥，饭牛酤乳，

荷臿抱瓮，业种艺以供朝夕、俟伏腊，积久而园始成。[1]”

2. 名家品鉴

文徵明在《王氏拙政园记》中记载：“……环以林木。为重屋其阳，曰‘梦隐楼’；为堂其阴，曰‘若墅堂’。堂之前为‘繁香坞’，其后为‘倚玉轩’。轩北直梦隐，绝水为梁，曰‘小飞虹’。逾小飞虹而北，循水西行，岸多木芙蓉，曰‘芙蓉隈’。又西，中流为榭，曰‘小沧浪亭’。亭之南，翳以修竹。经竹而西，出于水澨，有石可坐，可而濯，曰‘志清处’。至是，水折而北，滉漾渺弥，望若湖泊，夹岸皆佳木，其西多柳，曰‘柳隩’。东岸积土为台，曰‘意远台’。台之下植石为矶，可坐而渔，曰‘钓巩石’。往北，地益迥，林木益深，水益清驶，水尽别疏小沼，植莲其中，曰‘水花池’。池上美竹千挺，可以追凉，中为亭，曰‘净深’。循净深而东，柑橘数十本，亭曰‘待霜’。又东出梦隐楼之后，长松数植，风至泠然有声，曰‘听松风处’。自此绕出梦隐之前，古木疏篁，可以憩息，曰‘怡颜处’。又前循水而东，果林弥瞧，曰‘来禽囿’。囿缚尽四桧为幄，曰‘得真亭’。亭之后，为‘珍李坂’，其前为‘玫瑰柴’，又前为‘蔷薇径’。至是，水折而南，夹岸植桃，曰‘桃花汫’，汫之南，为‘湘筠坞’。又南，古槐一株，敷荫数弓，曰‘槐幄’。其下跨水为杠。逾杠而东，篁竹翳，榆樱蔽亏，有亭翼然而临水上者，‘槐雨亭’也。亭之后为‘尔耳轩’，左为‘芭蕉槛’。凡诸亭槛台榭，皆因水为面势。自‘桃花汫’而南，水流渐细，至是伏流而南，逾百武，出于别圃丛竹之间，是为‘竹涧’。‘竹涧’之东，江梅百株，花时香雪烂然，瞧如瑶林玉树，曰‘瑶圃’。圃中有亭，曰‘嘉实亭’……”文中共涉及31个景点，其中以植物为主景的有25处，以植物名为园景主题的有20多处，展现出花木繁茂、水木明瑟旷远、建筑稀疏、近乎自然的天然景色。这种以植物为主题的园林立意及手法，一直延续至今。植物动态的色彩变化为园林中的主要色彩基调，利用植物丰富的色彩、质感、肌理所带来的视觉美感，进行空间氛围的营造，从而带来诗境、意境的联想。其中涉及最多的是竹林，并与松、柏、榆、槐、柳构成整体翠幂的色彩基调。在其间点缀芙蓉、莲、李、玫瑰、蔷薇、桃、樱、梅、橘等，随四季变化，呈现出鲜艳的自然生动的动态光色，勾勒出轮奂、清寂之美。

3. 园主筑园意境的解读

(1) 名园之源

拙政园的园址具有千年的园林文化根基。这一带曾是三国东吴

时郁林太守陆绩、东晋高士戴颙和唐朝诗人陆龟蒙的宅第；北宋时，山阴簿胡稷岩在此建“五柳堂”，其子胡峄建“如村”；元朝，为大弘寺所在，元末属张士诚女婿潘元绍驸马府范围。可见，这里有“不出郛郭，旷若郊墅”的环境特点，造就了“昔贤高隐地”。

（2）“拙政”之始

拙政园的开创之主王献臣（1473～1543年前后），字敬止，号槐雨，又号玉泉山人，苏州人，隶籍锦衣卫。《明史》记载“其先吴人，隶籍锦衣卫，弘治六年（1493年）进士，授行人”，但他仕途坎坷，曾两次被贬。正德八年（1513年），王献臣借父亲病逝之事回苏，从此离开仕途，在苏州定居下来。对王献臣的人品德操，他的同代士人多有论及,褒贬不一。如文徵明称他为“奇士”，说他“有志用世”“明法守轨，多所恤正”（《送御史王君左迁上杭丞叙》），赞扬他“直躬殉道”（《王氏拙政园记》）。王宠也赞扬他“不阿法，抗中贵”“疏朗峻洁，博学能文辞，论事踔发，当孝宗朝，峨冠簪笔，俨然柱下，有直臣风”（《雅宜山人集》）。林庭棉说他“槐雨之直声亦振海内”（《题槐雨先生拙政园图咏册》）。这些记载都说明王献臣光明磊落、正直高洁、出淤泥而不染。但也有记载他建园时为了扩大面积，侵占大弘寺，“其邻为大横（弘）寺，御史移去佛像，赶逐僧徒而有之”“传御史移佛像时，皆剥取其金，故号‘剥金王御史’”（徐树丕《识小录》）。据明代史料记载，贬毕竟为少数，更多反映的是王献臣博学多才、善诗词、爱收藏，乃风雅之士，和当时吴中诸名士有着广泛的友谊，颇富声望。

因文徵明的园林绘画及文学等作品多涉及拙政园与王献臣，加上文徵明热衷于造园，在题写《拙政园记》与《拙政园三十一景》时又非常的贴切、到位，大家推测文徵明与王献臣有深厚的友谊，并有可能参与了“拙政园”的设计和建造，这促进了文人画到园林的理论发展。

（3）“拙政”之变

王献臣死后，“其子以樗蒲负失之，归里中徐氏”（《吴县志》卷三十九），明朝嘉靖年间，归徐少泉（徐佳）及其后人。明崇祯四年（1631年），园东部十余亩，为侍郎王心一购得，重新擘画，名“归田园居”，园墙外农田数亩，颇具田园风致[2]。

清初，徐树启被迫卖园，归陈之遴。陈之遴，字彦生，号素庵，今浙江海宁人，明崇祯年间进士，五代为明朝高官，降清后，曾任礼部尚书、户部尚书、弘文院大学士等职。其继室为徐泰时的曾孙女徐灿，从某种意义上还属于徐家的范畴。陈之遴得“拙政

园”之后，复加增葺，炬赫一时，但因忙于公务，终其身未一日居于园中。陈之遴死后，园被籍没入官，遂为驻防将军府，先后为王、严两镇将所据。两年后此园又改为兵备道行馆，安姓某公居于其中。当时，“拙政园”未有改作，之后，园归还给陈之遴之子。

康熙初年，此园为王永宁所得，王永宁为吴三桂之婿。得园后王永宁大肆修葺装整，“凡长林修竹，陂塘陇坡，层楼复阁，雕坪曲圯，极崇闳糜曼之胜”（毛奇龄《西河合集·杂笺》）“豪家新第像蓬莱，叠石穿池势壮哉。复道恍疑通万户，中天直似起三台”（许旭《过拙政政园》），无复昔时山林雅致。后吴三桂谋反失败，王永宁死，园再度没入官府，亦遭到破坏，楠木厅柱础等物皆撤而运往北京[3]。

康熙十八年（1679年）此园改为苏松常道新署，又被修葺一新。康熙南巡，曾到此一游。苏松常道新署裁撤之后，“拙政园”被分割成数块，散为民居，整体面貌遭到破坏。

乾隆初，现在的中园归蒋棨，名“复园”；西部归叶士宽，名“书园”。此时复园仍“不离轩裳而共履闲旷之域，不出城市而共获山林之性”，春秋佳日，名流觞咏，风雅一时。然嘉庆中售于海宁查世倓，嘉庆末年，宅园又被拆分。

咸丰十年（1860年），太平军进驻苏州。把分散的园整合并改建成“忠王府”，太平天国失败，中园被清政府所据，为江苏巡抚李鸿章行辕。

同治十年（1870年），张之万调任江苏巡抚，张氏善书画、喜林泉，居“拙政园”时，爱其幽旷雅致，略加修葺，渐复旧观。升迁后，集资把现中部改为八旗奉直会馆，仍名“拙政园”。西部归张履谦所有，名“补园”，张氏追求奢丽以巨款经营多年。后来日军轰炸，园林受到极大摧毁。

中华人民共和国成立后，三园合并，进行修缮，有八处景点还延续“拙政园”始建时的旧名，但其位置亦非原处，建筑风格和样式也远非旧时面目。即便如此，“拙政园”始建时以水为主、疏朗淡雅、林木绝胜、景色自然的总体面貌却一直沿袭下来，尤其是今日园之中部，为其精华所在，更能体现明代“拙政园”的历史价值和艺术价值[4]。

6.1.2　园林布局与色彩结构体系

目前，拙政园分东、中、西三个部分，彼此之间由复廊间隔，相对独立，风格差异较明显，色彩特征也很明确。根据历史文献，由于东园历来相对独立，未被反复推敲，亦非精华区所在，故本次调研主要针对中园和西园，东园只涉及局部的景点。

1. 整体色彩结构布局的分析

中西两园中绿地占37%，水色占28%，花街铺地占16%，廊道铺地占6%，室内方砖占6%，黄石占3%，花岗岩占3%，太湖石只占很少的一部分。通过对这些数据分析，整体色彩结构是以自然植物、天色、水色等动态色彩为主，黄石、花岗石、灰砖等静态色彩为辅，整体色彩格调呈现出青绿色的基调（图6-1、表6-1）。虽然绿地占比最大，但是扣除盆景园9%的占比，绿地与水域面积相近，三纵三横的水系结构使园林形成了以水为主、疏朗开阔、近乎自然的景色。总体还是沿袭了明代园林朴素大方的风格，以及王献臣“隐居山林”的造园思想。

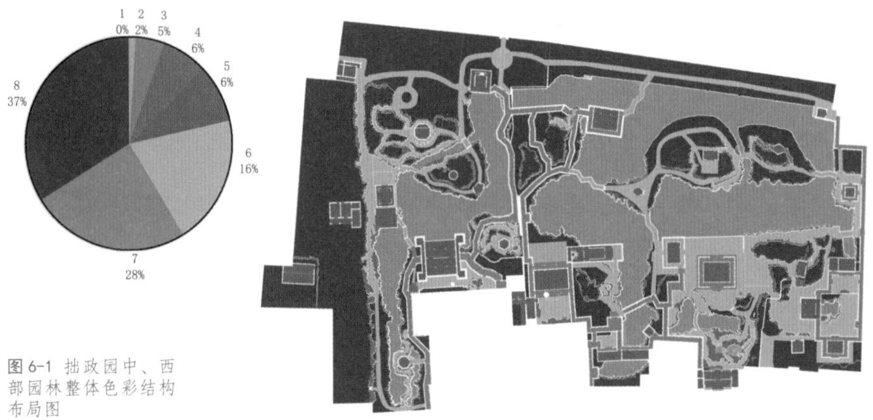

图6-1 拙政园中、西部园林整体色彩结构布局图

拙政园中、西部园林整体色彩结构数据分析 表6-1

结构	孟赛尔色值编号	RGB			比例
太湖石	N6	163	162	162	0.000884
台基	10YR7/6	217	168	103	0.015728
黄石	2.5YR5/6	173	108	77	0.051183
廊道	N5	136	137	135	0.057672
室内	N4	107	108	107	0.064541
花街铺地	N7	181	182	181	0.162807
湖水	2.5PB 5/5	185	208	212	0.277853
草地	7.5GY3/4	55	81	44	0.369954

2．现状植物名录调研

由于植物的生老病死和天灾人祸等原因，在对现状植物调研及绘制时，发现植物品种的更换，虽然与刘敦桢先生《苏州古典园林》中测绘的图纸存在一定差异，但整体上还是依据当时测绘的植物品种进行更新。因此，本书以2013年调研数据为主要依据进行色彩分析，图6-2是针对现状植物进行实地测绘的植物总平面图，表6-2是测绘所得拙政园中、西部园林主要植物名录表。

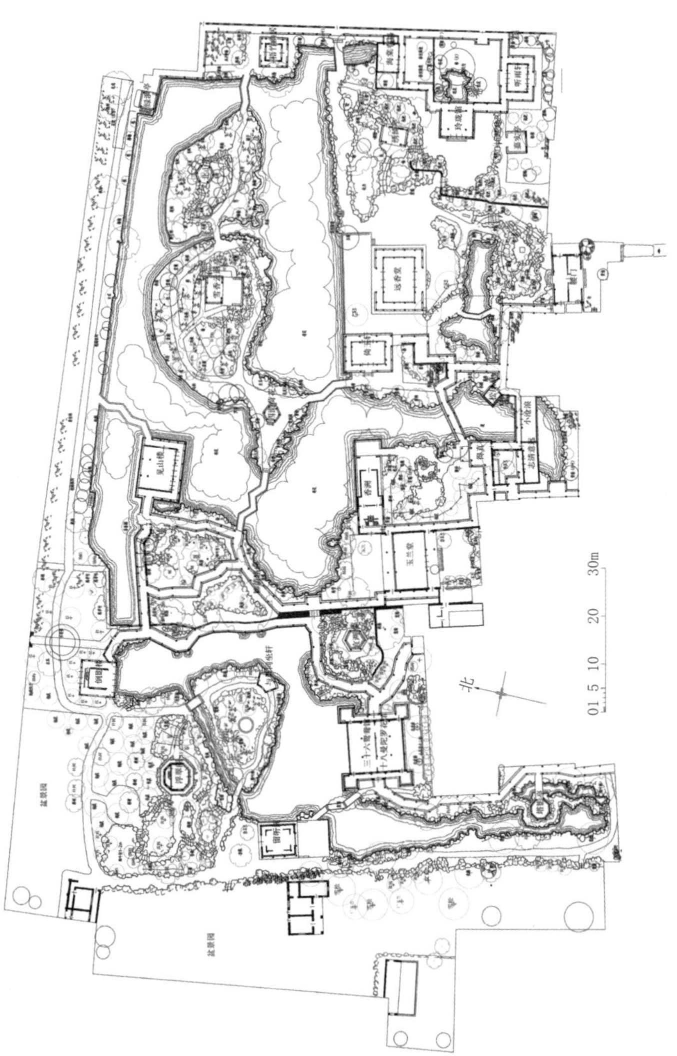

图6-2 拙政园中、西部园林主要植物平面配置图

拙政园中、西部园林主要植物名录表 表6-2

名称	数量	名称	数量	名称	数量	名称	数量
1.1大乔木（常绿）		1.2大乔木（落叶）		2.2小乔木（落叶）		5.水生	
白皮松	2	垂柳	12	绿萼梅	10	荷花	
黑松	1	白玉兰	9	红梅	7	芦苇	
桧柏	27	槐树	4	蜡梅	18	睡莲	
广玉兰	7	榆树	5	西府海棠	9	6.地被	
香樟	8	榔榆	14	垂丝海棠	4	芭蕉	
雪松	4	银杏	1	木瓜海棠	1	萱草	
2.1小乔木（常绿）		梧桐	11	石榴	3	地锦	
山茶	22	臭椿	2	桃	22	沿阶草	
枇杷	23	乌桕	7	丁香	1	虎耳草	
大叶女贞	9	槭	12	银薇	1	凤仙花	
柑橘	2	朴树	16	紫薇	7	翠云草	
桂	45	枫杨	15	3.2灌木（落叶）		玉簪	
瓜子黄杨	49	榉树	12	牡丹	2	络石	
枸骨	1	梓树	4	紫荆	1	鸢尾	
蚊母	1	皂荚	5	木本绣球	2	忍冬	
3.1灌木（常绿）		糙叶树	6	黄刺玫	4	7.竹类	
迎春	3	楝树	1	4藤本		哺鸡竹	
南天竹	12	红枫	2	紫藤	5	慈孝竹	
杜鹃	2	拓树	1	地锦		板桥竹	
含笑		三角枫	2	木香		金镶玉竹	
金银花		茶条槭	1	薜荔		箬竹	
黄素馨		枫香	1			月竹	

*植物名录中的数量统计只针对色彩占比较大的植物，故有些灌木、草本和水生植物无数量说明。

3．绿量的统计分析

表6-3是关于拙政园中、西部园林绿化绿量的统计分析表，主要根据植物的乔木、灌木、地被等分层结构，结合植物的体量、季节及人的观赏尺度，将园内植物分为落叶大乔木层、常绿大乔木层、小乔木及花灌木层、地被层等，并分别计算出四层植物冠幅的投影面积占总场地面积的比例，最终得到场所中的总绿量。以此数据可判断出此园林的动态色彩中植物色彩占视域中的色彩比例关系。

拙政园中、西部园林绿量的统计分析　表6-3

内容	投影面积与场地比		投影面比例
1落叶大乔木	投影面积	0.144714	14.5%
	场地面积	0.855286	
2常绿大乔木	投影面积	0.047823	4.8%
	场地面积	0.952177	
3小乔木/花灌木	投影面积	0.088301	8.8%
	场地面积	0.911699	
4地被	投影面积	0.328939	32.9%
	场地面积	0.671061	
合计			61%

4．四季植物色彩的变化规律

依据测绘的现状植物平面图，根据采集植物名录的四季色彩数据，进行“色彩数据的量化处理及分析”，从而分析四季植物中落叶大乔木、常绿大乔木、小乔木及花灌木、地被的色彩比例，图6-3～图6-6展示了拙政园中、西部植物四季色彩植物的色彩变化规律及比例关系。青绿色系在园林中占主要的色彩面积，而天色与水色的变幻性对青绿色的基调有重要的调剂作用，形成春水之腻、夏水之浓、秋水之静、冬水之寒，使中低明度、纯度的青绿色出现明与暗的色阶作为视觉的过渡。与四时花木、朝夕光影构成了不同时间、不同季节的风光。

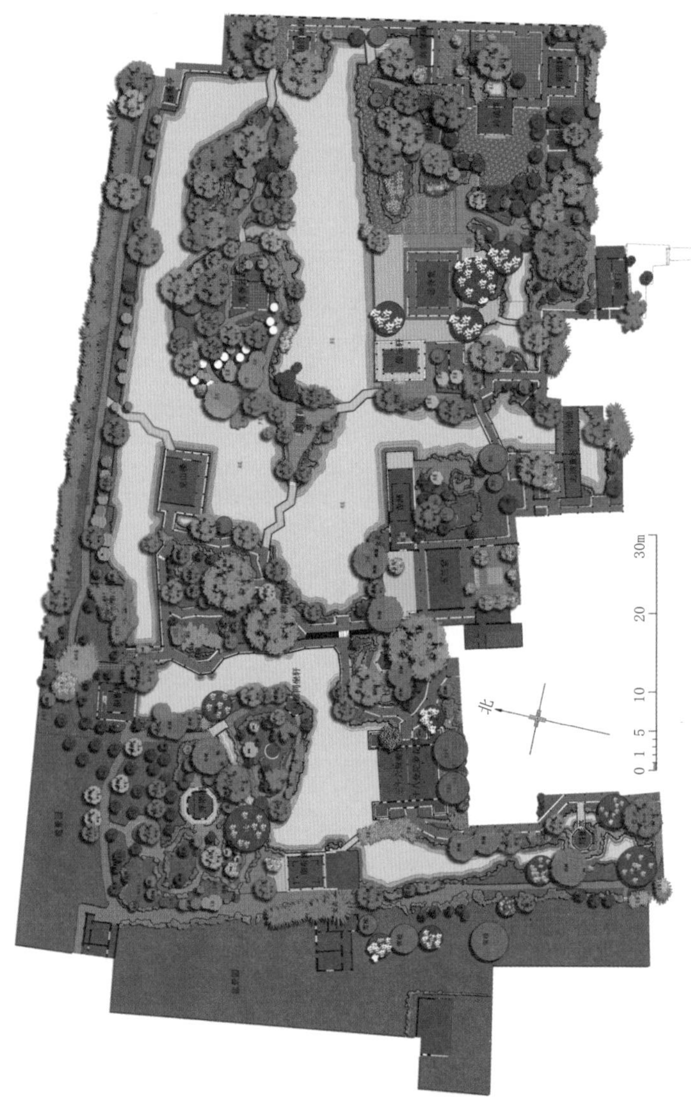

落叶大乔木

常绿大乔木

小乔木

花灌木及地被

图 6-3 拙政园中、西部园林春季平面图及植物分层的色彩比例分析

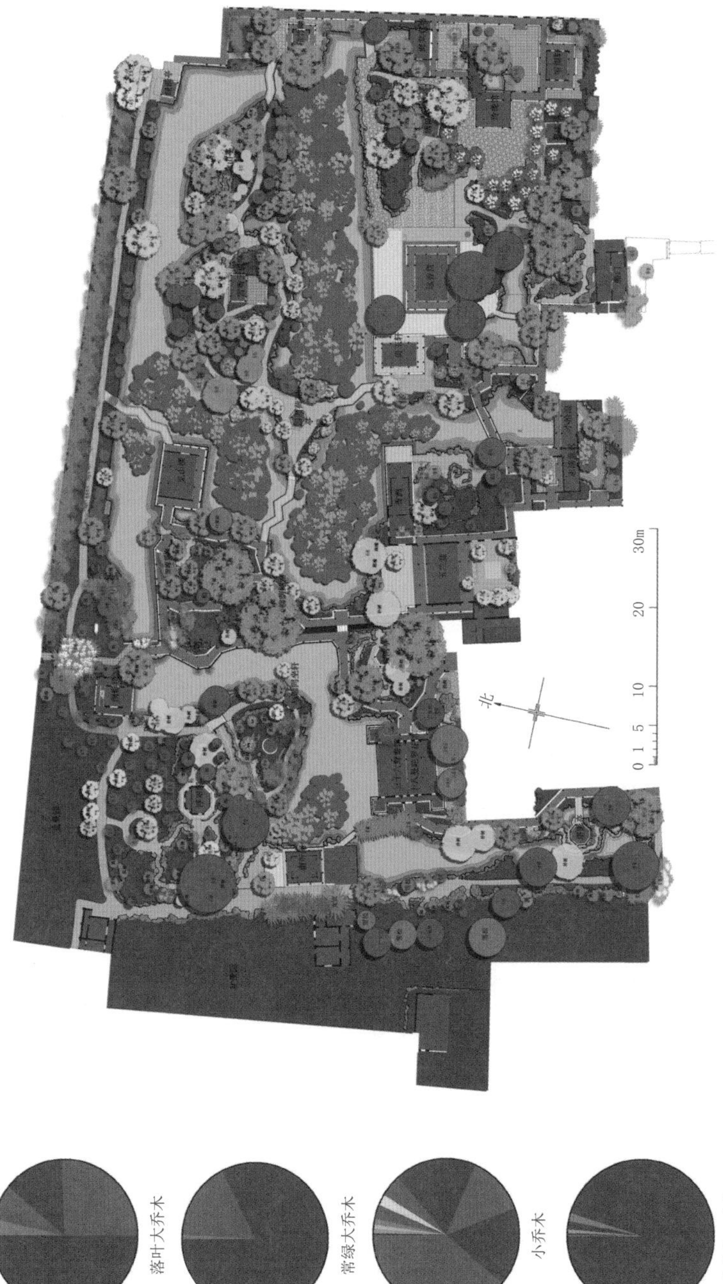

图 6-4 拙政园中、西部园林夏季平面图及植物分层的色彩比例分析

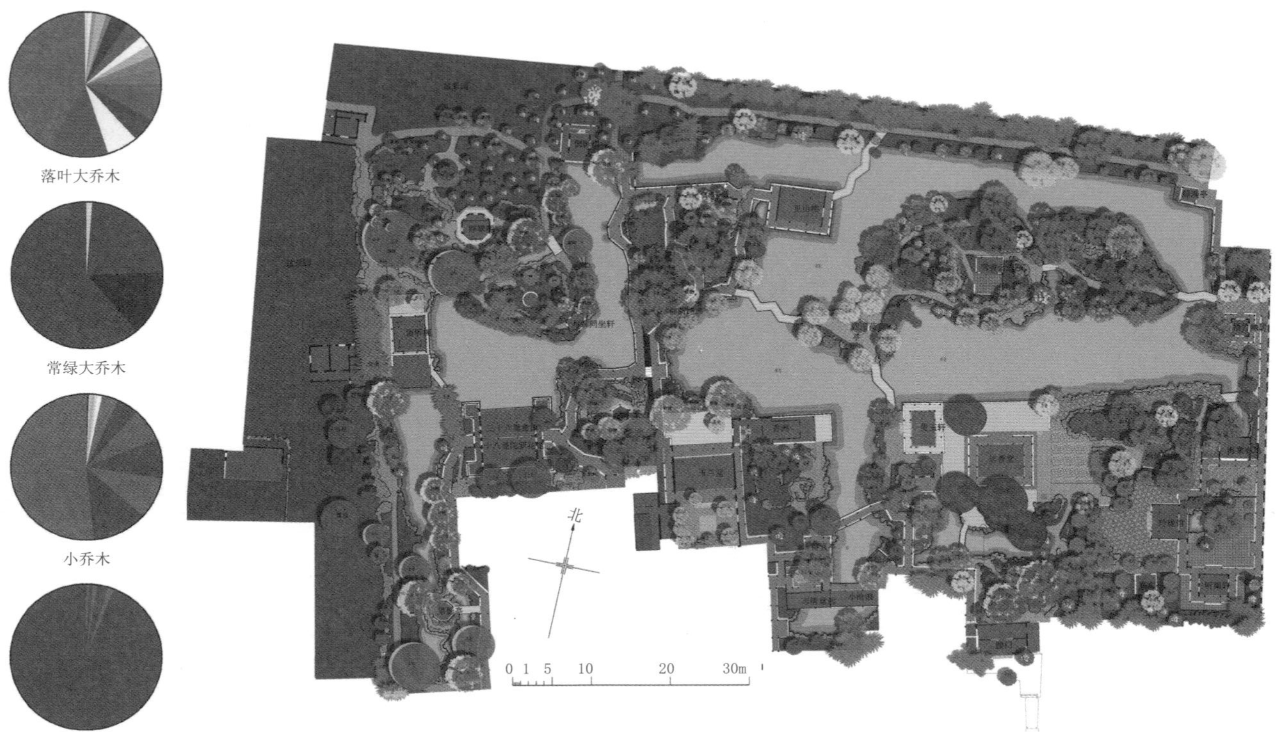

图 6-5 拙政园中、西部园林秋季平面图及植物分层的色彩比例分析

落叶大乔木

常绿大乔木

小乔木

花灌木及地被

图 6-6 拙政园中、西部园林冬季平面图及植物分层的色彩比例分析

（1）春季

春季的花色比例不大，色域面积较多的有绿萼梅、红梅、桃、牡丹、海棠、白玉兰、广玉兰、紫藤等。落叶大乔木多为新叶，如垂柳、榔榆、朴树、枫杨、糙叶树、榉树、梧桐、白玉兰、青枫、皂角、乌桕等。

（2）夏季

夏季的花色主要集中在水面的荷花，还有一些零星点缀在绿荫下的紫薇、木香等。乔木叶色多为7.5GY3/4，在光的作用下因透光度的差异呈现丰富的绿色色阶变化。

（3）秋季

秋季，植物色彩非常丰富，以色叶为主从黄绿到黄到红，从高纯度到中纯度呈现丰富的色阶变化。主要的色叶树有乌桕、枫香、青枫、红枫、梧桐、白玉兰、榉树、垂柳等，还有一些叶色转黄，仍挂树枝，呈现黄绿相间的状态如糙叶树、榔榆、朴树、槐树等。

（4）冬季

冬季的色彩比较单一，以常绿植物为主要色彩基调，如广玉兰、香樟、桧柏、枇杷、瓜子黄杨、桂树、山茶等；色花主要有蜡梅和山茶等；树干的明度色阶也占一定比例，反映了冬季整体色彩较为单一、以灰和绿为主的特点。

5．立面色彩的分析

依据测绘的立面图以及植物四季色彩数据，用矢量图呈现方式把色彩数据转化到植物四季的花、叶、果、枝等立面图中，进行“色彩数据的量化处理与分析”。这个数据的分析不含天色，主要针对四季植物、建筑物、墙体、湖石等，统计剖立面中四季色彩变化规律及比例关系。其中，中部景区以远香堂为核心，分东、西、南、北四个立面，深入分析各区域春夏秋冬四季四个立面的色彩结构、属性及比例等的关系。通过色块饼图可清晰地看到剖立面中四季色彩变化规律及比例关系，整体上动态的色彩占比60%～80%，静态色彩占比20%～40%。其中，春夏秋三季以动态色彩为主，冬季以静态色彩为主，春秋两季的色彩变化鲜明，常绿植物占8.5%，且多集中在南侧和西侧（图6-7～图6-10）。

春　夏　秋　冬

图 6-7 拙政园中部中心区 A-A 剖面四季色彩的比对及配色比例分析

图 6-8 拙政园中部中心区 B-B 剖面四季色彩的比对及配色比例分析

图 6-9 拙政园中部中心区 C—C 剖面四季色彩的比对及配色比例分析

图 6-10 拙政园中部中心区 D-D 剖面四季色彩的比对及配色比例分析

6.1.3 主题景点色彩景观的分析

主题景点色彩景观的分析中，景点的选择主要依据调查问卷的统计结果。在拙政园发放200份调查问卷，收回162份。其中在“哪个景点的色彩最吸引您”及“景点立意是否与周边景色相匹配”的问答统计中，梧竹幽居、远香堂、雪香云蔚亭、荷风四面亭、小飞虹、香洲、绿漪亭、倒影楼、绣绮亭、玲珑馆等景点被提及的次数大于10份。本节将针对这些景点进行主题立意及色彩空间氛围构成规律的分析。

1．远香堂景点

（1）景点概述

远香堂景点包括西侧“倚玉轩”（南轩）、东侧牡丹台、北侧水面、南侧小潭等在内的以远香堂为核心的景区。

远香堂是一座四面敞开的荷花厅，周边种植各种花香植物，如牡丹、芍药等，借喻君子品格高尚、声名远扬。建筑为四坡飞脊的歇山厅，梁架扁作，实际上是四面厅，廊庑周匝，造型稳重而又舒展、通透。该堂北临荷池大月台，景色开朗，池水清澈，隔水北望，仿佛一卷平远山水画。水中自西而东有荷风四面亭、雪香云蔚、待霜三岛连属。夏日池中千叶荷花，并蒂莲触目皆是，花蕊簇簇，翠盖凌波，流风冉冉，清香随微风送来，清淡怡神（图6-11）。

（2）历史文献

康熙二十一年（1682年），书画家恽寿平（号南田）曾居拙政园中，有文《瓯香馆集》记述道：“壬戌八月客吴门拙政园，秋雨长林，致有爽气。独坐南轩，望隔岸横冈，叠石崚嶒。下临清池，涧路盘纡。上多高槐柽柳，桧柏虬枝挺然，迥出林表。绕堤皆芙蓉，红翠相间。俯视澄明，游鳞可数。使人有悠然濠濮间趣。自南轩过艳雪亭，渡红桥而北，傍横冈，循涧道，山麓尽处，有堤通小阜。林木翳如，池上为湛华楼，与隔水回廊相望，此一园最胜地也。”文中点名的南轩即为拙政园的精华区。

乾隆初，蒋棨将其改名为“复园”，旨在恢复名园山水旧貌，使全园“山增而高，水浚而深，峰岫互回，云天倒映”“丰富而不奢侈，洗练而不简陋”，保持朴素雅洁的风格。

（3）匾额与楹联立意

远香堂取周敦颐《爱莲说》中“香远益清”句意，通过植物对味觉、视觉感官的刺激，激发场所的精神，通过植物的比德思想抒写文人情怀，是整个区域的中心主题。而两侧楹联更多的是描绘拙

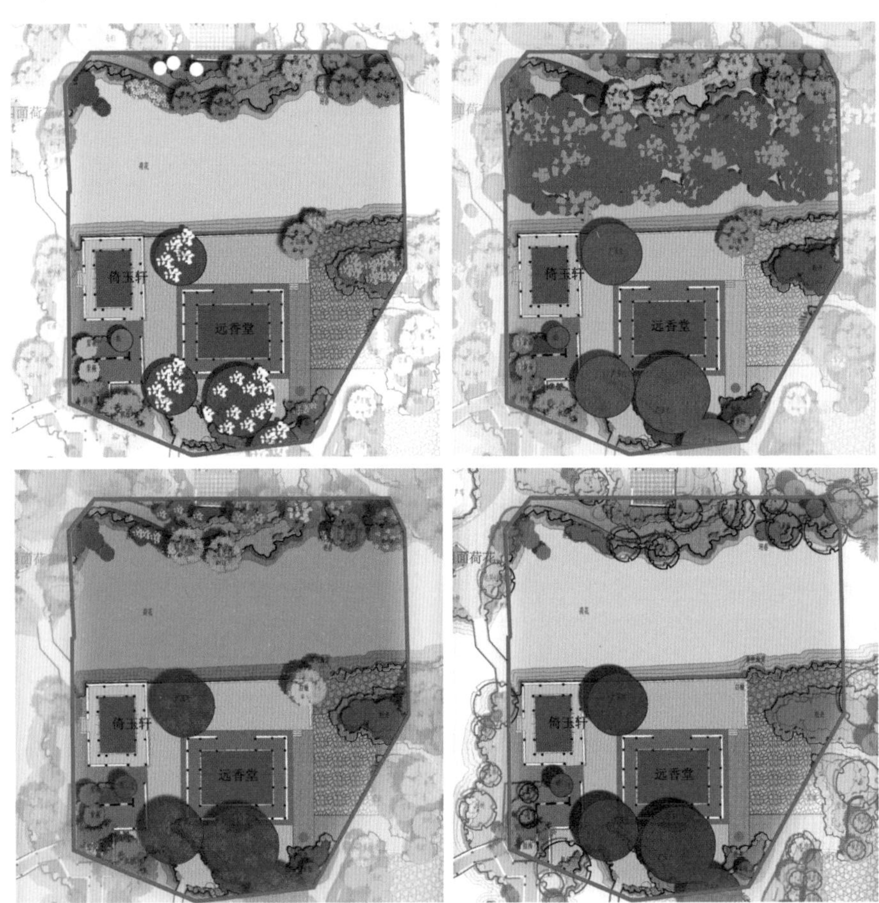

图 6-11 拙政园中部远香堂景点平面的四季景色比较

政园作为文人心中理想隐逸的园林典范的感慨，如堂北步柱楹联：“旧雨集名园，风雨煎茗，琴酒留题，诸公回望燕云，应喜清游同茂苑；德星临吴会，花外停旌，桑麻闲课，笑我徒寻鸿雪，竟无佳句续梅村”。

（4）意境与色彩构成规律

以“香”为主题的园林景观主要由有花的植物构成。此空间的植物色彩变化主要在春夏两季,如牡丹、芍药花台中，厅堂南北种植广玉兰，月台北侧水池种植荷花、睡莲等，水岸边点了一棵垂丝海棠，北侧的山冈上还种植绿萼梅（雪梅）等，花的颜色主要由白和粉红构成。图6-12为对岸主岛岸边向远香堂看的主视图的分析，视距在15～20m，视域在30～35m，属于大视野的色彩结构分析。此

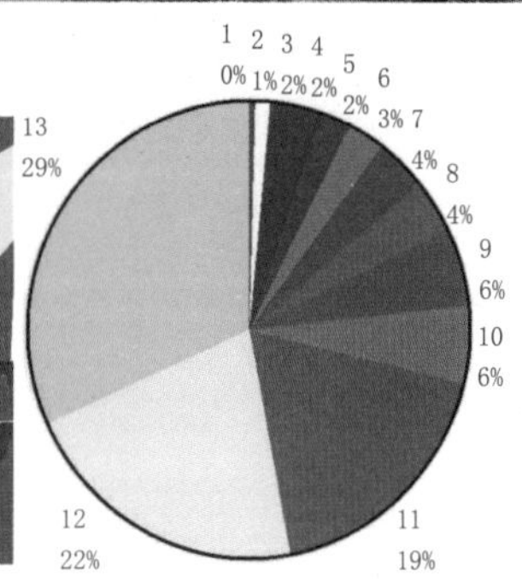

图 6-12 拙政园中部远香堂主视点的色彩比例分析

景点以人造建筑为主，但水色、天色及植物的颜色仍然在视域中占主要面积，门窗的暗红色大都被建筑的阴影笼罩着显现为黑红色，后消失在青绿之中，整体上呈现出青绿与黑白的对比。明度成了此景点的主要色彩构成因素，这种色彩构成为夏日满塘的荷花提供了素雅的自然背景。

2. 雪香云蔚亭

（1）景点概述

雪香云蔚亭位于水池中最高、最大岛屿的主峰上，坐此厅中，则一园之景可先窥其轮廓了，也是地标性的园林建筑之一。从立意上与远香堂的“香”起上下呼应的作用（图6-13）。

（2）历史文献

“水折而北，滉漾渺弥；竹涧之东，江梅百株，花时香雪灿然，望如琼林玉树”（文徵明《王氏拙政园记》）。

（3）匾额与楹联立意

亭内匾额“雪香云蔚”。“雪香”，指绿萼梅，也称白梅、雪梅，色白而香；“云蔚”，《水经注》有“交柯云蔚”句，指山间树

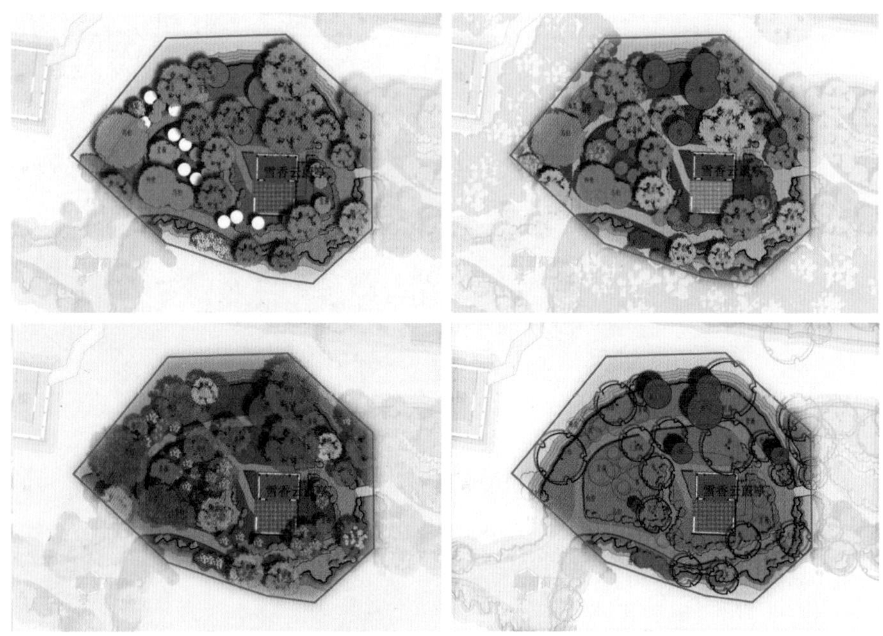

图 6-13 拙政园中部雪香云蔚景点平面的四季景色比较

木茂密。意为白梅飘香，山间林木茂密。

亭外匾额“山花野鸟之间”。亭额抓住了富有山林野趣的山花和野鸟，进一步强调“雪香云蔚”的春景，充满了春的活力，真可谓春在山花上，春在鸟声里，春在翠竹内，春在绿池中。

亭南柱楹联摘自唐人诗句：“蝉噪林愈静；鸟鸣山更幽”。在强调匾额立意的同时，把人们从春的活力引到夏的静寂，采用以声显静的艺术手法，成功创造出幽静、深邃、富有情趣的自然景色，宣扬世界的静止和安谧，颇富佛教禅意。

可见，此景区主要以春、夏两季的景观为主，从而达到主题与环境氛围的匹配。

（4）意境与色彩构成规律

“雪香云蔚”描绘了色白如雪又暗香阵阵的绿萼梅，绿萼白花，自是素雅宜人，“遥知不是雪，为有暗香来”，有“花外见晴雪，花里闻香风”的风韵美，更有诗人“花间置酒清香发，争挽长条落香雪”的浪漫。然而，由于绿萼梅在早春2～3月先叶开花，此时段周边常绿植物只有地被竹和一两棵柏树，花开时期白花的背景多为灰色的树枝，且天色多为银灰色，因此，白花缺绿色的背景，显有凄凉之感。与“雪香云蔚”主题所构思的以绿色系凸显白的色彩基调，色彩对比形成中长调的类似色对比，以及单纯、简约、清新、自然，并散发出新鲜青翠的山野气息很不吻合，只存在意境的联想（图6-14）。

3. 小飞虹

（1）景点概述

小飞虹是建园之初就有的著名景点。目前为廊桥，为远香堂西南隅小沧浪水院的北部边界，为了使小院之水在视觉上与大池有更多的联系，这座木构廊桥采用了中跨高、边跨低的结构形式，宛若拱桥。拱桥自古有“飞虹”的美称，南朝宋鲍照便有“飞虹眺秦河，泛雾灵轻弦”之句，故得名。廊桥造型秀美、曲线柔和，朱红色柱子和栏杆上承托弧形灰瓦卷棚顶，加上水光的映照和涵影，无论在水院内，还是从水院外的山池景区来看，均是很别致的观赏主题。

小飞虹是由松风水阁、小沧浪、得真亭等共同构成的一个水院。松风水阁，以松为主题，家具、挂落装修等均为松木所制，周围植松，以松为永贞不渝、不屈不挠的象征。小沧浪在小飞虹的南侧，为三间水阁，两面临水，南窗北槛，其间溪水分流、港汊出没，具有浓郁的江南水乡风光。依据屈原“沧浪之水清兮，可以濯吾缨；沧浪之水浊兮，可以濯吾足”句意，取名“小沧浪”。寓明辨是非，为高洁之士，不为富贵及世态炎凉所动之意。得真亭与松

图 6-14　拙政园中部雪香云蔚景点色彩分析（现状与立意在色彩上的比对）

风水阁隔水相望，互为对景，亭内有“松柏有本性，金石见盟心”对联，突出“永贞不渝、坚定信念”之主题。旧有四棵桧（柏）为幄，今已不存，补植松与柏。

（2）历史文献

轩北直“梦隐”，绝水为梁，曰“小飞虹”。逾“小飞虹”而北，循水西行，曰“芙蓉隈”。——明·文徵明《王氏拙政园记》

雌蜺连蜷饮洪河，落日倒影翻晴波。江山沉沉时未雩，何事青龙忽腾翥。知君小试济川才，横绝寒流引飞渡。朱栏光炯摇碧落，杰阁参差隐层雾。我来仿佛踏金鳌，愿挥尘世从琴高。月明悠悠天万里，手把芙蕖照秋水。——明·文徵明《拙政园图咏》

（3）现状平面色彩结构的分析

此景点是由多个小景点共同构成的水庭院景区，建筑的比例较大，静态的人造色彩比例较大，以松柏常绿植物主题为主。因此，此景观的色彩结构相对恒定，从而突出了水景所呈现的天色变化，把视觉引申到造型别致、色彩醒目的“小飞虹”景点（图6-15）。

（4）意境与色彩构成规律

此空间的立意多表达永贞不渝、坚定信念、明辨是非、高尚廉洁之意，以常绿的植物为主，色彩多墨绿色，色值多为7.5GY2/4～7.5GY3/6。建筑上的暗红色木漆主要在7.5R2/4～10R2/6，屋瓦多为N3，这些建筑构件明度、纯度都很低。而白墙、水色是提亮此空间的明度要素，呈现绿配红的互补色对比关系。小飞虹上的木栏杆色彩较艳，色值7.5R3/6，在太阳光的作用下，显朱红色，色彩十分鲜艳，饱和度很高，清风徐来，桥身倒映在碧水中，恰似一道彩虹飞跃池面。图6-16是从小沧浪往小飞虹看的主视点，视距在5～8m，视域在8～15m，属于中等视野的色彩结构。此区域静态色彩比例较大，占54%，动态色彩占46%，其中水色和天色占26%，且动态色彩中以常绿植物为主，如松、柏、竹，造成四季的色彩变幻不明显，此外天的限定较小，天色变化也不明显。因此，该空间的色彩相对比较恒定，由以中明度为主的红绿互补色构成，从而突出廊桥和廊桥水面的倒影。

4．香洲

（1）景点概述

香洲俗呼“旱船”，形似船而不能行水者，傍水而立，建筑华丽壮美，分上下两层，亦宜远眺。与北侧“柳阴路曲”构成内聚形的水空间。

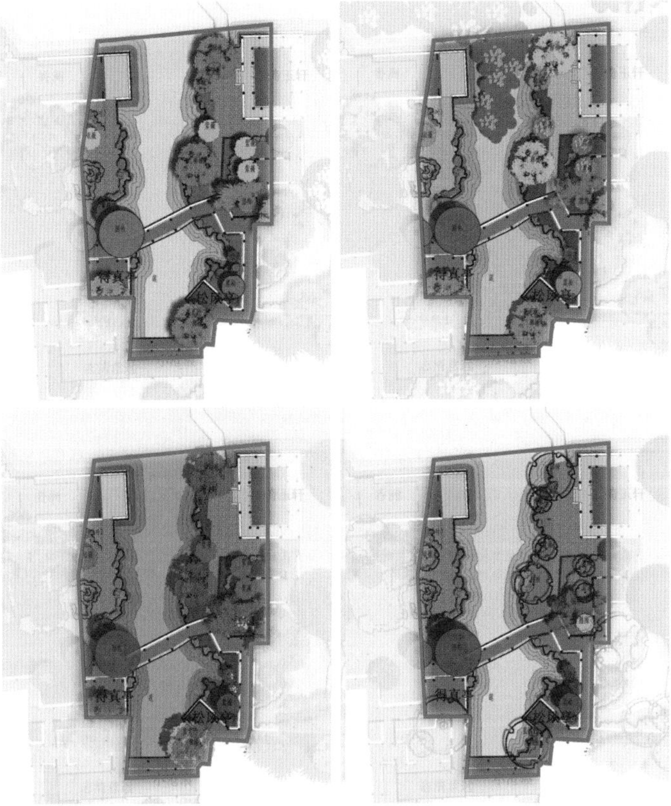

图 6-15 拙政园中部小飞虹景点平面的四季景色比较

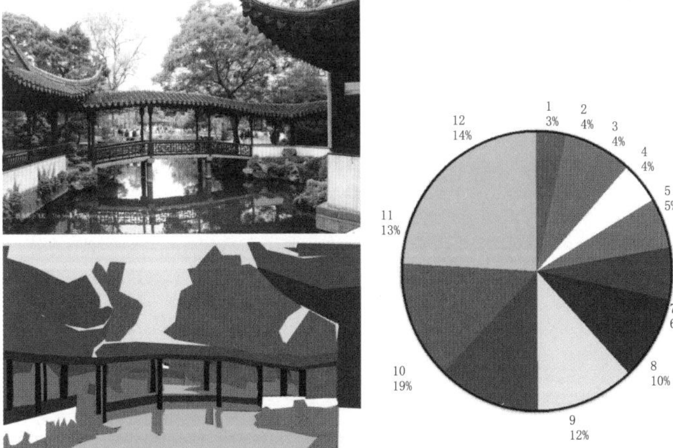

图 6-16 拙政园中部小飞虹主视点的色彩比例分析

（2）匾额立意

“香洲”，又名“芳洲”，取屈原《楚辞》：“采芳洲兮杜若，将以遗兮下女”，又取《述异记》：“洲中出诸异香，往往不知名焉”和徐元固《棹歌行》：“影入桃花浪，香飘杜若洲”诗句。“香洲”即“芳洲”，比喻在水中之“洲”；杜若是香草，借荷花比作香草，以美丽的自然形象诉说内心理智的真善美。

（3）意境与色彩构成规律

香洲一带华堂、船舫，皆出水面，风荷数柄，摇曳碧波之间，涟漪乍绉，洵足醒人。“柳阴路曲”取自司空图《诗品·纤秾》：“碧桃满树，风日水滨；柳阴路曲，流莺比邻”。用于描绘碧桃挂满树，清风捏倒影；曲径绕柳荫，黄莺破空寂；五色映辉于目，鸣莺交响于耳。自然之色与人造颜色之间形成强烈的对比。从荷风四面亭的堤岸看香洲，视距在10～15m，视域在20～35m，拥有大视野的色彩结构。其中主要的色彩来源于建筑，白墙、灰瓦、暗红色的窗格在黄绿色植物背景衬托下，显得格外耀眼、华丽，既有明度的强对比，又有色相的互补色对比。水面起镜面反射的作用，把建筑色彩再加以强调。夏日水中大面积的荷花将建筑衬托得更为华丽，而其他季节则显得有点突兀。目前，在建筑的北侧种植了地锦，一定程度上缓和了建筑色彩的强对比。但在夏日里地锦长势过快，占据大面积的白墙，明度对比减弱，加上满池的荷花，建筑的华丽感被消融在绿色之中，这与主题的立意不吻合。因此，从主题与色彩的角度出发，设计者要适当控制夏季地锦的长势，或取消地锦，改植薜荔、络石于水岸边，常绿的植物可弱化船基花岗石的坚硬感，使其自然过渡到水面，同时又使建筑色彩与植物色彩过渡柔和，整体显得华丽、高雅（图6-17、图6-18）。

5. 绣绮亭

（1）景点描述

绣绮亭位于远香堂的东侧、玲珑馆的北侧，亭在黄石假山之顶，西面开敞，天色纳入视野；其他三面为高大植物所围合，笼罩在自然之色中。亭下西北角有国色天香、芳艳绝美的牡丹和绿萼红苞、香清品高的芍药，南侧则为枇杷与竹等四季常绿的植物所覆盖，北有碧波涟漪、秀色可揽的池水，景色优美如绣绮，具体如四季平面彩图6-19。

（2）匾额与楹联立意

匾额“绣绮亭”取自唐·杜甫《桥陵诗三十韵因呈县内诸官》诗“绣绮相展转，琳琅愈青荧”句意，言湖光山色烂漫如锦绣[5]。

图 6-17 拙政园中部香洲景点平面的四季景色比较

图 6-18 拙政园中部香洲景点主视点的色彩比例分析

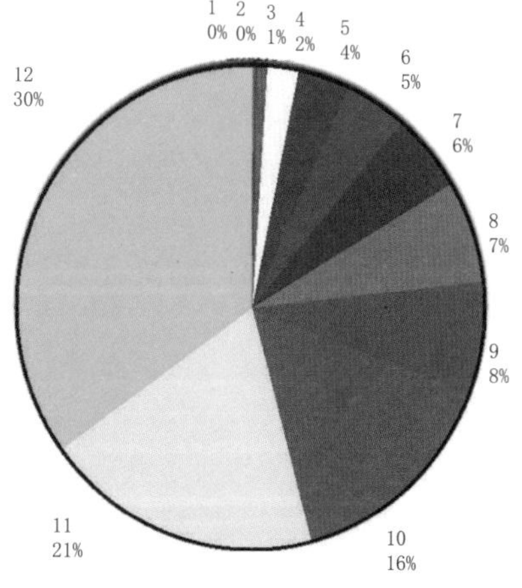

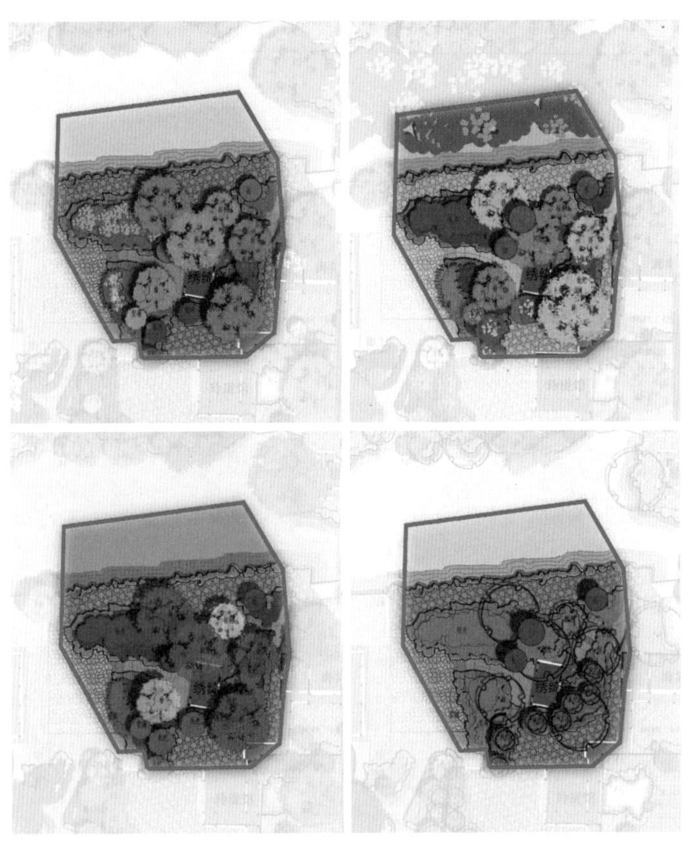

图 6-19 拙政园中部绣绮亭景点平面的四季景色比较

亭内匾额“晓丹晚翠”，指红色的丹霞、翠绿的暮色。因亭内立墙，把观赏视角引到西面，当黄昏时分，苍翠的植物把晚霞衬托得更为鲜丽，形成色相的强对比；而晨曦时分，光线透过密林形成万丈光芒的景象，透过东侧的窗洞，形成天然的画面。云霞虹霓、晨曦薄雾、阴晴雨雪等大自然景色参与到园林氛围的营造中，充满诗情画意，成为此空间最突出的特色。

对联：“露香红玉树；风绽紫蟠桃”，此为咏景集联，取自唐·王贞白《游仙》诗：“露香红玉树，风绽碧蟠桃。悔与仙子别，思归梦钓鳌”。露水使枇杷散发诱人香气，春风使蟠桃树开出紫红色花朵。以果实的色、香为歌咏的主题，颇有自然之趣。联文突出了色彩美，与“绣绮”亭额相得益彰。

（3）意境与色彩构成规律

绣绮亭景点主要强调色彩缤纷的美，用色、配色极度巧妙，难以用图纸给予表现，大致可归纳为四点。①四季植物色彩丰富，春天的牡丹、芍药、紫藤、桃花、新绿、青果、石榴等；夏日的荷花、紫薇、金色的枇杷果、绿荫等；秋季的榉树、梧桐、榆等色叶大乔木和石榴果等；冬日里的枇杷、柏、翠竹等构成四季不断变化的自然之色。色相变化有黄、橙、黄褐、红、粉、紫、淡紫、黄绿、青等，丰富多彩，如图6-20所示用色块的分析方式分析场地植物四季色彩的变化。②将黄昏晚霞的天色、晨曦的光线、变幻的水色等动态色彩参与到植物色彩的组织中。③由于亭子处于中部东侧的制高点，远处的远香堂、雪香云蔚、待霜亭等景点的景色都被借到此区域中，由于大气的作用，所借之色构成亭子前景色的背景色，生动而不夺目。④亭子本身的色彩，亭东筑白墙，开长方形窗洞，构窗景；亭子天花装饰性较强，中心为较浅的藻井，内为圆形图案，通过彩画的色彩强调主题。

6．玲珑馆

（1）景点描述

玲珑馆属于拙政园的园中园，在古代主要是女眷使用的园林，由白色的云墙分隔。建筑小巧玲珑、曲径通幽、精巧细致，这里的窗格、挂落、地面乃至桌椅都为冰纹图案，给人玲珑剔透的感觉。其中冰纹图案与枇杷花的造型极为相似，构成主题、造型的整体统一性。

（2）主题立意

玲珑馆取苏舜钦《沧浪怀贯之》诗：“秋色入林红黯淡，日光穿竹翠玲珑”，取其翠色。

（3）意境与色彩构成规律

主题取“日光穿竹翠玲珑”，描绘日光透过竹叶形成的翠色，在冰裂纹窗花的映衬下，显得青翠、玲珑。然而，调研时所植翠竹远离建筑（图6-21），与撷竹之色彩风韵名馆不吻合，只有北侧假山花台上种植一些寿星竹，从建筑内部只能看到竹竿及少数叶片，达不到翠筠浮浮的视觉效果。

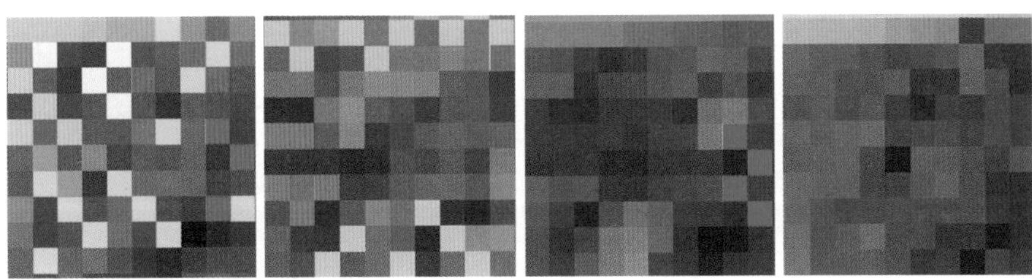

图 6-20 用色块的分析方式分析场地植物四季色彩的变化

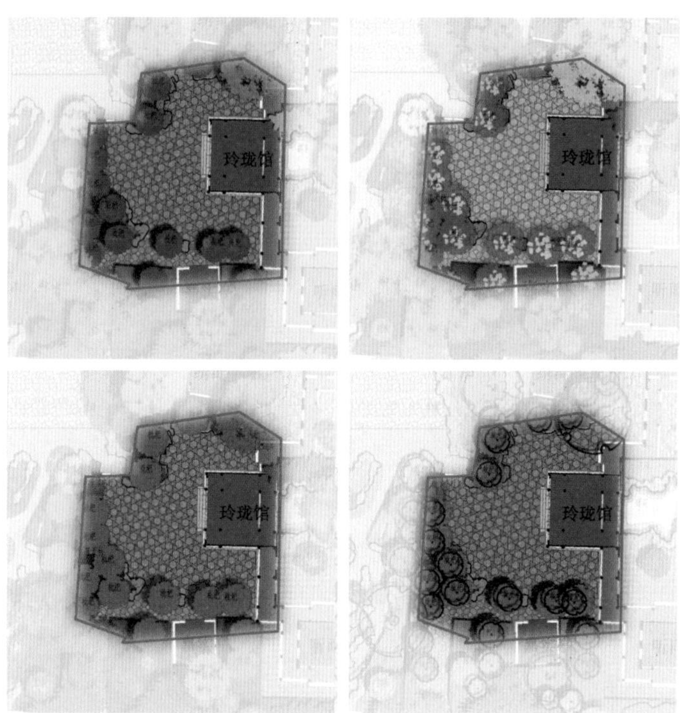

图6-21 拙政园中部玲珑馆景点平面的四季景色比较

园中有东南门洞的砖刻，题“晚翠”，突出了夕阳晚照时枇杷苍翠欲滴的美丽，作为“翠”色的强调与补充，形成黄绿、墨绿、青绿等颜色变化。

7. 梧竹幽居

（1）景点描述

梧竹幽居位于中园的东侧，东为廊道，西北及东南有山丘夹持，西侧与“别有洞天”形成对景，也是拙政园借北寺塔景色的主要观赏视角，由于其西侧水面开阔，一直延伸到中部园林的西侧尽头，水面长111m，宽15～18m，也是借天色、水色及植物之色最多的景点之一。此亭设计极为精巧，四面有圆洞门，构成四幅圆形自然山水图，亭外还有外廊，层层包裹，与主题中“幽居”的立意吻合。亭外竹梧弄影，富有诗情画意（图6-22）。

（2）匾额与楹联立意

匾额“梧竹幽居”，取唐・羊士谔诗：“萧条梧竹月，秋物映园庐”，属抒情写景式图咏，描绘了在梧桐和竹子掩映下的幽静居处。植物种植立意取神话传说“凤凰非梧桐不栖、非竹子不食”句

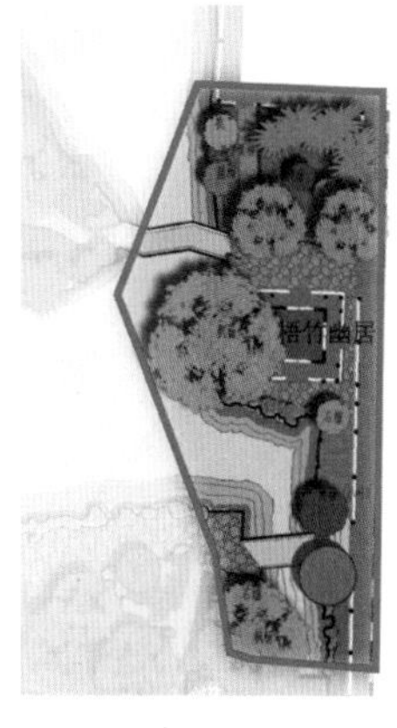

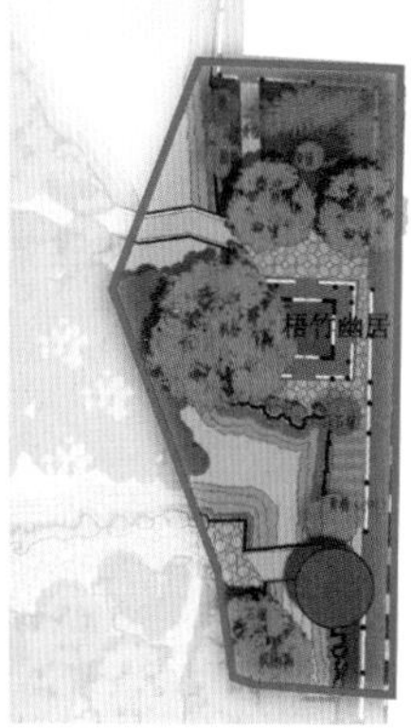

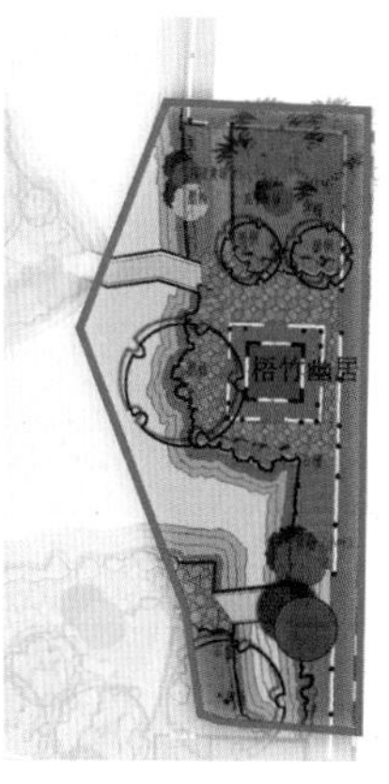

图 6-22　拙政园中部梧竹幽居景点平面的四季景色比较

意，喻园主洁身自好的品德。

楹联“爽借清风明借月；动观流水静观山”是对景色与意境的高度浓缩，此景西侧开阔，把自然的清风、明月等无限美景引到亭中，两边夹持的山丘、苍翠的植物、流动的河水等山水情怀陶冶人的情操，反映了“知者乐水，仁者乐山。知者动，仁者静。知者乐，仁者寿”的儒家审美心理特点。

亭南侧依廊的东半亭对联：“婆娑青凤舞松柏；缥缈丹霞聚偓佺”，描绘了黄昏时分，青色大鸟盘旋舞动，苍翠的松柏枝条在舞动的景色；缥缈丹霞与蓝天相互映衬，倒映在碧波之上，气象万千。

（3）意境与色彩构成规律

梧竹幽居景点的寓意深刻、景色描绘贴切，主题立意与景点色彩空间氛围极为匹配。梧桐广叶青阴、繁花素色；翠竹劲姿雅致，令人清爽恬静；白墙凸显自然色彩的明度与纯度；深灰色瓦增加色彩的稳定性，也反衬出白墙的亮度；暗红色的柱和挂落凸显了自然的青绿之色。如图6-23，此景点白墙的面积最大，占18%，水色占4%，天色占16%，加上浅色的花街铺地，整个区域以高明度为主，从而凸显青绿之色，形成明朗、清爽的色彩氛围。亭南侧依廊的东半亭对联所反映的青与丹的对比，进一步加强了区域丰富的色彩关系，而这些色彩的变化与天色的变化是分不开的，使主题更为明确。这两个景点与绣绮亭同处于西侧，都是借天色的最佳景点，但由于高程不同、立意不同，以及构景元素的差异，形成借天色手法的差异。

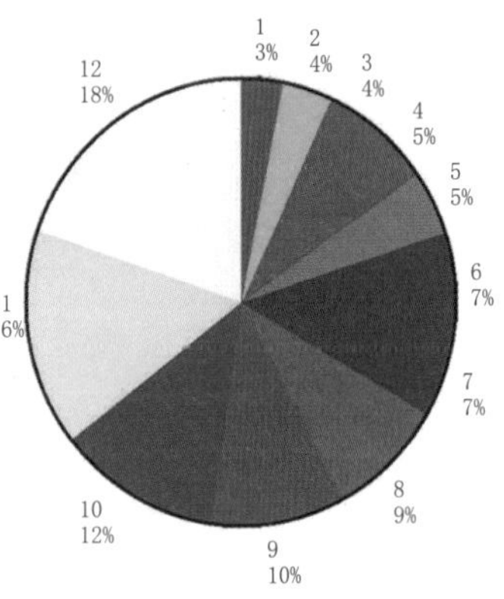

图6-23 拙政园中部梧竹幽居景点主视点的色彩比例分析

8．绿漪亭

（1）景点描述

绿漪亭位于中部景区的东北角，亭临水而筑，抬眼望去，南岸山林屏障，隔绝繁华；北面翠竹丛丛，不见凡尘；顺小径西行，沿池栽植垂柳、梅花、碧桃，花开时灿烂如锦。水中芦苇随风摇曳，群鱼嬉游，好一派南国乡村野趣的景象，寓园主归田隐居、自得其乐之意。

（2）主题立意

绿漪，取《诗经》中“绿竹漪漪”和唐·张率诗“戢鳞隐繁藻，颁首承绿漪。何用游溟舰，且跃天泉池”的诗境。“戢鳞”，敛鳞不游；“渌”，清澈、碧绿之意。

（3）立意与色彩构成规律

绿色涟漪之亭，以色彩名亭，点出了此地的风景特色。亭南瞰水池，芦苇摇曳，繁藻浮水，绿波粼粼，游鱼隐于繁藻绿波间，浮起曲漪；亭北翠竹丛丛，“绿竹猗猗”。清水、绿萍、翠竹、碧桃、芦苇、木香藤，……满目绿色泛碧漪（图6-24）。

9．荷风四面亭

（1）景点概述

荷风四面亭处于水中三岛中最小的岛中，连接雪香云蔚、柳荫路曲、倚玉轩三大景点，位于水中央，四面种植荷花，故名“荷风

图6-24 拙政园中部绿漪亭景点

四面亭”。亭为单檐六角敞亭，立于亭中可环视中部景区的大部分景点。

（2）主题与楹联立意

“荷风四面亭”取自清·李鸿裔的“柳浪接双桥，荷风来四面。可似澄怀园，近光楼下看”，描绘夏日荷叶婷婷、荷葩嫣嫣，清风带着花的清香，沁人心脾。

抱柱联：“四壁荷花三面柳；半潭秋水一房山”，属写景联。荷花作四壁，柳枝垂三面，秋水半潭，山形一池。联语描绘了四季之景：“四壁荷花”乃夏景；“三面柳”即春色；“半潭秋水”，自是秋天；“一房山”，指树叶凋零、山形倒影于池中之冬景。

（3）意境与色彩构成规律

亭处在水池之中，春天三面垂下嫩绿柳枝；夏天四面皆荷，莲叶婷婷，荷葩嫣嫣，香气清幽；秋天半潭澄澈的月牙形秋水；冬天，山形倒影于池中（图6-25）。四季之中，该亭可坐观全湖景色，且色彩也随之变化，美不胜收。特别是夏日景色更为可人，荷花“绿香红舞”，又如周瘦鹃《调寄望江南·苏州好》：“四面荷花三面水，红裳翠盖满池心，炎夏惬意幽寻”。粉红与青绿相间，惬意幽寻。

10．倒影楼

（1）景点概述

倒影楼为西部（补园）重要的景点之一，与水廊、与谁同坐轩共同构成西部经典的景区。倒影楼为歇山顶，高两层，楼上四面明瓦采光的窗户，与六角攒尖的宜两亭遥遥相对，皆倒映水中、互为对景。

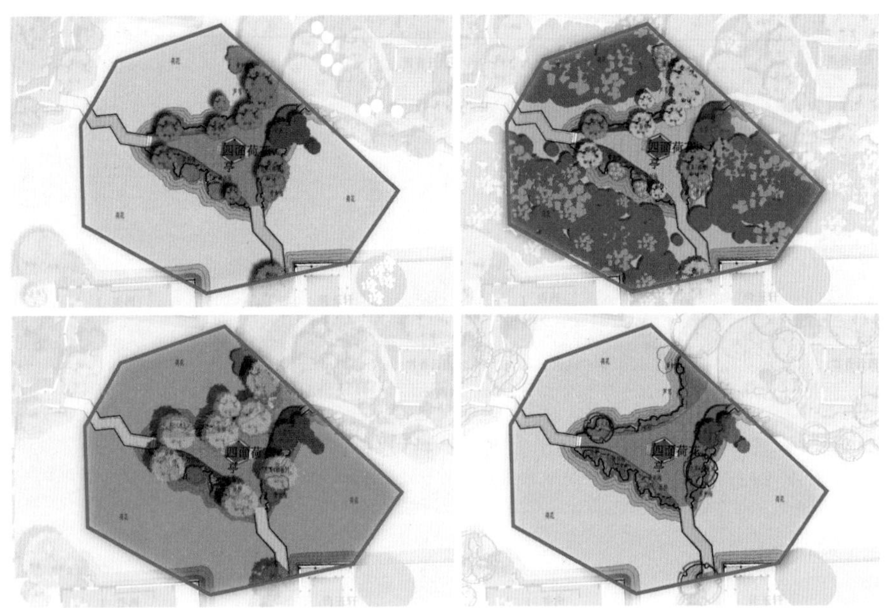

图6-25 拙政园中部荷风四面亭景点平面的四季景色比较

（2）主题立意

倒影楼取唐·温庭筠《河中陪帅游亭》诗“鸟飞天外斜阳尽，人过桥边倒影来”。唐·高骈《山亭夏日》：“绿树阴浓夏日长，楼台倒影入池塘。水晶帘动微风起，满架蔷薇一院香”中“倒影”的意境，即借自然光影效果来表现大自然瑰丽秀美的色彩。

（3）意境与色彩构成规律

倒影楼从湖光水色中借倒影，别有意味：澄湖如镜之时，楼台峦色，影彩毕现；微风荡波时，楼亭峰影，随波浮动，曲曲摇曳，欲露又隐，逗人捕捉，景色绝妙，[6]正符主题。巧借水的镜面效果，把天色、水色、园林景色融合在水面上，变幻万千，形成虚实相映的景色，突出其虚景的意境之美。

其中，白墙波形长廊对倒影楼的意境起重要作用，白色的长廊凌驾于水面，高低曲折，委蛇起伏，浮廊可渡，贴墙堆叠湖石、点缀花木。在光、水的作用下，白墙的面积得以延展，通过白墙黑瓦的强对比，调和自然界中低明度、低纯度的景观色彩元素，营造出清爽、明净的色彩空间氛围（图6-26）。

因西园常绿树的比例很大，因此在西部界门旧额题“拥翠”，在假山之巅至“浮翠阁”，形容树木葱茏茂密、翠色拥动之色彩氛围，浮现大青绿山水的山水画境。

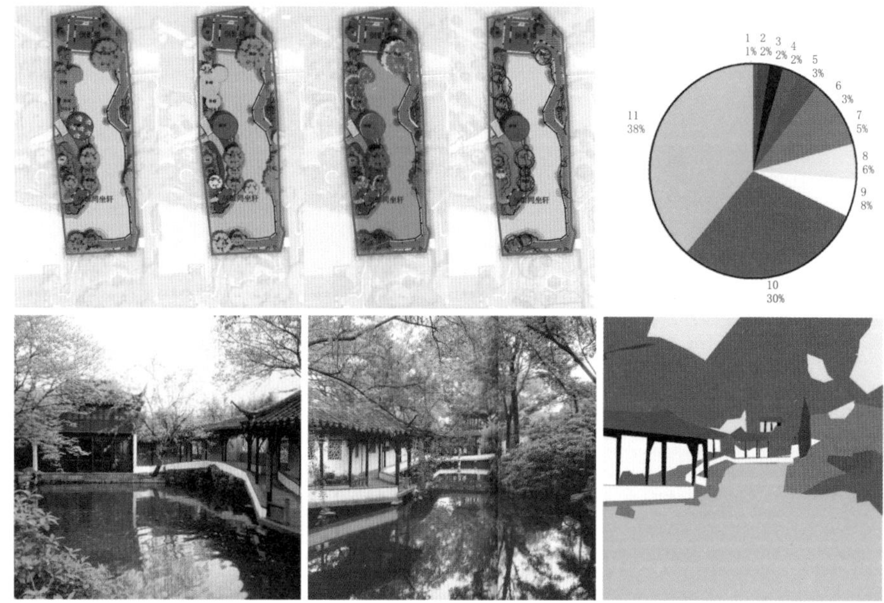

图 6-26 拙政园西部倒影楼景点平面的四季景色比较及主视点的色彩比例分析

6.1.4 小结

本节主要对拙政园整体、区域及某些景点进行色彩分析，在梳理了历史文献、主题立意中关于景点色彩方面的品鉴及描述后，结合色彩构成理论进一步分析其色彩组织规律，从而推导景点中色彩氛围与意境之间的关系。

1. 整体色彩结构布局

在整体色彩结构布局及四季植物等色彩的分析中，拙政园从平面布局上动态色彩占了空间氛围的65%，加上植被的覆盖系数及天色的比例，整体上是动态色彩为主要色彩基调。根据前一章所描述的天色、水色及植物色彩等动态色彩元素的规律，以及植物绿量的分层统计分析，约占场地的60.98%，由此说明，拙政园中的植物是决定其色彩氛围的主要因素。

2. 区域色彩景观结构

由于历史的因素，屡经异主，往复调整，虽不离明代王献臣的主题立意，但随着功能的改变及时代审美情趣的变化，园林的风格也随之转变。目前，中部具江湖之情，又具山林之趣，森森清清池水一片，水木明瑟旷远，给人以闲适、旷远、雅逸和平静之感，似小青绿山水画；西部虽然也山青水绿，但色彩更为浓烈、艳丽，似大青绿山水画。立面的色彩以绿和白为主、黄灰色与暗红色为辅，凸显自然花色、叶色。

3. 主题景点的色彩景观分析

此部分比较具体、具象，通过景点及周边的概述，历史文献中景点的记载，主题、匾额和楹联立意中所描绘的色彩或色彩意境，从而拓展到对其意境与色彩构成规律的分析。在对10个景点的分析中发现，园林的立意大都围绕景色而展开，大量描绘自然界的色彩变化，色彩成为园林中重要的视觉要素。为了得到与主题匹配的色彩氛围，造园者对人造建筑景观进行塑造，如造型、色彩、材质等的组织来衬托自然界中变化万千的缤纷色彩。白墙、深灰色的瓦、黑或暗红色的木构、明窗、灰砖等色质都是为了映衬自然之色而巧妙经营，具体可详见每个景点的描述。

6.2 留园

6.2.1 概述

留园在阊门外，现有面积30余亩（1亩≈666.7㎡），花园占地28亩，集住宅、祠堂、家庵、庭院于一体，是苏州大型古典园林之一，也是中国四大名园之一。

1. 主题解读

遭兵燹而独存，能长留天地间的园林。在后穿堂“留园”额下题识曰：“苏州富庶甲天下，金阊门外允称繁盛。庚申变起，环数十里高台广厦尽为煨烬，惟刘氏一园岿然独存。天若留此名胜之地，为中兴润气也。顾十数年来，水石依然，而亭榭倾圮，吾友盛旭人方伯就寓吴门，慨园之将废也，出资购得之，缮修加筑，焕然一新，比昔盛时更增雄丽，卓然遂为吴下名园之冠。工既竣，方伯谓园久以刘氏著称，今拟仍其音而易其义，仿‘随园’之例，即以‘留园’名。属为书额，因并记其缘起。时光绪丙子秋八月，归安吴云识。[7]”

2. 名家品鉴

明·江进之（盈科）《后乐堂记》：“太仆卿渔浦徐公解组归田……题其堂曰后乐堂。堂之前为楼三楹，登高骋望，灵岩天平诸山，若远若近，若起若伏，献奇耸秀，苍秀可掬。楼之下北向，左右隅各植牡丹、芍药数十本，五色相间，花开如绣。其中为堂凡三楹，环以周廊，堂墀迤右，为径一道，相去步许植野梅一林，总计若干株。径转仄而东，地高出前堂三尺许，里之巧人周丹泉，为叠怪石作普陀、天台诸峰峦状。石上植红梅数十株，或穿石出，或倚石立，岩树相得，势若拱遇，其中为亭一座，步自亭下，由径右转，有池盈二亩，清涟湛人，可鉴须发，池上为长堤，长数丈，植红杏百株，间以垂杨，春来丹脸翠眉，绰约交映。堤尽为亭一座，杂植紫薇、木樨、芙蓉、木兰诸奇卉。亭之阳，修竹一丛，其地高于亭五尺许，结茅其上。徐公顾不佞曰：此余所构逃禅庵也。”

清范来宗《寒碧庄记》：“西南面山临池为卷石山房。有楼二前日听雨，旁曰明瑟。其东矮屋三间曰绿荫，即昔所谓花步是也。再折而东，小阁曰寻真。逶迤而北曰西爽、曰霞啸。极北曰空翠，临池斗室曰垂杨池馆。馆外有桥，过桥有山。循山历竹径有堂曰半野，轩曰餐秀。贯以长廊尤幽邃。东行为山径，复有小桥横溪。石磴盘曲，最高一亭曰个中，登亭览眺，岚光波影，堂轩楼阁参差出没于林木间。此园中之大概也。总名之曰寒碧庄，名与境副，佥曰斯称。”

3. 园主筑园意境的解读

（1）徐泰时“东园”

东园始建于明代万历年间，为太仆寺卿（冏卿）徐泰时在他先人别业的基础上修建的园林，名“东园”。徐泰时，先名三锡，字叔乘，后更今名，则字曰大来，号舆浦，为明万历年间太仆寺卿，专门为皇家实施建筑。主持修复慈宁宫，营造寿陵，充分展示了他善经营、善管理的才能。因有受贿嫌疑他被“回籍听勘”，便“一切不问户外，益治园圃”。他以主持皇家建筑多年的经验与水平进行祖业的修治，奠定了千古名园的基础。“宏丽轩举，前楼后厅，皆可醉客……石屏为周秉忠（时臣）所堆，高三丈，阔可二十丈，玲珑峭削，如一幅山水横披画”（明袁宏道《园亭纪略》），可见当时园林的盛况，徐氏子孙保有“东园”约百年左右，延至清朝，徐氏家族渐次衰落，“东园”逐渐荒凉，亦散为民居，屡经易主。

（2）刘恕“寒碧庄”

“清嘉庆初为刘君蓉峰所有”（俞樾《留园记》），刘恕，字行之，号蓉峰，官广西右江兵备道，摄柳州、庆远两府事，皆有政声，但不识时务，解组归里，卜宅于花步里，“东园”在宅之西北，刘恕“始葺而新之”，范来宗《寒碧庄记》说：“园饶嘉植，松为最，梧竹次之。平池涵漾，一望渺弥。”刘蓉峰说：“以其多植白皮松，有苍凛之感，故名寒碧庄。”钱大昕《寒碧庄宴集序》中说：园中“竹色清寒，波光澄碧，尤擅一园之胜，因名之曰寒碧庄”。以景色命园名，在苏州古园的记载中并不多，当时虽然修建不少楼阁，但整体上还是被大面积的苍翠之色所覆盖，故名“寒碧庄”。

刘恕有爱石之癖，修葺“寒碧庄”之初，他广收太湖石，建“石林小院”贮之，并以旧园中太湖石之上选的十二峰为主题，设为园林的重要特色，请昆山画家王学浩作十二峰图，潘奕隽为图题诗。由于他爱石成癖，“寒碧庄”多怪石奇峰，俨然成了奇石的大千世界！刘氏家族拥有“寒碧庄”共四代近八十年之久[8]。太平军至苏，吴下园林，半为墟莽，而“寒碧庄”岿然独存，但也已渐显衰败。

（3）盛康“留园”

清末同治十二年（1873年），盛康（旭人）购得此园，名留园，寓“长留天地之间”之意。盛康，字旭人，号方伯，曾任湖北布政使，同治六年（1867年）奉其父盛海宁之命回籍，购得“寒碧庄”。“修之，平之，攘之，剔之，嘉树荣而佳卉茁，奇石显而清流通，凉台燠馆，风亭月榭，高高下下，迤逦相属”（俞樾《留园记》），对“寒碧庄”修葺一新，又增辟东西两园。此次修建为今日的园林格局奠定了基础。

盛康死后，其子盛宣怀继之。盛宣怀是近代著名的实业家，洋务派重臣，被称为中国商父，之后留园反复被当时执政没收，朱揖文在刊行于1921年的《游苏备览》中记当时“留园”，现基本保持当时的规模。

后留园迭遭侵华日军和国民党马队蹂躏，破败不堪。中华人民共和国成立后，经园林专家修复如旧。

6.2.2 园林布局与色彩结构体系

目前，园分中、东、北、西四部分，中部是寒碧山庄为原有基础，经营最久，虽有局部改观，仍不失是全园精华所在；东北、北、西部格局大致为晚清盛康时所形成；东部多建筑，屋宇宽敞，五峰仙馆、林泉耆硕之馆等为江南厅堂的典型代表，揖峰轩玲珑曲幽，冠云等名峰耸立；西部以大假山为主，漫山枫林，亭榭参差，环以曲水，满植桃花，取武陵桃源意境；北部旧构久毁，今改建为盆景园。

1．整体色彩结构布局的分析

通过图6-27及表6-4留园整体色彩结构数据分析可知，园中静态人造色彩与动态自然色彩的比例相当。

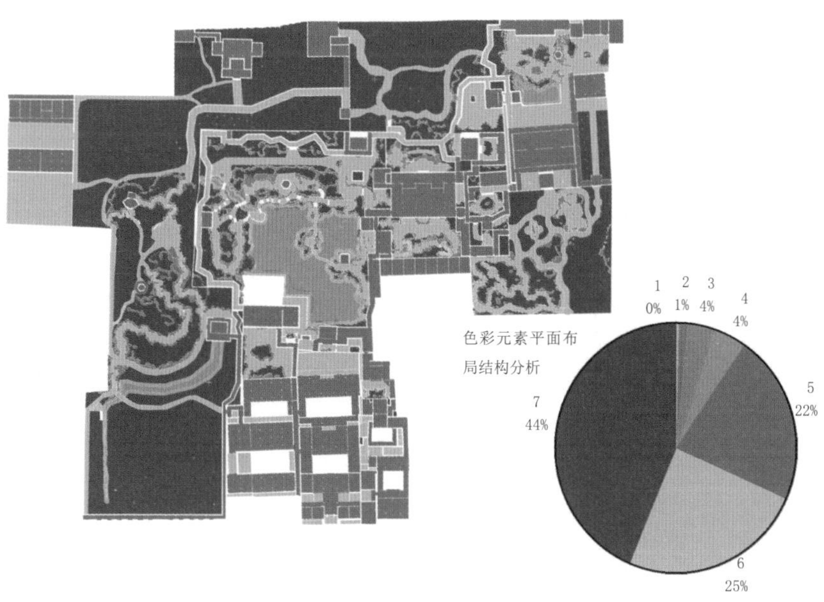

图 6-27　留园整体色彩结构布局图

留园整体色彩结构数据分析　表6-4

序号	结构	孟赛尔色值编号	RGB			比例
1	花岗石	10YR7/6	217	168	103	0.002909
2	黄石	2.5YR5/6	173	108	77	0.011839
3	太湖石	N6	163	162	162	0.036240
4	湖水	2.5PB 5/5	185	208	212	0.045429
5	室内	N4	107	108	107	0.220205
6	花街铺地	N7	181	182	181	0.245955
7	草地	7.5GY3/4	55	81	44	0.437422

2. 现状植物名录的调研

通过对现状植物调研分析可知，留园目前植物配置与刘敦桢先生《苏州古典园林》中测绘的图纸差异不大。自然灾害造成名贵树木的死亡，虽在补种过程中主要还是以《苏州古典园林》中测绘图的植物为依据，但略有增补实属难免。因此，调研以2013年数据进行以下色彩分析，图6-28和表6-5是现状测绘的表现与总结。

图 6-28 留园主要植物平面配置图

留园主要植物名录表 表6-5

留园苗木统计					
名称	数量	名称	数量	名称	数量
1.1大乔木（常绿）		2.1小乔木（常绿）		3.1灌木（常绿）	
白皮松	3	山茶	7	栀子花	3
罗汉松	9	枇杷	3	六月雪	
黑松	9	桂	42	南迎春	
马尾松	2	黄杨	7	南天竹	
柏	12	2.2小乔木（落叶）		洒金变叶木	1
广玉兰	1	雪梅	1	杜鹃	1
香樟	4	梅	6	3.2灌木（落叶）	
1.2大乔木（落叶）		蜡梅	11	牡丹	
柳	2	海棠	11	贴梗海棠	4
金丝柳	8	垂丝海棠	3	紫荆	3

续表

留园苗木统计					
名称	数量	名称	数量	名称	数量
白玉兰	8	木瓜海棠	4	绣球	1
榆树	2	石榴	7	山麻杆	3
榔榆	8	桃	33	枸杞	1
银杏	9	樱花	1	4藤本（落叶）	
梧桐	6	丁香	4	紫藤	5
臭椿	1	柿树	3	地锦	
青枫	50	紫薇	6	蔷薇	
三角枫	1	银薇	1	5水生（落叶）	
朴树	8	7竹（观叶）		荷花	
榉树	4	哺鸡竹		6草本	
楝树	1	慈孝竹		十大功劳	
红枫	3	寿星竹		芭蕉	
枫杨	5	箬竹		铺地柏	

注：植物名录中的数量只针对色彩，占比较大的植物，故有些灌木、草本和水生植物无数量说明。

3．绿量的统计分析

留园绿量的统计分析　表6-6

内容	投影面积与场地比		投影面比例
1落叶大乔木	投影面积	0.111755	11.2%
	场地面积	0.888245	
2常绿大乔木	投影面积	0.033827	3.4%
	场地面积	0.966173	
3小乔木/花灌木	投影面积	0.095773	9.6%
	场地面积	0.904227	
4地被	投影面积	0.095773	9.6%
	场地面积	0.904227	
合计			33.8%

表6-6分层计算留园的整体绿量，合计占了33.8%，可见绿化量不算大。

4. 四季植物色彩的变化规律

笔者依据测绘的现状植物平面，采集植物名录的四季色彩数据，进行“色彩数据的量化处理及分析”，从而分析四季植物中落叶大乔木、常绿大乔木、小乔木及花灌木、地被的色彩及比例。得出的数据显示（图6-29～图6-32）：园林整体四季色彩分明，春季大面积的新绿与紫、粉、红、白等构成纯度、明度较高的色彩；夏季整体为低明度、低纯度的绿色；秋季植物金碧辉煌；冬季不同明度的灰色与常绿植物把建筑映衬得素雅而温馨。

落叶大乔木　常绿大乔木　小乔木　花灌木及地被

图6-29 留园春季平面图及植物花叶分层的色彩比例分析

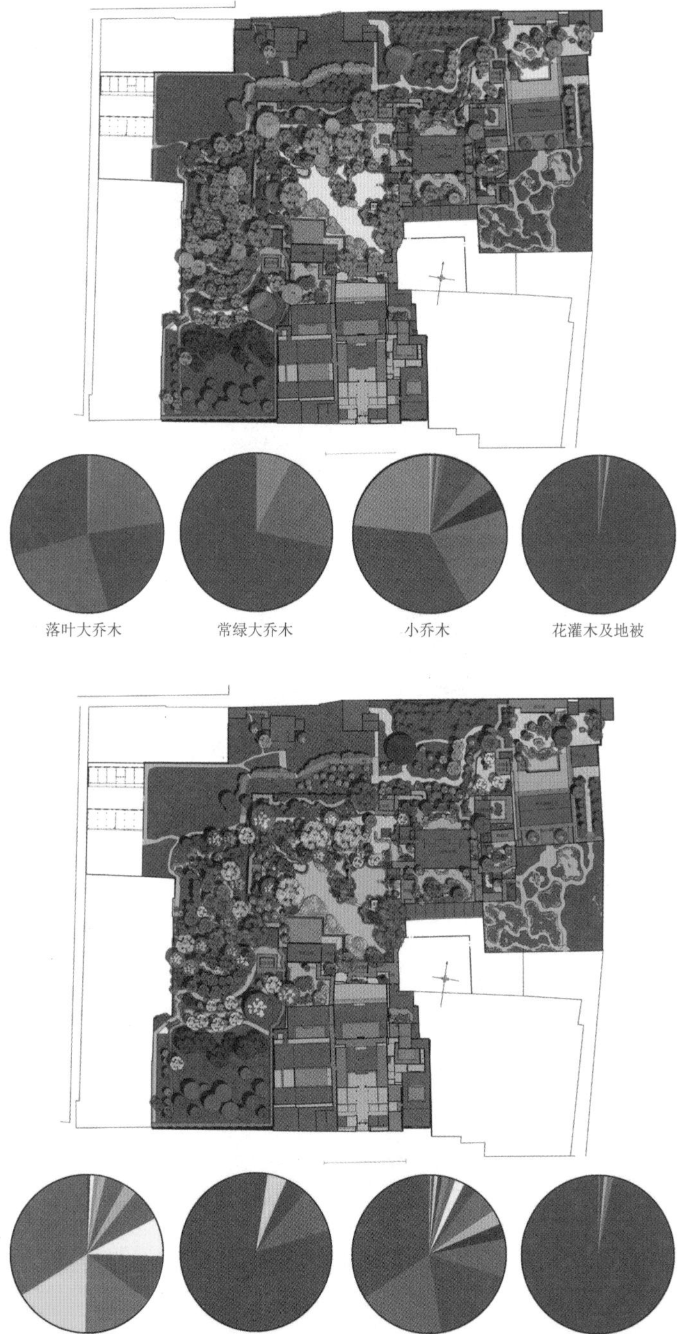

图6-30 留园夏季平面图及植物花叶分层的色彩比例分析

图6-31 留园秋季平面图及植物花叶分层的色彩比例分析

图 6-32 留园冬季平面图及植物花叶分层的色彩比例分析

（1）春季

春季园林的色彩主要源于小乔木和花灌木的花，颜色多紫、粉、红、白，色彩缤纷，如海棠、桃、梅、丁香、白玉兰、木瓜、紫藤等；落叶乔木的新叶呈淡黄绿色，透光性强，显得清新、有活力。

（2）夏季

夏季园林里一片苍翠，不同明度、纯度的绿色组成了同类色的对比，此时只有为数不多的荷花、紫薇、银薇展露着其鲜艳的颜色，成为视觉的焦点，特别是处于水面的荷花在光影的作用下，紫、粉、白激起人视觉心理的涟漪。

（3）秋季

秋季，核心区的色叶树使留园呈现金碧辉煌的景象，有大量的槭树科植物，以及高大的古树名木如银杏、榉树、梧桐、白玉兰、金丝柳、枫树等，色彩有金黄、红、红褐等。

（4）冬季

冬季，大面积的落叶植物落尽叶片，只剩下不同明度的灰色枝干，加上常绿的竹、柏、松及大面积地被植物，把建筑的粉墙黛瓦、暗红色的门窗衬托得素雅、鲜明，其中黄色的蜡梅使整体色彩空间呈现出宁静而温馨的氛围。

6.2.3　中部山水区域色彩景观的分析

1．景区概述

中部山水区是留园的核心景区，也是经营最久的区域，是留园三代园主用心经营的结果。目前，园林建筑多集中在东南方向，西北为山区，中心为水区，四周被长廊、亭轩、楼阁所环绕。

为了创造与世隔绝、隐居山林的意境，从入口到古木交柯长仅50多米的距离，却有着曲折的变化空间，或敞或幽，敛放得宜，并利用“蟹眼天井”，明暗交替，渐入佳境，引人入胜。通过黑灰白的色彩变化，洗礼入园前的色觉神经，从而引导观者进入色彩斑斓的园林空间中。

古木交柯犹如桃花源洞口，起转折的作用，景点的花窗通过造型暗示人往西或往东的视觉引导。从古木交柯向西通过绿荫轩，往北可到达明瑟楼及中央水区，一绿一青，一暗一亮，通过光色引导人的行为；继续往西则可看到中部主要建筑“涵碧山房”南边庭院的牡丹花台，这是一个充满春之气息的庭院，由此庭院往北可进入山房及中央水区的月台，月台是观赏中部景区的最佳地点：前临荷花碧池，遥对湖光山色，山上繁花茂林，斗芳争艳，山光水影，上下争辉，诗情画意，令人陶醉[9]；从月台西折上爬山游廊，登“闻木樨香轩”，此景点是鸟瞰中部景区的最佳视角，东部的曲谿楼、清风池馆、汲古得绠处及远翠阁等参差错落；南面层层叠叠、错落有致，从山林转涵碧山房之月台转明瑟楼转廊屋花墙，曲折通幽；一方寒碧池，倒影历历在目；自闻木樨香轩向北东折，经游廊，达远翠阁；或向东折入假山丛林，可达可亭，绕山林东南折可达小蓬莱、濠濮亭等中央水景区，后可进入曲谿楼到达东部建筑景区。

2．色彩结构的布局

此区域山石及花街铺地占全园40%，其次绿地占28%，水域占21%，室内占11%。通过这些数据分析，虽然绿地及水域面积为49%（图6-33），动态色彩与静态色彩在平面布局上相当，但留园古木参天，像绿色的帷帐罩住了留园中部55m×55m空间中大部分视域，加上场地为接近55m的正方形，水域也是接近33m的正方形水域，

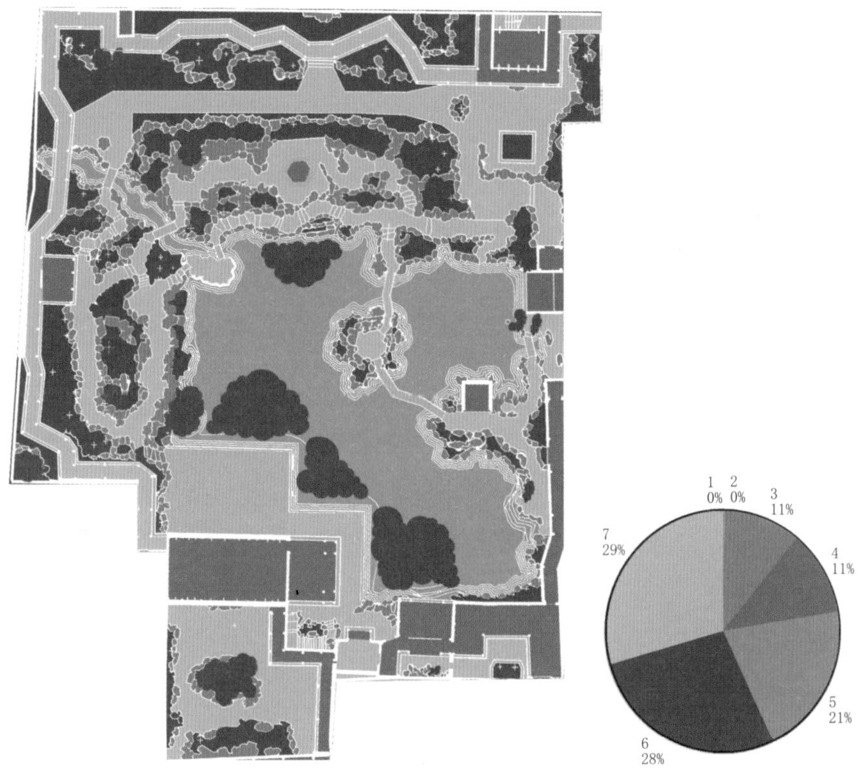

图6-33 留园山水区整体色彩结构布局图及分析图

空间的内聚性和围合感很强。天色的变化在园中不是很明显，主要由水色体现。东南以建筑为主，白色的面积多；西北以绿色为主，黄绿色占主要色彩基调。从东南往西北看，植物大部分处于顺光下的显色，纯度和明度比固有色显得明亮，给人“竹色清寒，波光澄碧”之感。这里的“竹色”为竹叶固有色7.5GY 3/4色值在顺光下的显色为5GY 4/6、5GY 5/8；两种色阶变化，从西北往东南方向看，建筑立面的白墙在逆光下显得很透气，同时白墙和水面把光漫射到其他物体上，使其他色质比一般逆光的显色效果提亮1～3个明度差，另外东面建筑的白色西墙也是承载黄昏天色的主要载体。

3. 四季色彩格调的变化

如上文分析，此区域主要由植物的色彩构成四季色彩的变化，四季色彩的变化非常明显，特别是春季的新绿色和秋季的金黄色。春色满园、夏色涵碧、秋色金碧、冬色雅静，加上不同的天气现象的更替构成了不同季节、不同时间、不同背景的景色（图6-34）。

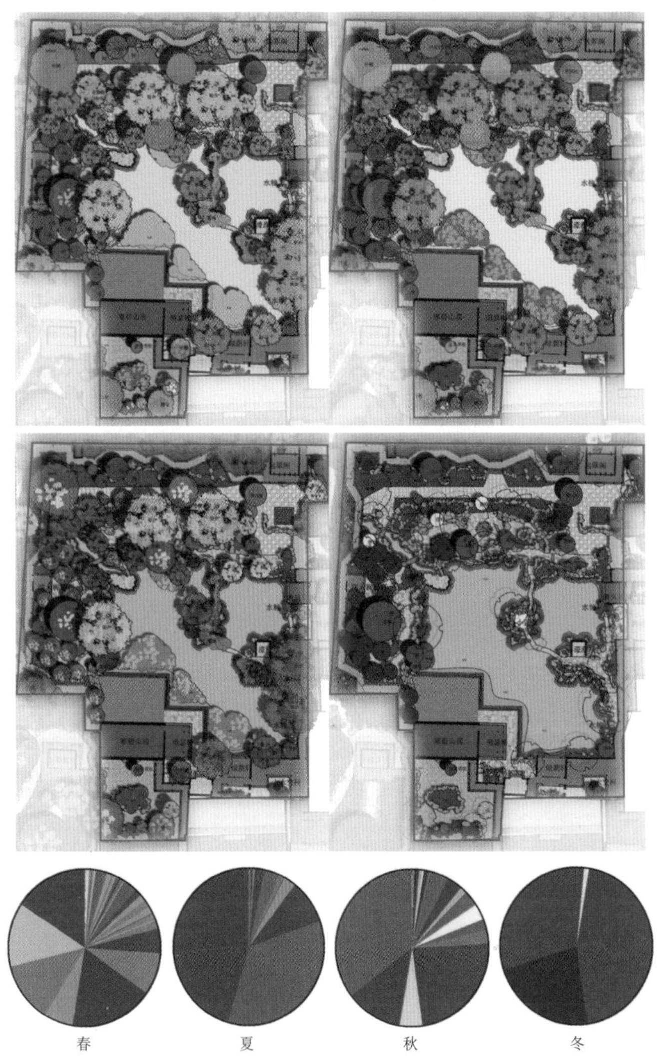

图 6-34 留园山水区四季植物色彩的比对（从左到右分别为春、夏、秋、冬）

4．立面色彩的分析

笔者把采集的植物四季色彩数据用矢量图的方式转化到植物四季的花、叶、果、枝等立面图中，进行“色彩数据的量化处理与分析”。这个数据的分析不含天色，主要针对四季植物、建筑物、墙体、湖石等，统计剖立面中四季色彩变化规律及比例关系。留园的驻足点在东西两侧比较多，因此笔者选择南北方向的剖立面进行色彩结构、属性及比例等的关系分析。通过色块饼图可见，春、夏、秋三季动态色彩和静态色彩比例约各占一半，而冬季静态色彩占85%以上。其中，粉墙黛瓦灰石色彩控制了整个山水区的恒定色彩，银杏为区域中最大面积的动态色彩来源之一，桂花、迎春和箬竹占9%，且多集中在西侧，赏花色的植物比例较少，占5%以下，整个山水区形成了相对恒定的色彩关系，季相分明、丰富而不杂乱（图6-35、图6-36）。

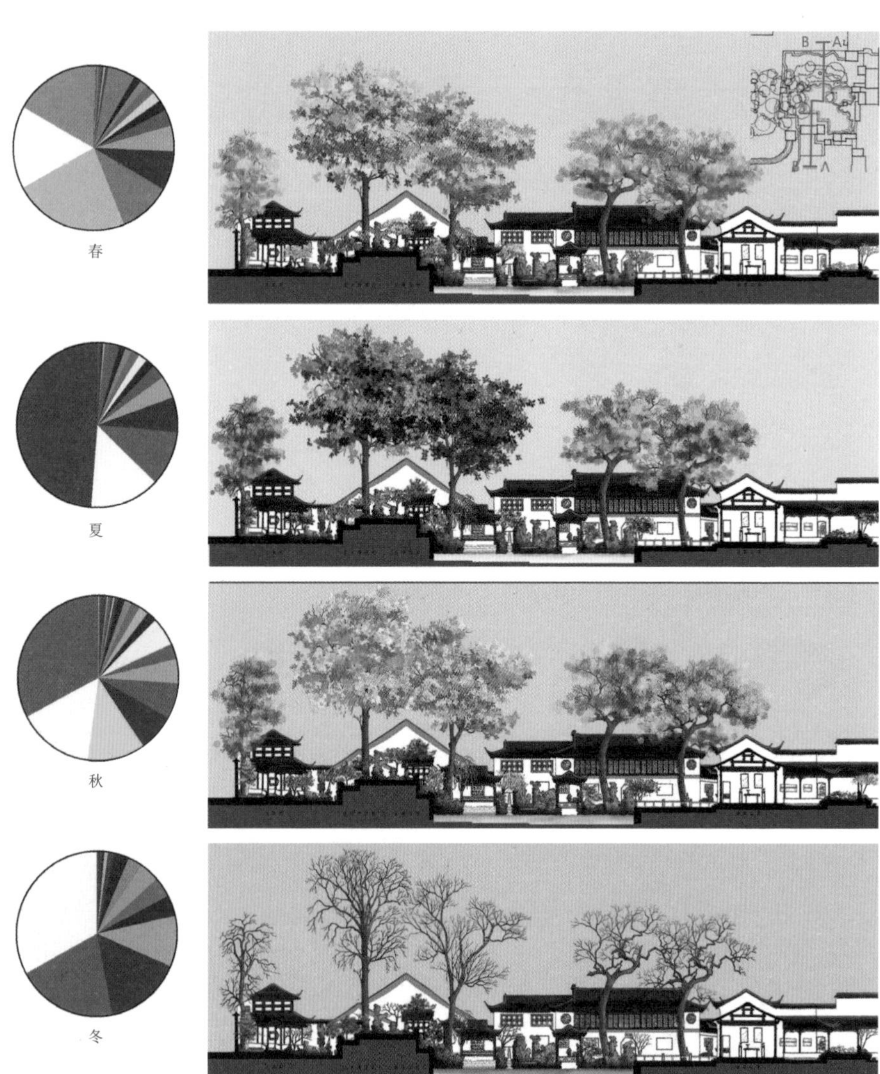

图6-35 留园A-A剖面四季色彩的比例分析

图 6-36　留园 B—B 剖面四季色彩的比例分析

6.2.4　东部建筑区色彩景观的分析

1．景区概述

东部建筑群主要由两大建筑物构成：五峰仙馆和林泉耆硕之馆。这两个建筑都由庭院围合，之间由揖峰轩串联起来，玲珑曲幽，所有的建筑都由廊、亭、轩、榭等巧妙组织，可谓步移景异、八面玲珑，犹如欣赏一本山水图集，里面有册页、长卷、横轴、竖轴等不同形式的取景、构图、立意及意境，加之光影的作用，使每幅画作呈现出不同的光感及色调。

五峰仙馆，旧时为楠木厅，面阔五间，系硬山造。内部装修陈设精致雅洁，为江南旧式厅堂布置之上选。其前后左右皆有大小不等的院子。前后二院皆列假山，南庭园东西由鹤所及西楼夹持，南为高墙，衬托出中间堆叠的太湖石假山。其中有五座立峰，犹如五座山峰，周边的太湖石如浮云，云雾围绕立峰。由于建筑高于地面0.9m，从厅堂往外望似居住在仙境之中，犹如山水横披画。北面的庭院也是由太湖石假山堆叠，山后沿墙绕以回廊，可通往中部及冠云峰景区，竖向变化丰富，犹如山谷之中，临近建筑有清泉一泓，境界至静。西侧连接“汲古得绠处”的书房，自然地过渡到中部景区。东侧接“还我读书处”与“揖峰轩”两个小院，其中“揖峰轩”小院绕以回廊、间以砖框，院中安排佳木修竹，花窗、空窗、漏窗把植物的色彩、姿态展现得楚楚动人，犹如一幅幅3D山水画，使人有静中生趣之感。

林泉耆硕之馆，俗呼鸳鸯厅，面阔五间，单檐歇山造，内部各施卷棚，装修陈设极尽富丽。北院有中国四大名石之一的“冠云峰”，并有以它为主题展开以名峰为主的园林空间塑造。冠云、岫云、朵云三峰为明代旧物，其中冠云峰是苏州最大的湖石。以冠云峰为主角，造冠云沼、冠云亭、冠云台，以及向北登云梯可上的冠云楼。峰石的名气和姿色决定了这是一个展示性的空间，因此周边景观很难与之形成有意境的场所，色彩的组织也要为主题服务，天色和水色是主峰最佳的背景色，绿叶和花色只能占很少的比例，且色彩不能过于艳丽。

2. 色彩结构的布局

此区域中静态的色彩元素占主导地位，室内外铺砖占54%，绿地占39%，太湖石占5%，水只占1%（图6-37）。通过这些数据分析可知，整体色彩是以静态的素雅之色为主，植物、天色等动态色彩为辅，动态的水色为点缀色。其中大面积的建筑，在立面上以暗红色的木作及白墙构成了主要的色彩基调，加上黑灰色的屋瓦、中度灰的方砖、灰度的花街铺地，使此区域呈现出既素雅又华丽的色彩格调，植物的色彩成为陪衬或点缀之色。

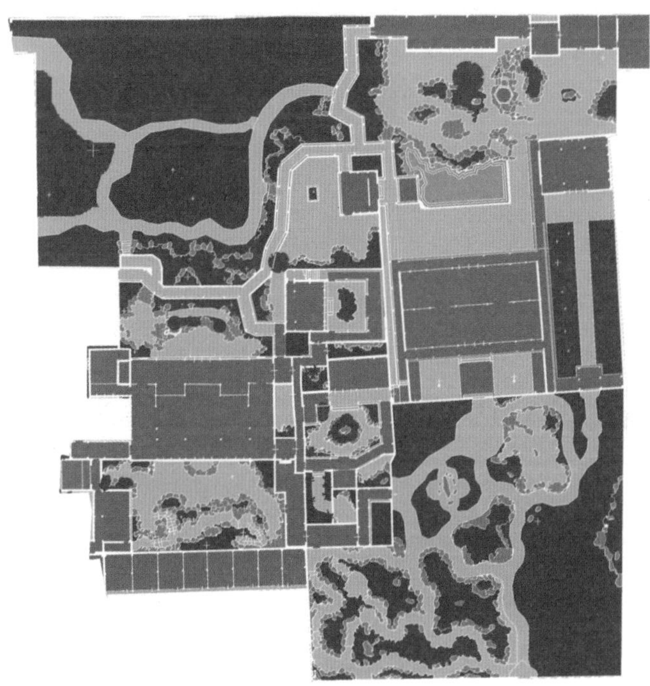

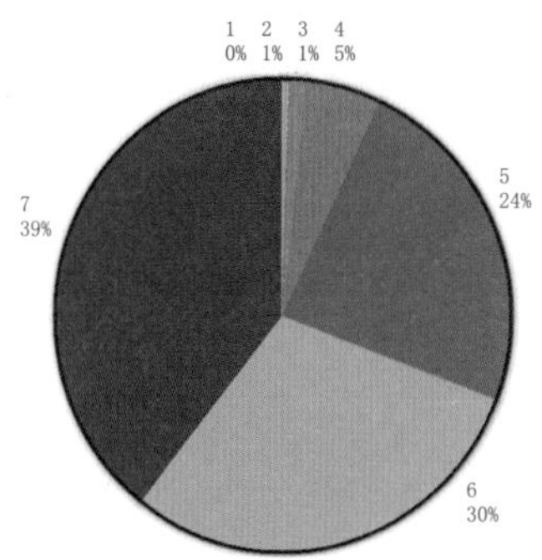

图 6-37 留园东部建筑区整体色彩结构布局图及分析图

3. 四季植物色彩的变化规律

此区域是以建筑为主的庭园，四季景观的变化不是很明显，特别是春、夏、秋色的变化不是很大，春花的比例也很少，秋色叶也不多，往往作为建筑的点缀色而凸显出来（图6-38）。

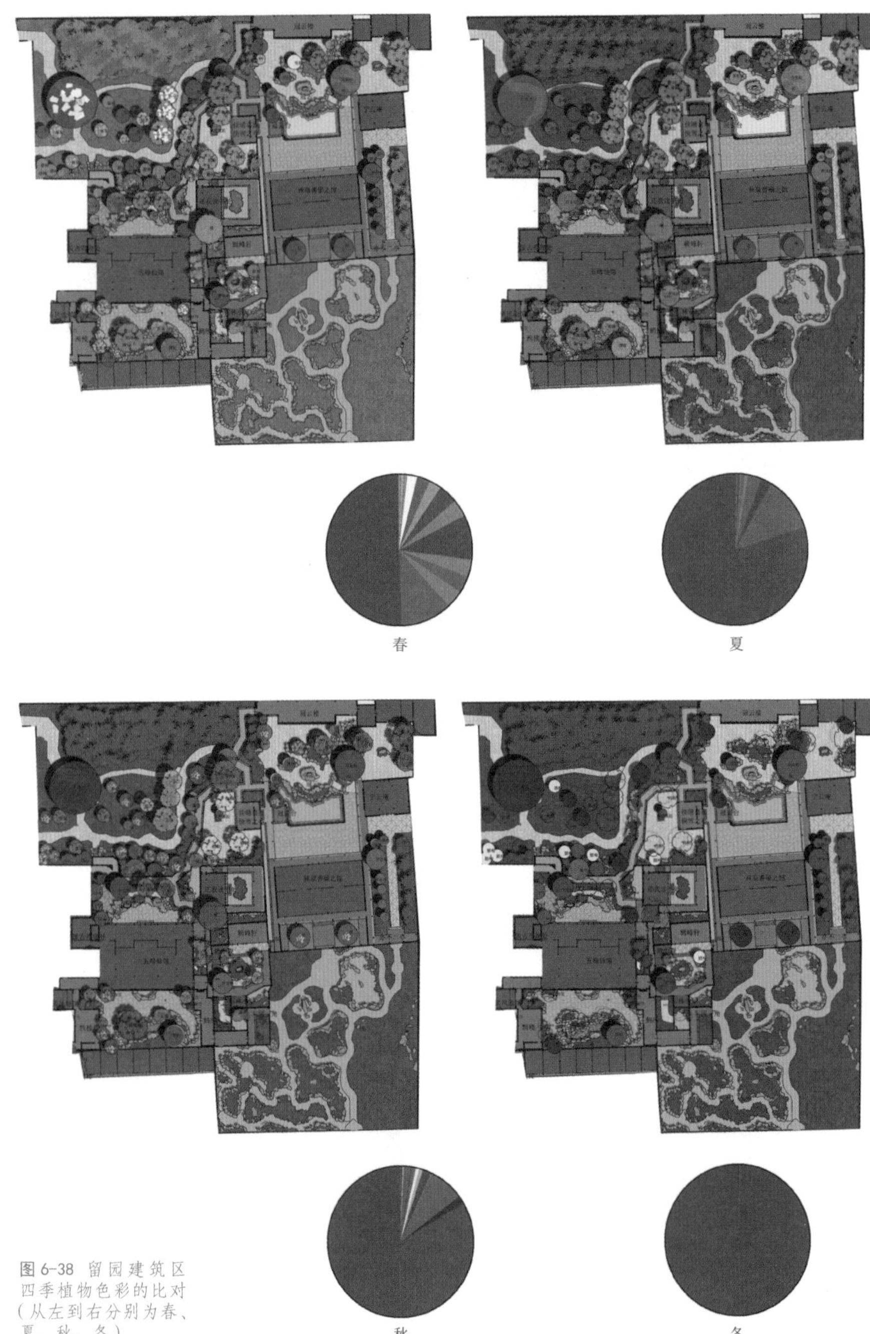

图 6-38 留园建筑区四季植物色彩的比对（从左到右分别为春、夏、秋、冬）

6.2.5　西部山林区色彩景观的分析

1. 景区概述

从“涵碧山房”的西侧门洞“别有洞天”可进入西部景区，第一个景点即“活泼泼地”，这是一座韵味隽永的临溪小榭，溪两旁是桃柳相依、鸢飞鱼跃、天然活泼、怡然自得之地，甚合《诗经·大雅·旱麓》中“鸢飞戾天，鱼跃于渊”诗意，又仿佛进入武陵源之境，佛徒用“活泼泼地”称悟禅境界；溪的南边有一片空旷之地，名“射圃”，应是练习骑射之所；溪的北侧是由黄石假山堆叠，漫山枫林，一片山林风光，历史文献记载，从此假山可看到上方、狮子、天平、灵岩诸峰。天平山的红枫与留园枫林内外呼应、彼此遥望，让人联想到徐泰时与范允临之间深厚的家族渊源。

2. 色彩结构的布局

此区域绿地占74%，铺地占15%，黄石占4%，水域占3%，室内占4%（图6-39）。通过这些数据分析可知，整体色彩结构是以自然植物、天色、水色等动态色彩为主导，黄石、灰砖等静态色彩为点缀。

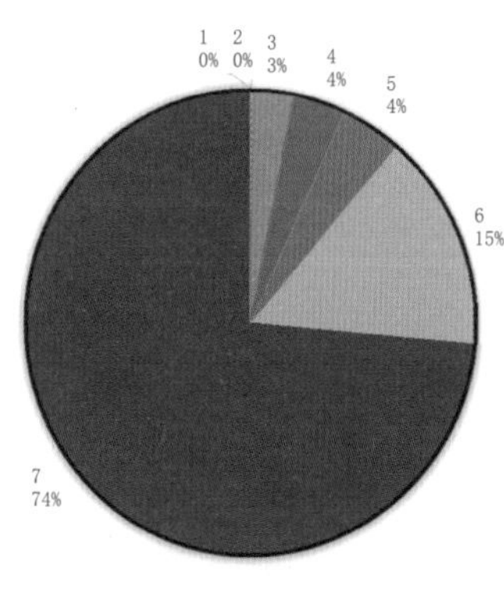

图 6-39　留园山林区整体色彩结构布局图及分析图

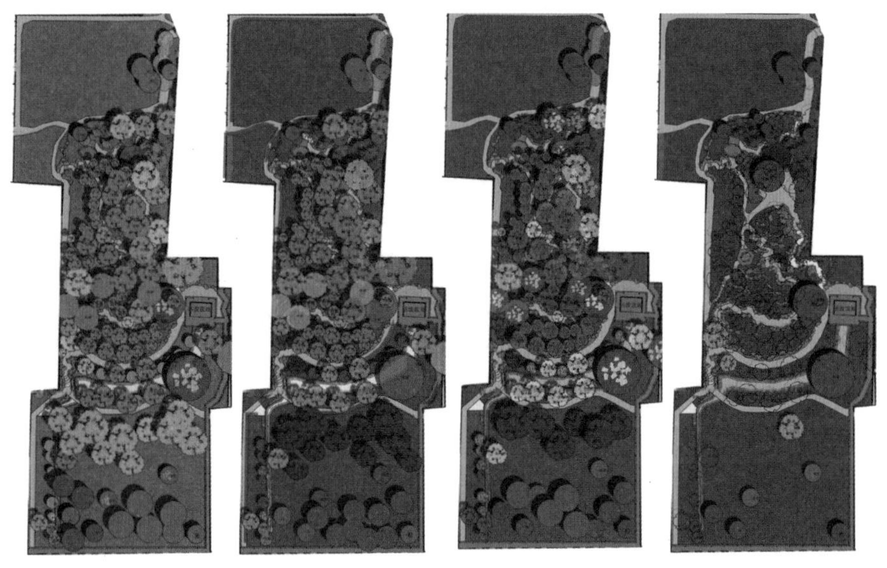

图 6-40 留园山林区四季植物色彩的比对（从左到右分别为春、夏、秋、冬）

3．四季色彩格调的变化

山林区以植物为主要色彩显现的载体。在植物配置中，山区以青枫为主，点缀枫香、三角枫、朴树、枫杨、银杏、榉树等色叶树以及香樟、柏及瓜子黄杨等常绿树；溪水两侧主要种植桃和柳；射圃草坪以绿色草地为主，点缀枇杷、桂、柿等植物。三个景点色彩不一、主题明确，构成了不同季节、不同时间的景色（图6-40）。

6.2.6 主题景点色彩景观的分析

在主题景点色彩景观的分析中，景点的选择主要依据调查问卷的统计结果。笔者在留园发放200份调查问卷，收回146份，其中在“哪个景点的色彩最吸引您”及“景点立意是否与周边景色相匹配”的问答统计中，大于10份的景点有绿荫轩、明瑟楼、涵碧山房、清风池馆、五峰仙馆、揖峰轩、石林小院、冠云峰等。本节将针对这些景点进行主题立意及色彩空间氛围构成规律的分析。

1．绿荫轩

（1）景点概述

绿荫轩作为古木交柯漏窗景色描述的西侧终点，起先由几个窗洞将观者视线引导到中部景区，近轩后一面开敞式的视窗映入眼帘，可看到中部大部分的景色（图6-41）。轩东北有一棵榉树；西侧有一棵青枫、一块太湖石；轩北面水，夏季开满荷花；轩南为小天井，置“花步小筑”石匾，植地锦老藤一枝，配南天竹。

（2）主题立意

“绿荫”匾额为王个簃书。以前轩东有老榉树遮日，轩西原有一棵300多年的青枫树，夏日凭栏，阴凉可人。绿树成荫，属写实性题咏。青枫与榉树的叶片都属于小叶片，透光性强，特别是青枫，在光的作用下，青翠欲滴，建筑的栏杆及挂落的暗红色使绿色更显翠色。夏日凭栏，凉快而通透，清爽而明目，有明·高启《葵花诗》中“艳发朱光里，丛依绿阴边”的诗意。

（3）意境与色彩构成规律

以“绿荫”为主题的园林景观主要由大乔木构成，主要体现夏日里绿荫色彩的通透性。这婆娑的绿荫笼罩衬托水面葱绿荷叶上的荷花，使粉白的荷花更加清秀、雅洁；秋季里榉树和青枫等都是色叶树，绿荫变成彩荫，使处于阴面的建筑不会沉闷；冬季里大乔木落叶，阳光通过水面把光线及热量反射到建筑里，让人不觉得凄冷（图6-42）。

图 6-41　绿荫轩的初秋景色

（*a*）从轩内向外看；（*b*）从外看轩

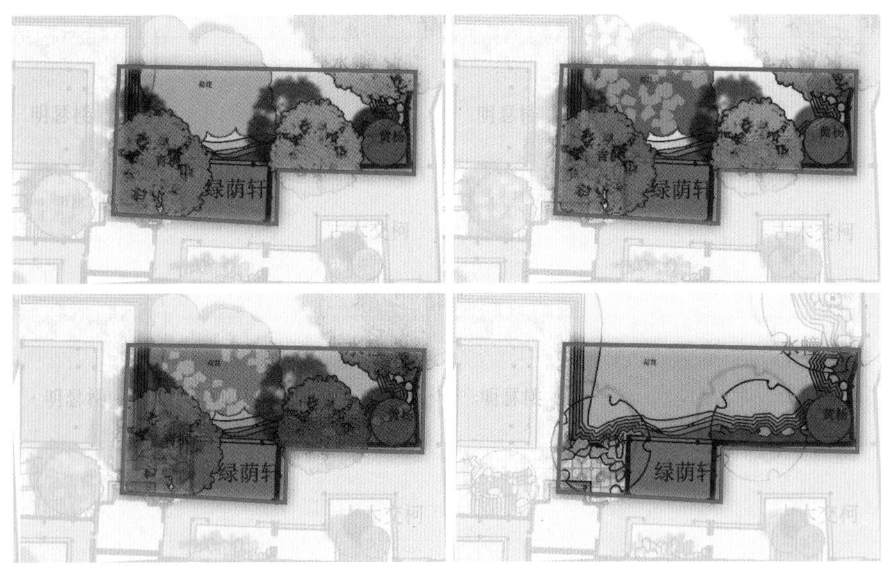

图 6-42 绿荫轩景点平面的四季景色比较

2. 明瑟楼

（1）景点概述

明瑟楼紧傍涵碧山房东侧，高二层，屋顶用单面歇山，外观玲珑，由云梯可至二层。云梯由石峰构成，巧妙地将山径隐没，石如云，人拾径而上，恰似踏云升天成仙之感。

隔池从北向南望，两面临水，明瑟楼犹如画舫的前舱，与涵碧山房构成了写意的画舫。

（2）匾额与楹联立意

明瑟楼，指莹净新鲜之楼。楼的东侧与北侧面临清澈明净的池水，楼旁青枫如盖，环境清洁明净。《水经注八・济水》："池上有客亭，左右楸桐，负日俯仰，目对鱼鸟，水木明瑟。"所叙环境与此相仿，因取其意名楼。

一层的匾额"恰航"，喻此景如船在航行，北可眺山色苍翠；南望山峰奇石，古人以触石为云，云绕峰峦；东面一潭清水，风乍起，波光潋滟，宛如舟楫正徐徐出航，正合杜甫《南邻》诗"秋水才深四五尺，野航恰受两三人"意境，舫舟翩翩，穿行于山壑之间，平添"宛在水中央"的逸趣（图6-43）。

（3）意境与色彩构成规律

"明瑟"指清新鲜亮之色，明瑟楼面临清澈明净的池水，周边布满错落有致的粉墙黛瓦，二层阁楼采用传统明窗的工艺，楼旁青枫如盖，环境清洁明净。此地以白色为主的基调（6%）陪衬出似青枫的色彩鲜亮的绿色（16%）及碧水的绿色（25%），色调鲜亮清新、清透怡人（图6-44）。

3．涵碧山房

（1）景点概述

涵碧山房为中部主体建筑，面阔三间，卷棚歇山造。厅内轩敞高爽、陈设雅致。厅北平台宽广，依临荷花水池，北望假山耸峙，山光水影，相映争辉。厅南有小院，以粉墙为背衬，冰纹石拼砌的

图6-43 明瑟楼一层从内往外看的景色

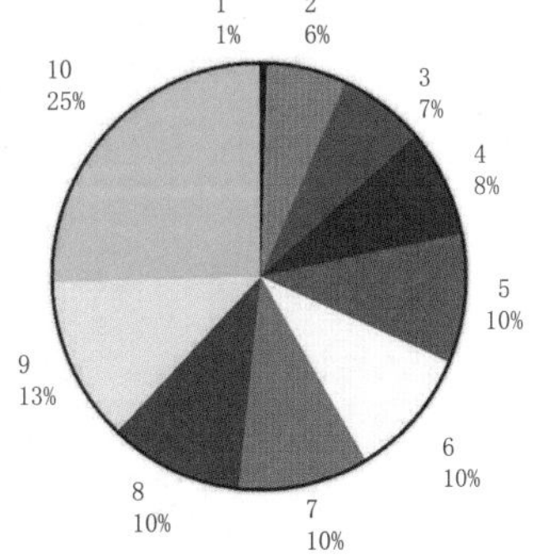

图6-44 明瑟楼景点色彩分析

花街铺地，湖石牡丹花坛，四季植物搭配，四季有景，尤以春季胜。

（2）主题立意

“涵碧山房”，刘氏时名“卷石山房”，盛氏改今名。据《吴都赋》“涵泳乎其中”。涵，指水多、沉浸，喻此处面对湖光山色的美丽景色。周围林木茂盛，池水碧波荡漾，山光水影，景物丰富开阔，满目碧色。

（3）意境与色彩构成规律

该景区体现“竹色清寒，波光澄碧”（清·钱大昕《寒碧庄宴集序》）的主题，用山石、树木、竹林、水池、建筑等组成了一个围合空间，创造出幽静的山林氛围，水绿、植物不同色系的绿色构成了以绿色为主的景色，碧绿（5G 3/2～7.5GY 4/6）是此景重要的视觉色彩要素（图6-45）。

图6-45 涵碧山房主要视域的景色与碧色系的提取

4．远翠阁

（1）景点概述

此阁楼位于中部景区的东北角，上层宜远眺，下层可近看。上层是俯瞰全园的最佳位置，下层可近看翠色的个体差异。楼前的花台当属明代之物，现种植牡丹，以前曾种植蔷薇，东西两侧的白墙立石峰、种翠竹。

（2）主题立意

“远翠阁”，属于写景式景色，取唐方干《东溪别业寄吉州段郎中》“前山含远翠，罗列在窗中。尽日人不到，一尊谁与同。凉随莲叶雨，暑避柳条风。岂分长岑寂，明时有至公”诗意。撷山色以名阁，极富自然之趣。在此眺望，满目青翠之色。

（3）意境与色彩构成规律

此阁位于留园中部东北角，无论是上层的远眺，还是下层的近看，都是在逆光下观赏植物的叶色，其明度、纯度提高1～3个层级，色相偏黄。南边的“涵碧山房”满目碧色，到了此处远眺就变成满目青翠之色。为了强调翠色，在下层近看的植物配置中多选择叶片透光度高或固有色相对鲜亮的植物，如梧桐、垂柳、竹子等，其中竹色在白墙的衬托下显得青翠之极。以翠色（7.5GY 6/10～7.5GY 4/6）为主题，正是自然美的具体形态，清新而富有野趣（图6-46）。

5．清风池馆

（1）景点描述

清风池馆，居池东北角，向西敞开，最适观鱼。北山与小蓬莱、濠濮亭之间由紫藤花架连接，使清风池馆西侧的水面形成虚的内聚型水域，前置一水幢，夏日里植几盆睡莲，清风徐来，别有一番情趣。

（2）匾额与楹联立意

匾额“清风起兮池馆凉”，属于写景抒情式题咏，清和之风徐徐吹起，清风拂面，池水泛起粼粼碧波，池馆变得清凉爽人。额名自《楚辞・九辩》“秋风起兮天气凉”句化出，变悲秋凄婉之气为爽朗明快之语。馆额运用《楚辞》特有的“兮”字调，增加了抒情色彩。

清风池馆楹联为“墙外春山横黛色；门前流水带花香”。上联借墙外远景黛色的春山，下联为近景中的流水、花香，描述了一幅美丽的山水画。墙外的山景在空气透视的情况下，颜色呈淡淡的青黑色，作为画面的背景；门前似青罗带般轻柔明透的流水，送来沁人的花香，这花香带来甜美、艳丽的花色（黄、粉、红等色），构成一张水墨春色图。

另有楹联为“松阴满涧闲飞鹤；潭影通云暗上龙”。上联咏景色之清幽，松阴洒满水涧，飞鹤悠闲；松枝虬干，浓阴泻地，而青

图 6-46 远翠阁主要视域的景色与翠色系的提取

癯透逸的飞鹤悠闲地在池边活动。下联咏水潭倒影之奇妙，悠悠飘浮在高空的彩云，倒映于深潭，潭影中间松影暗卧。水光、树荫、闲云、飞鹤，虚实之景，静动之物，交相辉映，使人心情愉悦、尘念烦忧尽去，富于佛家禅机悟趣[10]。

（3）意境与色彩构成规律

“清风池馆”的景名，表面是描绘池面清风徐来的触觉感知，实际还描写色彩意境的景色。水、柳、莲是风主要的载体，池是天色、水色、倒影之色、红鱼、时间、光线等的展示界面。此水池由植物构成的虚形内聚空间，局限在13m^{2}的水域中，光色较少，池水受周边倒影的影响，色彩呈黛碧色，也就是暗绿色。受天光、风及浅色叶植物倒影等因素的影响，池水明暗变化丰富，整体色调处于明度的2～3级，把水岸的柳叶及水面的睡莲衬托得更为鲜明，微风拂过，动静生趣，色彩交织，呈现出清幽、雅致、清亮的绿调（图6-47）。

6．揖峰轩和石林小院

（1）景点描述

“揖峰轩”与“石林小院”为观赏湖石的小院，并作为东部建

图 6-47　清风池馆主要视域的景色与翠色系的提取

筑区五峰仙馆及林泉耆硕之馆之间的过渡性空间。小院绕以回廊、间以砖框，院中安排佳木修竹与湖石相配，花窗、空窗、漏窗把植物及湖石的色彩、姿态展现得楚楚动人，犹如一幅幅动态立体山水画，使人有静中生趣之感。

据园主刘恕的《石林小院说》，清嘉庆十二年（1807年），刘得“晚翠峰”，因“筑书馆以宠异之”，即指“揖峰轩”；后又陆续得到四峰二石，为“独秀峰”“段锦峰”“竞爽峰”“迎辉峰”和“拂云石”“苍鳞石”，又筑石林小院以陈放和展示。

（2）主题立意

揖峰轩，轩前庭院中湖石林立、秀美多姿。此轩取宋朱熹《游百丈山记》“前揖庐山，一峰独秀”句意为名，透露出园主对这些湖石的热爱。“揖”字将湖石人情化，人与湖石若宾主相对，有着感情的交流，妙趣横生。对联之一为“雨后静观山意思；风前闲看月精神”。雨后静观青山，更有意思；风前闲看月亮，更显精神。联语选取了富有诗意的自然景物：新雨洗过的青山、清风、明月，景清而意远，仿佛天然水墨画。心境闲适、情致飘逸的诗人陶然忘忧，已与风月青山同一了。对联意境清幽、静穆、冷寂，诗意含蓄，耐人寻味。

石林小院的对联为“曲径每过三益友；小庭长对四时花”。上联取宋代文学家、书画艺术家苏东坡以寒梅、瘦竹、丑石为人生之三益友；下联取欧阳修“我欲四时携酒去，莫教一日不开花”的心愿，四季不谢的鲜花可与造化争妙，陶性怡情，反映了文人雅士的共同心声。

（3）意境与色彩构成规律

文人爱石、友石、赏石由来已久，唐宋尤甚，白居易颂石，米芾拜石，宋代词人叶梦得筑石林精舍、号石林居士等。据园主刘恕的《石林小院说》：“其小者或如圭，或如璧，或如风荃之垂英，或如霜蕉之败叶，分列于窗前砌畔、墙根坡角，则峰不孤立，而石乃为林矣。”以蕉、竹、梅与四时花木等陪衬出峰石的姿色（图6-48），使石不孤立，从而构成一幅幅立体的石景图。其中，所收集的湖石，也以色名之，如“晚翠峰”“段锦峰”“独秀峰”“迎辉峰”“拂云石”“苍鳞石”等。太湖石的色彩就如第3章所调研的色系，大都为浅灰色系，偶有青黑色，然以色命之，定受周边景色的影响，与石峰组合的植物颜色是构成这些峰石色彩变化的主要影响因素之一。另外，自然光线中的晨曦与黄昏的光色也会在石头上留下色迹，但需要安排好峰石的位置，使其能受到光线的影响。为此，屋宇、亭廊等开窗洞，造景渲色，另用小的天井把光收集到蕉叶、翠竹、紫藤等花木之上，与石峰组成鲜灰和

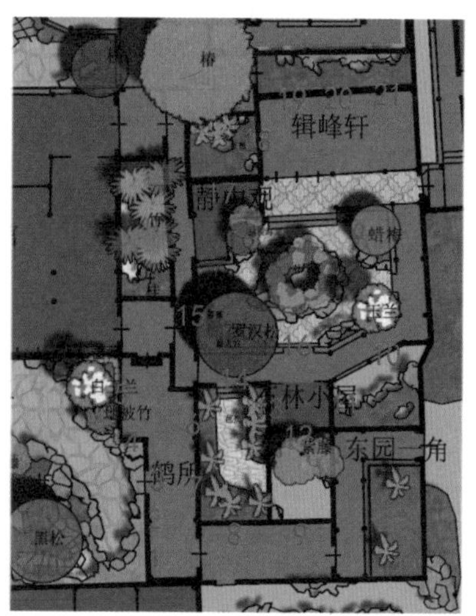

图6-48 石林小院平面图门窗的序列标注

动静的色彩对比，形成多姿多彩的主题画面。修竹摇曳衬出亭亭而立的石笋，构成竹石小景；青藤蔓绕湖石，饶有古趣；芭蕉吐翠，青翠如滴；百花争艳，古树虬曲，怪石嶙峋，窗窗入画。犹如欣赏一本山水图集，里面有册页、长卷、横轴、竖轴等不同形式的取景、构图、立意及意境，加之光影的作用，使每幅画作呈现出不同的光感及色调（图6-49）。

图 6-49　石林小院的窗洞景色

6.2.7 小结

本节主要对留园整体、区域及某些景点进行了色彩分析，梳理了历史文献、主题立意中关于景点色彩方面的品鉴及描述，结合色彩构成的理论进一步分析了其色彩组织规律，从而推导出景点中色彩氛围与意境之间的关系。

1. 整体色彩结构布局

笔者主要针对整体色彩结构布局及四季植物等色彩进行分析。从平面布局上静态色彩占了52%，与动态色彩相当。但留园的分区特征很明显，如中部山水区及西部景区，以山、水、植物的色彩为主；东部建筑区以建筑色彩为主；从场地的大布局分析，西北以自然动态色彩为主，东南以人造建筑的静态色彩为主，在分区之间由曲廊、轩榭、天井等园林建筑的灰空间组织、整合成一个整体。因此，每个区域因功能的差异而各具特色，要么强调动态自然色彩的丰富性；要么强调静态人造色彩的尊贵性；要么以人造静态色彩突显动态的自然色彩；要么借动态的自然色彩映射到静态人造色彩中。巧用色、巧借色是留园造园理色的最突出特征。因此，留园的植物色彩组织主要有两种类型：一是中部景区西北角与西部景区的植物配置上讲究以群落的形式组织，塑造空间的色彩氛围，以迎合“涵碧”“远翠”“绿荫”等主题立意；二是在建筑区或灰空间区域，则采取以四时不断、独立审美为主要特征的组织形式，因奇石、建筑和主题的需求而确定植物的色彩经营，通过植物色彩的四季分析，可看到春季花色的多样性及秋季色叶树的丰富性等。

2. 园主追求与园林格调的变化

留园到现在经历了四百多年，目前的格局主要受明代的徐泰、清代的刘恕和盛康三位园主的影响，整体理念、审美情趣及园林追求相对接近。明代追求疏阔淡雅，以山石、池水、林木为主，建筑物仅一楼、二堂、二亭、一庵，而花木十余种，多达数百株杂植于山上石隙和池边堤岸，整个园林展现的是十足的自然风光、山林气势，今留园中部和西部的假山，尚有当年余韵。而到清代主人刘恕时，以他经营皇家建筑的经验来经营园林，在园林建筑造型及空间的处理上无与伦比，可猜测今留园的建筑结构布局，特别是留园的廊道灰空间，是刘氏的巧思。加上他爱石成癖，收集各种名石造园，奠定了留园以赏石为审美情趣的今日特色。而盛康家族的财富，足以在建筑修缮时，使建筑具有华丽、典雅的视觉特征，在朴素的建造规则中，造园者通过细节色质的处理，使建筑具有高贵的气质。形成中部山水区如金碧山水画的设色特征；同时在奇石的局部审美中，巧借植物与奇石的组织关系，从构图、取景、造型、姿态、色彩等方面进行艺术经营，使留园具有花石灵奇之说。

3. 区域色彩景观结构

在区域的审美上，留园个性也比较突出。中部的山水区，形成金碧山水的色彩格调，金色主要呈现在：①夕阳的光线打在白墙上，白墙呈金黄色，门窗的玻璃也将反光天色的橙色光，与青绿色的植物叶色和碧水组合成色彩格调；②金秋时节，三棵古银杏树及其他黄色叶在光线的照射下金光闪闪，与常绿的绿叶植物和碧水组合成金碧的色彩格调。但在夏日里，此区主要呈现大青绿山水的色彩格调，大面积黄绿色的叶色在光的作用下呈现翠色（鲜亮的黄绿色）和碧色（植物暗部的颜色显色及水色），满目碧绿之色，具体可详看立面的色彩结构分析。

西部山林区中大面积种植了青枫，青枫如帐，在逆光下显现出透亮的高纯度黄绿色，再搭配、点缀其他色叶植物，构成清雅的山林气息。

东部建筑区以静态的人造色彩为主，以营造华丽典雅的起居空间。在灰空间中巧借自然之色，利用天井的光线落在植物的叶色中，显现鲜亮的四时花色、叶色。自然之色在暗红色的花窗映衬下，显得清新、鲜亮；在灰砖的衬托下，显得自然、雅致。

4. 主题景点的色彩景观分析

此部分比较具体、具象，通过景点及周边的概述，历史文献中景点的记载，主题、匾额及楹联立意等中所描绘的色彩或色彩意境，从而拓展到对其意境与色彩构成规律的分析。在对留园景点的分析中笔者找到了以色彩为主题的6个景点。通过对具体景点的分析，揭示在同一景区，不同位置、不同植物、不同光线、不同空间组织的色彩呈现不同的视觉效果。如从南往北看，黄绿的叶色及水色呈碧绿色；从北往南看，黄绿叶色的明度及纯度提高，并偏黄色，呈翠色；从东往西看，或从西往东看，植物黄绿叶色呈青绿色，并闪烁高纯度、高明度的黄绿色，碧水之色更为突出等。可见，空间、方位是园林色彩组织中重要的因素之一，具体可详见每个景点的描述。

6.3 网师园

6.3.1 概述

网师园位于葑门内阔家头巷，总面积约10亩（包括住宅部分），园林部分约8亩，建筑的比重较大，园小而精致，被誉为苏州园林之“小园极则”。

1. 主题解读

“网师”，就是渔父、钓叟，网师园是以渔钓精神为造园立意的水园。渔钓精神所塑造的人物形象，并非去追随那位高唱《沧浪歌》、“避世隐身，钓鱼江滨，欣然自乐”（王逸《楚辞章句》）的渔父，而是“藉涀漾夺日的山光水色，寄寓林泉烟霞之志，不下堂筵，坐穷泉壑”（宋·郭熙《林泉高致·山水训》）的林泉之志[11]。

“宋光禄悫庭购其地，治别业为归老之计，因以网师自号，并颜其园，盖托于渔隐之义，亦取巷名音相似也”（钱大昕《网师园记》）。

2. 名家品鉴

网师园“地只数亩，而有纡回不尽之致……柳子厚所谓‘奥如旷如’者，殆兼得之矣”“池容澹而古，树意苍然僻”（钱大昕《网师园记》）。

苏叟《养疴闲记》卷三：“宋副使悫庭宗元网师小筑在沈尚书第东，仅数武。中有梅花铁石山房，半巢居。北山草堂附对句‘丘壑趣如此；鸾鹤心悠然’；濯缨水阁‘水面文章风写出；山头意味月传来’（钱维城）；花影亭‘鸟语花香帘外景；天光云影座中春’（庄培因）；小山丛桂轩‘鸟因对客钩辀语；树为循墙宛转生’（曹秀先）；溪西小隐，斗屠苏附对句‘短歌能驻日；闲坐但闻香’（陈兆仑）；度香艇，无喧庐，琅玕圃附对句‘不俗即仙骨；多情乃佛心’（张照）”。

“据林泉之胜，养丘壑之胸，至足羡也”（童寯《江南园林志》）。

“宜坐宜留，有槛前细数游鱼，有亭中待月迎风，而轩外花影移墙，峰峦当窗，宛然如画，静中生趣”“小而精，以少胜多”（陈从周《说园》）。

3. 园主筑园意境的解读

（1）渔隐之源

网师园的“渔隐”立意，溯源于南宋侍郎史正志。史正志（1119～1179年），字志道，江都人（今江苏省扬州市下辖区），居丹阳，南宋绍兴二十一年（1151年）进士，除枢密院编修，曾任户部侍郎、吏部侍郎等官职。据《宋史》记载，此人有万卷之才，也在治国、抗敌等方面替皇帝谋划，但因反对张浚北伐，遭到弹劾后罢官，流寓吴中。于淳熙初（1174年）花了“一百五十万缗”（元·陆友仁《吴中旧事》）在此建堂筑圃。因他酷爱书籍，藏书万卷，筑堂称“万卷堂”，又仰慕（追求）“摇首出红尘”的渔钓精神，筑花圃为“渔隐”，在圃中植牡丹、菊花及其他花木。史正志自称“乐闲居士”“柳溪钓翁”“吴门老圃”。在这里，他垂钓养花、读书著述，一生著作颇丰。其中成书于淳熙二年（1175年）九月的《史氏菊谱》，又称《菊谱》，是宋代留存至今的四大菊谱之一，共录菊花27种，收入《四库全书》，至今仍是花卉研究者必读之典籍。史正志于淳熙六年（1179年）以疾终，享年60岁。而他苦心经营的“渔隐”花园，被他儿子以超低价贱卖丁季卿，而后被分别赠予其四个儿子。赵汝櫄来苏州为浙西路提刑官，此园被其占为百万仓和籴场。此后元明数朝一直荒废。

（2）“网师”由来

清乾隆二十年（1755年）前后，园归光禄少卿宋宗元。宋宗元（1710～1779年），字少光、鲁儒，号悫庭，苏州人，乾隆三年（1738年）中举，官至光禄少卿。善饰宫馆，能书画，喜画图，著有《网师园唐诗笺》18卷。宋宗元在旧圃基础上，筑室构堂，园名“网师小筑”，50岁时以养亲陈情归里。“治别业为归老之计，因以网师自号，并颜其园，盖托于渔隐之义”（钱大昕《网师园记》），“网师”即渔翁，根源在于“托于渔隐之义”，不仅保留“渔隐”的风格意蕴，且以唐诗般简括之手笔将江南胜景集于方寸。时园中题名景点就有“梅花铁石山房”“小山丛桂轩”“濯缨水阁”“溪西小隐”“斗屠苏”“半巢居”“北山草堂”“花影亭”“度香艇”“无喧庐”“琅玕圃”。那时“幽崖耸峙，修竹檀栾，碧流渺弥，芙蕖娟靓，以及疏梧蔽炎，丛桂招隐，凡名花奇卉无不莱胜于园中”。宋宗元69岁去世后，“其园日就颓圮，乔木古石，大半损失，惟池水一泓，尚清澈无恙”（钱大昕《网师园记》）。

（3）“网师”正貌

嘉庆年间，瞿远村购得此园，他买下园后，皆仍故名，示不忘旧。因园主之故，时人又称“瞿园”。瞿远村，本名兆骙，字乘六，号远村。世居嘉定（一说太仓），父时迁居苏州，在阊门外有宅名“抱绿庄”。瞿远村性冲夷恬淡、不泼时俗、仁礼存心、行善不怠，与山水之缘相称。钱大昕对其推许甚高，“远村之胜情雅尚，视任晖实有过之”（钱大昕《网师园记》），说他保有并修葺“网师园”之功超过了唐朝承袭顾辟疆园的任晦。钱氏此言不虚，瞿远村于“网师园”功劳卓著，今日“网师园”之格局和风貌就是由瞿远村奠定的。易旧为新者乃梅花铁石山房、小山丛桂轩、濯缨水阁诸景，增建的应该是蹈和馆、月到风来亭、云岗、竹外一枝轩、集虚斋等，当时园中的芍药十分著名，与扬州芍药齐名。瞿远村亦是风雅之士，园成之日，曾招钱大昕等四五人谈宴，为竟日之集，平时亦多与亲友觞咏其间。

（4）几经易主

道光初年，归吴嘉道所有。同治年间，归李鸿裔所有，更园名为“苏邻小筑”，亦称“蘧园”。李鸿裔，字眉生，号香岩，自号“苏邻”，四川中江人，咸丰举人，曾为曾国藩幕僚，官至江苏按察使，工诗文书法，精于鉴赏。同治七年（1868年），以病辞官来苏。据强汝询《苏邻遗诗序》：李鸿裔“以耳疾乞退，是时年未四十，爱吴中山水清嘉，购网师园居之。园故有老树怪石，亭馆相望，先生加葺治，浚沼、养鱼、种竹、艺花。拥书数万卷，蓄三代彝鼎、汉唐石刻、宋元以来书法名画。闭门谢客，徜徉其中，人望之如神仙”。李鸿裔无子，死后其嗣子李少眉继有其园。李少眉增建“撷秀楼”，俞樾为其题额。

光绪三十三年（1907年），归正黄旗吉林将军达桂（馨山）所有。4年后，归某冯氏所有。其后，东北军阀张作霖以30万两银子购得此园，于民国6年（1917年）赠予其师张锡銮（金坡），易名“逸园”。然而，张锡銮从未在园中住过，其子张师黄继为园主。自1932年起，张师黄把园子分区租赁给画家张善孖、张大千、昆仲、叶恭绰和王秋斋等人。一时文人雅士会聚在此，谈文论画，颇似“文艺沙龙”。

1940年，文物收藏家、鉴赏家何澄买下园子，加以修整，力图恢复“瞿园”时期的旧观，并沿用“网师园”旧名。1950年，何氏子女何怡贞、何泽慧、何泽勇将园捐献给国家。

1958年，经当时的苏州市园林管理处全面修缮，对游人开放[12]。

6.3.2 园林布局与色彩结构体系

“网师园”是东宅西园的格局，全园被划分为四个部分。东部住宅区共有三进厅堂，即轿厅、大厅和内厅，严整规范、中轴对称、庭院紧凑、屋宇高敞，是典型的清代宅第。中部则是园之山水景区，是全园的景观主体和精华所在。西部为“殿春簃”庭院，名“潭西渔隐”，是园中园。东北部为庭院区，为中华人民共和国成立后扩建。

1. 整体色彩结构布局的分析

通过图6-50及表6-7网师园整体色彩结构数据分析可看到，园中大面积的静态人造色彩占总比例的77%，绿地占15%，水域占8%，动态的自然色彩只占总比例的23%。

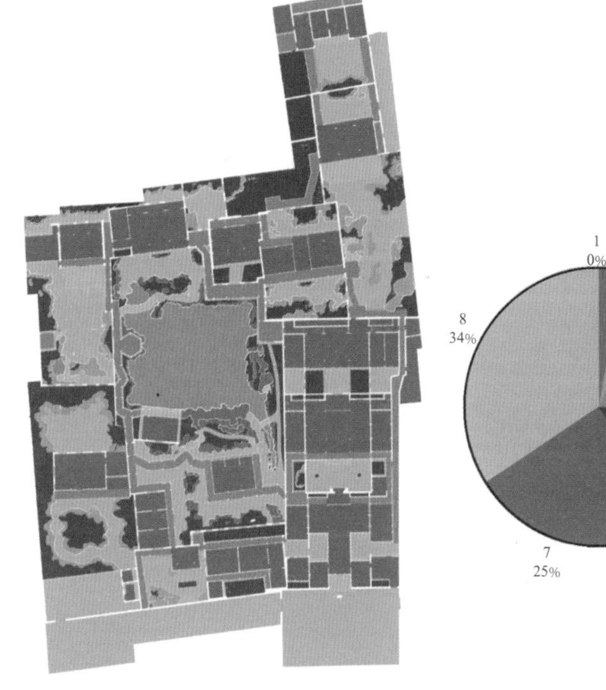

图6-50 网师园整体色彩结构布局图

网师园整体色彩结构数据分析　表6-7

序号	结构	孟赛尔色值编号	RGB			比例
1	台基	10YR7/6	217	168	103	0.000649
2	黄石	2.5YR5/6	173	108	77	0.027998
3	太湖石	N6	163	162	162	0.052151
4	湖水	2.5PB 5/5	185	208	212	0.075394
5	廊道	N5	136	137	135	0.101648
6	草地	7.5GY3/4	55	81	44	0.150682
7	室内	N4	107	108	107	0.250987
8	花街铺地	N7	181	182	181	0.340490

2. 现状植物名录的调研

对现状植物调研分析可知，网师园目前的植物配置与刘敦桢先生《苏州古典园林》中测绘的图纸存在一定差异。如小山丛桂轩周边现状植物中突出了“桂”，约12棵，槭树类约3棵，玉兰3棵，还有其他的植物点缀，但缺少《苏州古典园林》中的梧桐、柳、海棠、蜡梅等（图6-51）。由于气候问题，很多植物已经发生枯萎、衰亡，现状植物详见图6-52及植物名录表6-8。

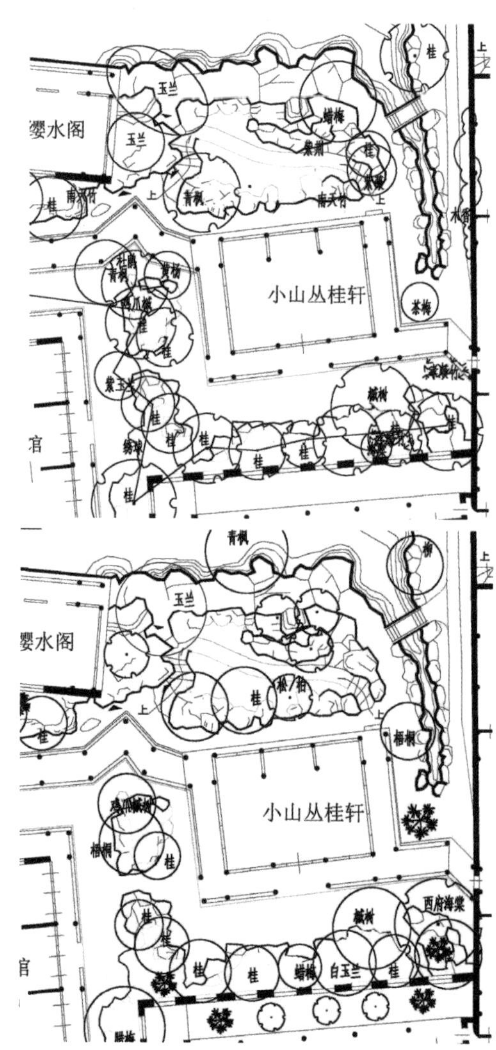

图6-51 现状与《苏州古典园林》中植物的差异比较

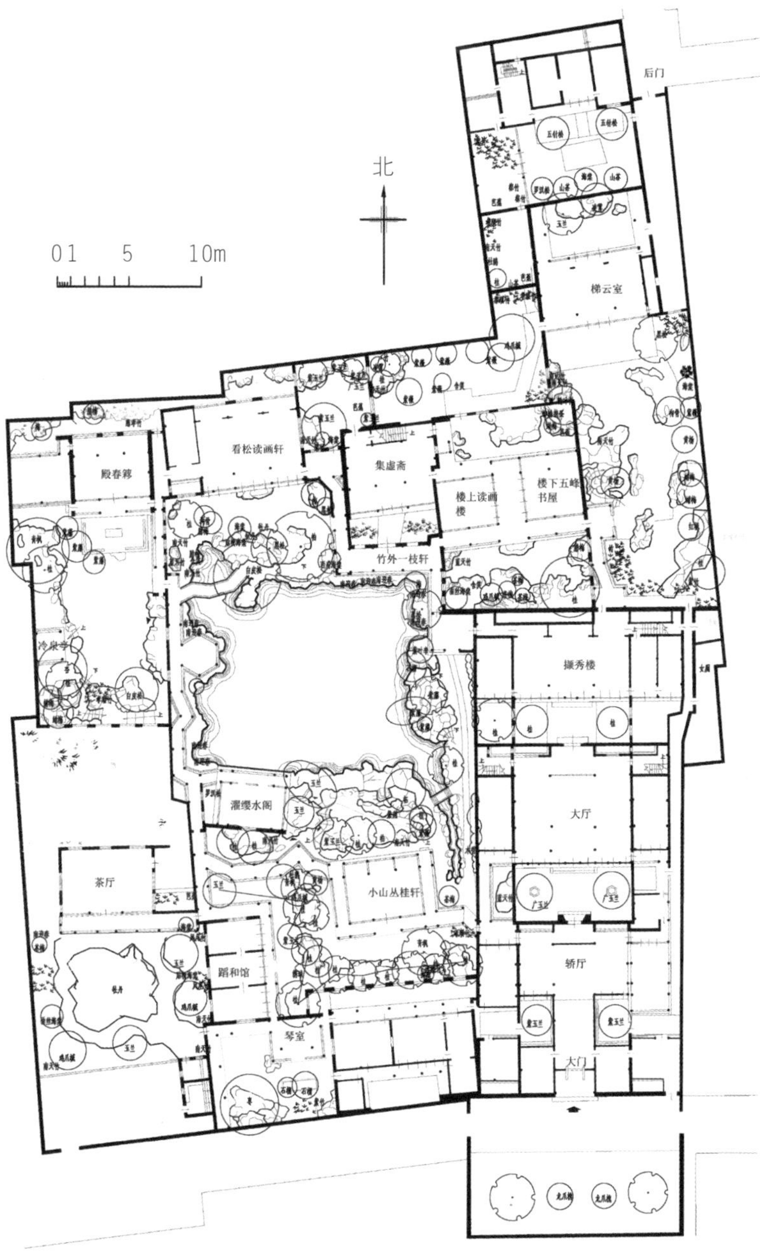

图 6-52　网师园主要植物平面配置图（2014 年）

网师园主要植物名录表　表6-8

1.1 大乔木（常绿）		2.1 小乔木（常绿）		3.1 灌木（常绿）		5. 水生
名称	数目	山茶	3	黄素馨	10	睡莲
白皮松	2	桂	25	南天竹	16	6. 地被
罗汉松	2	瓜子黄杨	3	杜鹃	1	沿阶草
黑松	4	枸骨	1	含笑	3	薜荔
桧柏	2	2. 2小乔木（落叶）		3.2 灌木（落叶）		络石
广玉兰	2	梅	8	棕竹	2	翠云草
1. 2大乔木（落叶）		蜡梅	8	芍药	8	7. 竹类
白玉兰	7	西府海棠	6	牡丹	38	紫竹
紫玉兰	10	垂丝海棠	2	贴梗海棠	2	棕竹
鸡爪槭	5	杏	1	紫荆	1	慈孝竹
青枫	3	枣	1	木本绣球	1	哺鸡竹
糙叶树	1	石榴	3	4. 藤本		箬竹
红枫	1	桃	1	木香	1	
梧桐	1	紫薇	6	紫藤	5	
		红叶李	1	凌霄	3	

注：植物名录中的数量只针对色彩、占比较大的植物，故有些灌木、草本和水生植物无数量说明。

3．绿量的统计分析

表6-9反映了网师园的分层绿量，只占总场地的37.87%，占比不算太大。

网师园绿量的统计分析　表6-9

内容	投影面积与场地比		投影面汇集
1落叶大乔木	投影面积	0.059278	5.9%
	场地面积	0.940722	
2常绿大乔木	投影面积	0.031535	3.2%
	场地面积	0.968465	
3小乔木/花灌木	投影面积	0.125229	12.5%
	场地面积	0.874771	
4地被	投影面积	0.162635	16.3%
	场地面积	0.837365	
合计			37.9%

4．四季植物色彩的变化规律

四季整体色彩分明，春季为大面积的新绿与紫、粉、红、白等色彩纯度、明度较高的色彩；夏季整体为低明度、低纯度的绿色；秋季植物色彩斑斓；冬季不同明度的灰色与常绿植物把建筑映衬得素雅而温馨（图6-53～图6-56）。

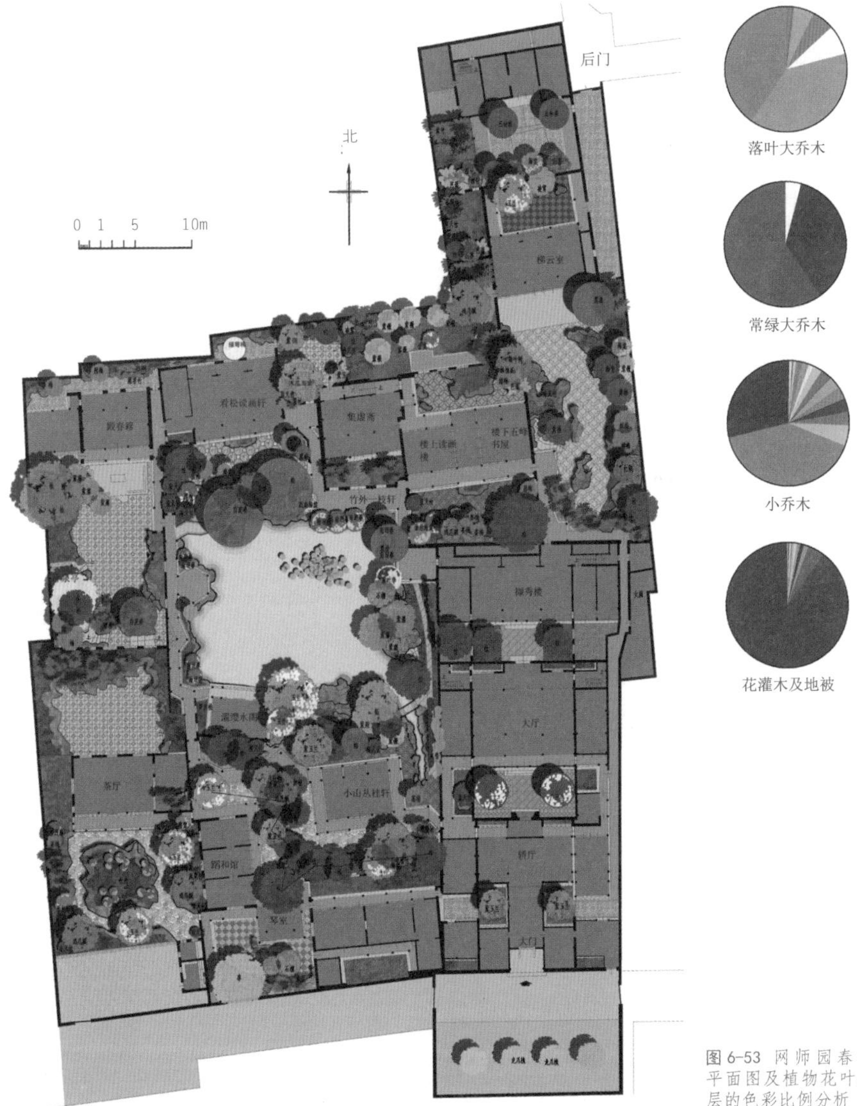

图 6-53　网师园春季平面图及植物花叶分层的色彩比例分析

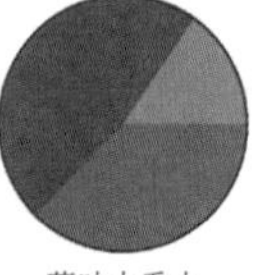

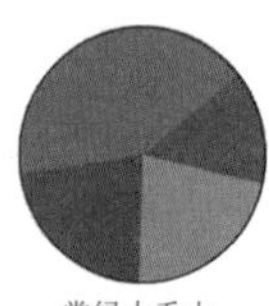

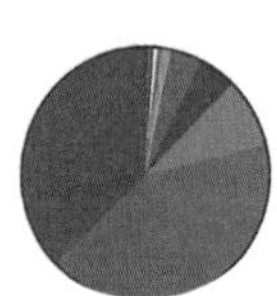

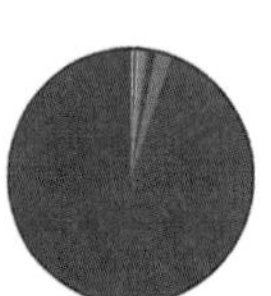

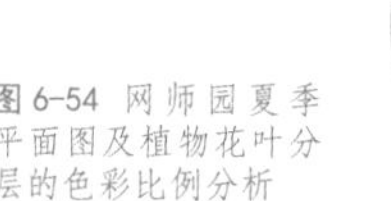
图 6-54 网师园夏季平面图及植物花叶分层的色彩比例分析

后门
北
0 1 5 10m
梯云室
殿春簃
看松读画轩
集虚斋
楼上读画楼
楼下五峰书屋
竹外一枝轩
撷秀楼
濯缨水阁
大厅
茶厅
小山丛桂轩
蹈和馆
轿厅
琴室
大门

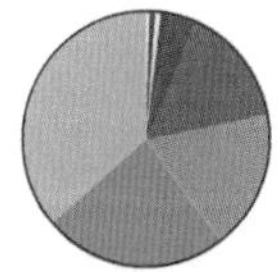

落叶大乔木

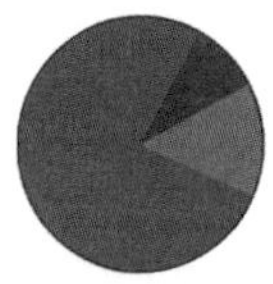

常绿大乔木

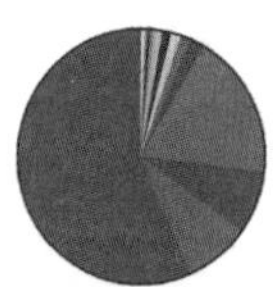

小乔木

花灌木及地被

图 6-55 网师园秋季平面图及植物花叶分层的色彩比例分析

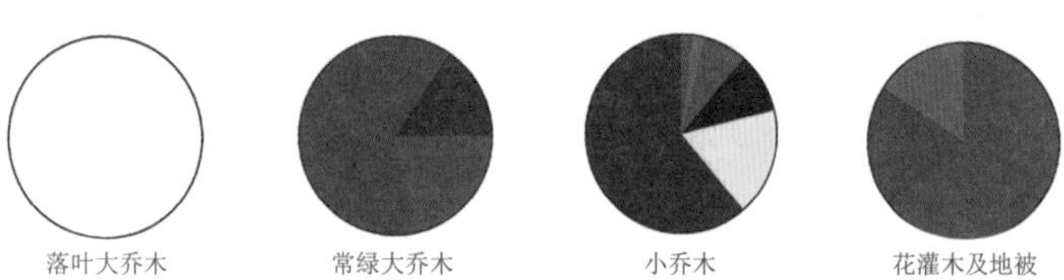

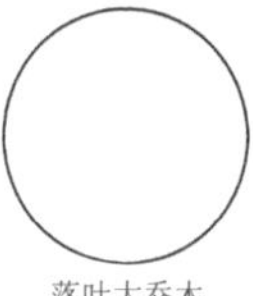

落叶大乔木

常绿大乔木

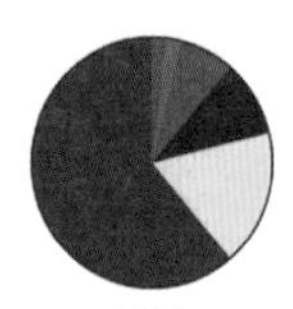

小乔木

花灌木及地被

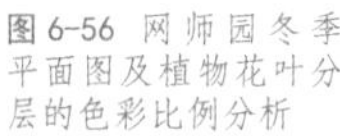

图 6-56 网师园冬季平面图及植物花叶分层的色彩比例分析

（1）春季

春季的色彩主要来自小乔木及花灌木的花，颜色多紫、粉、红、白，色彩缤纷，如白玉兰、紫玉兰、茶梅、紫藤、绿萼梅、垂丝海棠、牡丹、芍药、石榴等。落叶乔木的新叶呈淡黄绿色，透光性强，显得清新、有活力，但所占比例很小。

（2）夏季

夏季以绿色系为主，花色主要来自水面的睡莲及东北庭院中的紫薇。

（3）秋季

秋季的叶色很典型，但秋色叶树种只是零星地点缀在各个庭院中，让人感觉不是很明显。

（4）冬季

冬季常绿植物的色彩比重较大，如桂树、白皮松、黑松、柏等，花色只来源于蜡梅。

6.3.3　中心区域色彩景观分析

1．景区概述

中部是园之山水景区，是全园的景观主体和精华所在。该区域以彩霞池为中心，池岸用黄石垒成，水池荡漾的湖光天色，湖水辉映的背景远山和隐约的建筑，共同营造了“水烟弥漫”的空间气氛。池周建筑分为南北二区。池南之“小山丛桂轩”“蹈和馆”“琴室”为园主燕居雅集之所；池北之“看松读画轩”“集虚斋”“五峰书屋”等则是读书、颐养的游息之地。

2．色彩结构的布局

中心区以水域为主，水色占32%，花街铺地占20%，绿地占15%，廊道中的青砖占14%，黄石假山占12%，室内铺装占7%，花岗岩台基和桥不足15%。可见，整个区域色彩结构以静态为主（图6-57）。

3．四季植物色彩的变化规律

中心区的四季植物色彩变化不是很明显，常绿植物的色彩比例较大，占60%～70%，色彩变化相对微妙，主要集中在春秋两季的花色及叶色的变化上，且占的比例低于30%（图6-58）。

4．立面色彩的分析

通过对立面图的分析可看到，网师园的色彩非常丰富，多为静态色彩。从东西方向的A-A剖立面（图6-59）可看到静态色彩占69%，动态的植物色彩占18%，水色占3%，整体色调和冷暖关系对比

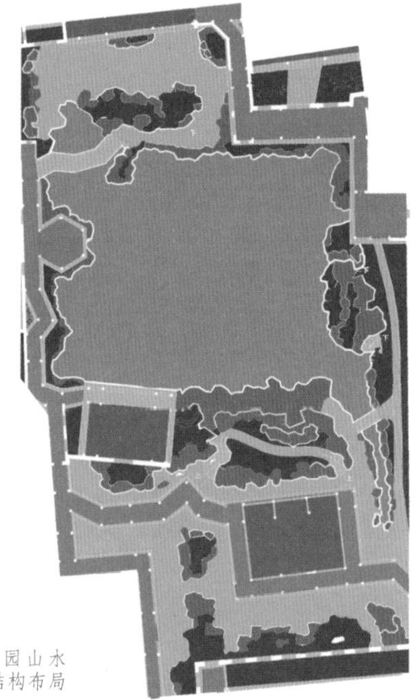

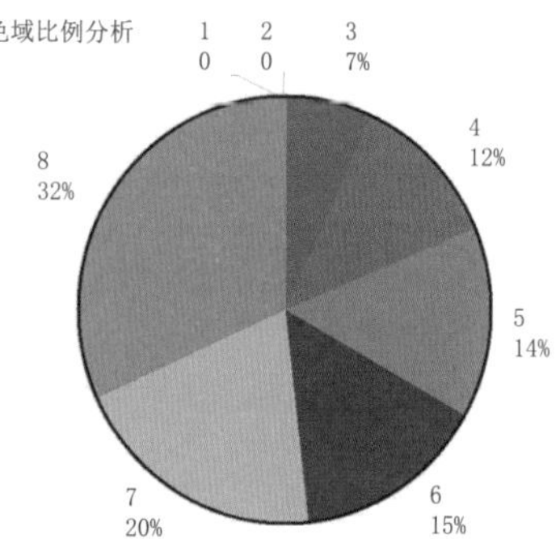

图 6-57 网师园山水区整体色彩结构布局图及分析图

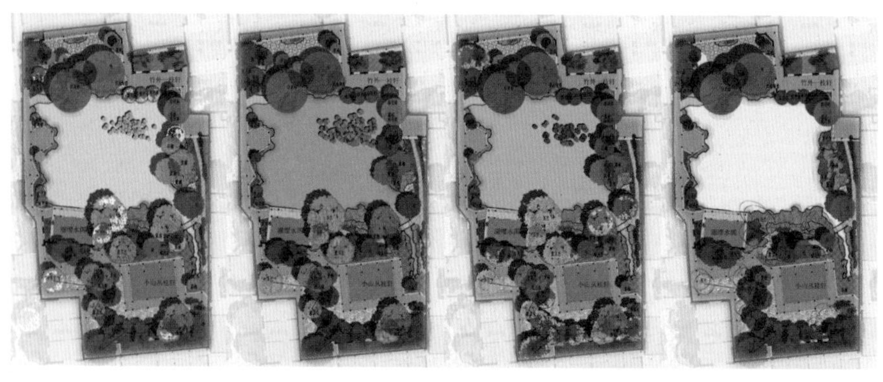

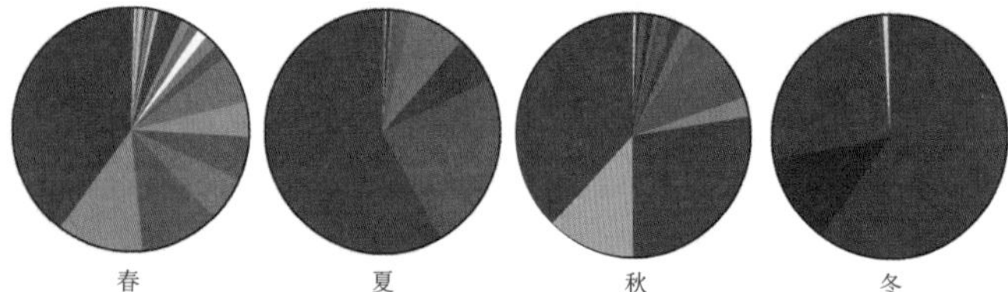

图 6-58 网师园山水区四季植物色彩的比对

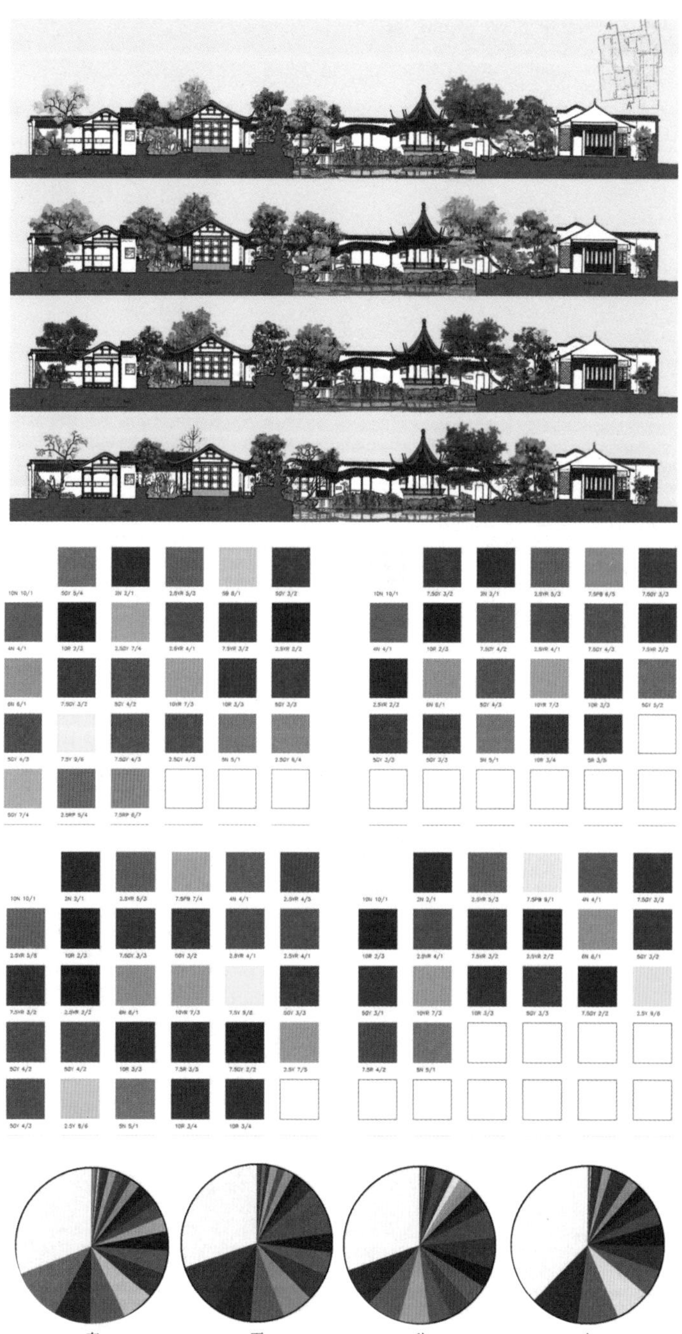

图 6-59 网师园山水区 A-A 四季剖立面图及色彩的比例分析

强烈。从南北方向B-B剖立面（图6-60）分析，南北的绿量比较少，多集中在“看松读画轩”景点，以低明度、低纯度的暖色系为主，

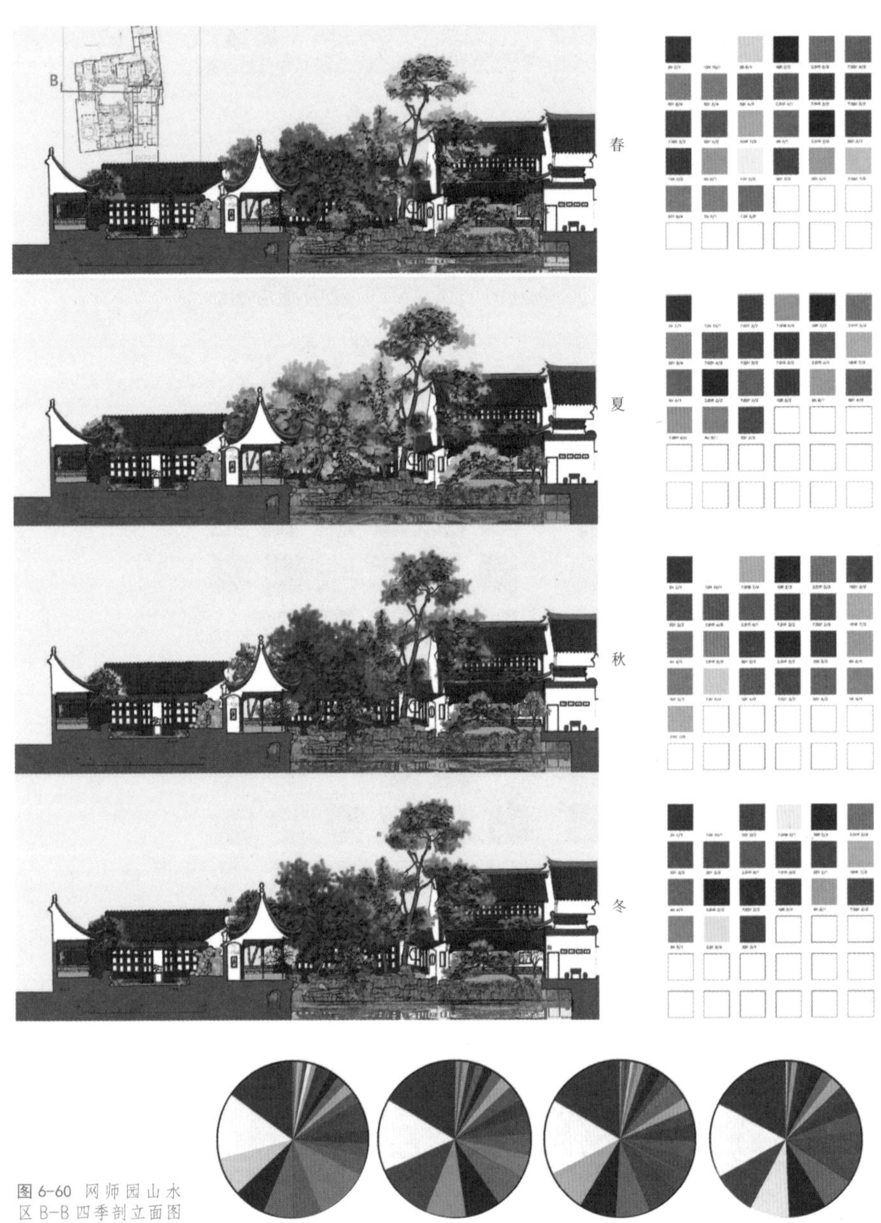

图6-60 网师园山水区B-B四季剖立面图及色彩的比例分析

色彩层次变化丰富。比对《苏州古典园林》中网师园的图纸发现，殿春簃庭院及中心区南部景区的绿量严重不足，主要是高大的落叶乔木。

6.3.4　主题景点色彩景观的分析

1．小山丛桂轩

（1）景点概述

小山丛桂轩又名“道古轩”，为入园见到的第一个园林建筑，也是网师园中的主要建筑之一。建筑为四面厅结构，体量不大，单檐卷棚歇山，环以檐廊，造型舒展飘逸，四周门窗开朗，装饰工艺精良。既可在轩内居坐宴息，环顾四面景物；又能沿廊浏览观景，步移景异。轩前轩后叠石，轩南为低矮太湖石，轩北为黄石山冈，花台上广植桂花，雍容幽雅，入秋桂子飘香、沁人心脾。

（2）主题立意

匾额“小山丛桂轩”取自《楚辞·小山招隐》句：“桂树丛生兮山之幽”和庾信《枯树赋》：“小山则丛桂留人”句意，因轩对小山，上植丛桂，故名。这一景名有佛禅境界的暗示，晦堂禅师用桂花之香味来比喻禅道虽不可见，但上下四方无不弥漫，故禅道“无隐”，黄庭坚由此而悟“禅”。

对联“山势盘陀真是画；泉流宛委遂成书”，属于写景联。此轩南边湖石灵秀、桂树丛植，北面是古拙雄浑的黄石假山的巨大岩体，山势盘旋曲折、重峦叠嶂。其中乔木丛生、画意横生，通过窗框可看到一幅幅天然图画。轩东为一溪流，在微型石拱桥的衬托下，如一狭长沟壑，水流注其下，蜿蜒远去。

（3）主题意境与色彩构成规律

“小山丛桂轩”主植桂花，取桂花的香，入秋时节清香满院。然而，轩处于中心山水区的东南角，东、南为高墙，北有山冈，西有其他建筑，整个空间处于比较阴暗的角落之中。因此，对光线、植物叶色、群落组织等方面的经营是至关重要的。与《苏州古典园林》中的测绘图纸对比，可以发现目前景色存在的主要差异。轩南现状主植桂花，西南有11棵，点植槭树、绣球、海棠、黄杨等；在20世纪五六十年代桂树只有6棵，西南还搭配大丛蜡梅、西府海棠、白玉兰、棕榈、梧桐等。轩东原有梧桐、棕榈，现被一小棵茶梅取代。轩北“云岗”上原缀植桂、柏、蜡梅、紫薇、老紫玉兰等花木，但目前只剩小丛蜡梅、紫薇、紫荆、青枫等。原老紫玉兰，花色半紫半白，或内白外紫，春时繁花竞放、色彩鲜艳，可惜2013

年的干旱使古树枯死，现补植一棵小玉兰，图6-61中展示了其四季景色的微妙色彩变化。

可见，此区域植被的变化很大，以植被调节的空间氛围意境也发生了很大的变化，目前种植的大量桂树，使空间整体凝重而沉闷，从色彩显色效果来说很不妥，主要原因如下。

首先，从主题上理解，此景点主要取桂花有香无形的“无隐”

图 6-61 网师园小山丛桂轩景点四季景色的变化

意境。因此，从主题上分析，此空间不一定出现大量的桂树。

其次，从方位上考虑，小山丛桂轩在山水景观区的东南角，光线较弱，且多为逆光下的效果。桂树四季常青，叶为革质，透光性差，因此，大量的桂树组成了一片绿色的屏障，阻隔光线的穿透。加上苏州的天气特征，此区域终年阴冷潮湿，太湖石上面布满污渍和苔藓，破坏了在此使用太湖石的意义和价值（此区多浅灰色的太湖石，造型灵动，在逆光下不至于太沉闷），反倒显得幽深而可怕。

再者，桂树属于常绿小乔木，高度都差不多，都在3～6m之间，此视域中的桂花树与建筑的阴影及暗部叠加，整体明度调子在N2～N4之间，为低明度的短对比，色彩氛围比较压抑。

接着，桂树大量的浓荫及对光线的遮蔽，使下面植物缺少阳光，导致长势不良等。

最后，从池北往南看，南面黄石假山背景缺乏错落有致、通透性强的翠色背景，显得唐突。

因此，此空间从立意和色彩空间氛围的角度出发，建议进行以下调整。

1）适当减少桂树的密度，让其层次丰富，闻其香，弱其影，展示其本质主题的禅意。

2）在轩南调整植物色彩的空间氛围，使其通透呈现青翠之色。如墙角补植翠竹；调整现状海棠的胸径，使其具有一定的体量，在竹子旁补植一丛大蜡梅；桂树可换成青枫、白玉兰等逆光或背阴角落最适合的植物，青翠、明丽；在轩东北及西北侧补植梧桐，梧桐高大、疏朗，但不会影响建筑的光线，或干扰人的视线，同时可为南侧景观增添几分翠色及层次，强化中部山水区的南部天际线。

3）轩北种植观姿的常绿植物，如松、柏等，所种植物需从盆景的角度进行处理，使人从轩内往北看，通过一个个大的窗框可看到一幅幅山景图，姿态、色彩决定逆光下黄石假山的造景，同时也可改变从北往南望黄石假山与轩之间尴尬的衔接。

4）适当清洗轩南太湖石上面的污渍。

2．濯缨水阁

（1）景点概述

濯缨水阁位于中部水域的西南角，建筑精致小巧，宛若浮于水面，阁下碧波荡漾，幽静凉爽。其东侧紧挨着黄石假山“云岗”；西侧为爬山廊蜿蜒北上，达“月到风来亭”；北侧古柏高耸、曲桥卧水、石矶凹凸、楼屋参差隐现；中部主要景色尽收眼底。

（2）主题立意

取《楚辞·渔父》中“沧浪之水清兮，可以濯我缨”句意命名，用虚静而明洁的“清水”来比喻人的高洁，表示清高自守之志。水阁面水临崖，幽静凉爽，临槛垂钓，依栏观鱼，悠然而乐，确有沧浪水清、俗尘尽涤之感。清朝宋宗元时，钱维城题濯缨水阁对联“水面文章风写出；山头意味月传来”，恰到好处地描写了水阁的虚实之景。

（3）主题意境与色彩构成规律

此处主题强调“清水”，水成为此景点的景观元素，水色的清新明洁构成此景的主要色调。因水阁处于水池的南边，从南往北看，水面在顺光的作用下，犹如 面明镜，倒映着水岸边顺光下的景色。因自然光的作用，这些色彩显得更为明亮，加上北侧多常绿的植物，尤其是白皮松疏朗清新，色泽偏蓝调，因此倒映到水里，水色也较之发青色。天色的倒影，东侧白墙倒映到水面等，使水色清澜、明亮，水清至极，突出了主题立意与色彩氛围（图6-62）。

3．月到风来亭

（1）景点概述

“月到风来亭”位于中部水池（彩霞池）西侧，据西岸水涯而建，六角攒尖型，三面环水。“月到风来亭”从水底用黄石筑基，并架空高于水面2m多的位置建亭，亭心直径3.5m，亭高5m有余，戗角高翘，弧形线条流畅。黛瓦覆盖，青砖宝顶，高出亭后的风火墙。亭内设“鹅项靠”，供人坐憩。内为朱色裙板，外贴水磨砖细。亭柱之间皆饰挂落，亭内顶棚悬一红木宫灯，亭木结构全以朱漆遍涂。亭西廊墙上嵌一块高2.5m、宽1.2m的杂木框明镜，以镜借景，园内景色映射其中，一番景色变成两番景，很是有趣。

亭位于水池西边偏北，是欣赏月亮的最佳位置,亭挑出水面之上，犹如小岛，在此可以欣赏到水面上天光云影共徘徊的无限美景[3]。

（2）主题立意

亭内悬挂“月到风来亭”篆体匾额，取意宋邵雍诗句：“月到天心处，风来水面时。一般清意味，料得少人知”。描述欣赏天光行云、月色清风之时，境与心得，理与心会，清空无执，淡寂幽远，清美恬悦的情景。此时，宇宙本体与人的心性自然融贯，实景之中流动着清虚的意味，如水中月、镜中花，空灵洒脱，此时悟到的这种玄妙的心灵境界，微妙得难以与他人言说。这种自在雅逸的情怀，是生活情趣，也是禅趣。

亭的对联“园林到日酒初熟；庭户开时月正圆”，是清何绍基

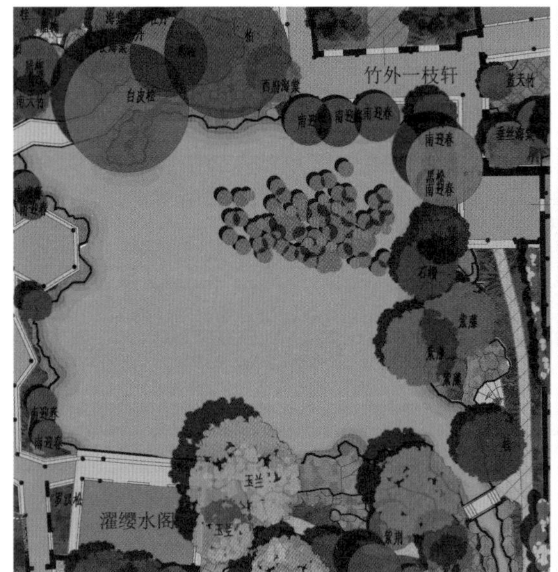

图6-62 网师园濯缨水阁视域景色

集联，描写酒熟月圆之时，在此饮酒赏月的情景，天空云月，悉收池中，清风徐来，涟波粼粼，何等舒心惬意！

(3) 主题意境与色彩构成规律

此景点以欣赏自然界的风月为主题（图6-63），池水、粉墙黛

图 6-63 网师园月色

瓦、树影、明月等景物的色彩构成清丽的景色。在白天，清风池水一片清爽；在月夜，水映天色，清风徐徐，水影晃动，水色迷离，天青、水清、风清、月清、我清等共同构成动静相宜、虚实相间的景色。因此，此景点的色彩要求更为单纯，色彩以简为主、以白为主，点缀青绿植物，营造清爽的视觉效果。

图6-64中对“月到风来亭”不同视角的色彩比例进行分析，可看到此区域的景色由动态色彩为主，水色占了视域中最大的比例。其中，东侧的白墙面积较大，约占了13%，加上水面中的白墙倒影和银白的天色，高明度调的白约占了43%，构成了高明度对比的色调。配上11%的绿色系，点缀2%的暗朱漆、5%的深灰色瓦，中间由8%的黄石调和，构成了高明度的长对比，给人清新之感。

4. 看松读画轩

（1）景点概述

“看松读画轩”在中心山水区的西北角，南有黄石花台，上植芍药、海棠，花台上有一棵树龄有800年的古柏，主干虽已枯萎，但枝头却依然郁郁葱葱，蔚为奇观，原还有一棵南宋园主种植的罗汉松。花台与曲桥交接处有一棵200多年的白皮松，枝干遒劲。轩东一棵树龄200年的木瓜果实累累，太湖石、石笋穿插其中。轩北种植一棵绿萼梅，与太湖石、石笋组成一幅优美的雪山梅雨图。

（2）主题立意

“看松读画轩”属写景式景名，“看松”为看轩南花台上的古松、古柏，“读画”是观画的雅称。室内花窗设计非常精巧，似精美的画框，加之窗外景色组成了一幅幅的山景图，犹如进入一座艺术殿堂。

1	青砖	10Y　5/2	0.014691
2	黑瓦	7.5P　3/2	0.033554
3	红漆	5R　2/4	0.034465
4	白墙	N9.5	0.035397
5	落乔	5GY　4/6	0.055373
6	常绿	5GY　3/2	0.068202
7	黄石	5YR　5/4	0.118654
8	草绿	2.5GY　5/4	0.121857
9	天色	5G　9/4	0.162906
10	水色	10G　7/8	0.354901

从东往西的色彩比例数据分析

1	青砖	10Y　5/2	0.006813
2	红漆	5R　2/4	0.024902
3	草绿	2.5GY　5/4	0.026262
4	常绿	5GY　3/2	0.041645
5	黑瓦	7.5P　3/2	0.050655
6	落乔	5GY　4/6	0.056982
7	黄石	5YR　5/4	0.075878
8	白墙	N9.5	0.124798
9	天色	5G　9/4	0.174633
10	水色	10G　7/8	0.417431

从西往东的色彩比例数据分析

图 6-64　网师园月到风来亭的景色分析

对联“满地绿荫飞燕子；一帘晴雪卷梅花”，属状景联。出句写草木丰茂、绿荫满地、燕子翩翩，使人感受到一派春的生机；对句则写了白色的雪梅透过花窗，恰似“晴雪”，有醉人心目的风韵美。对联通过诗境描写画境，加强了景点的意境美。

（3）意境与色彩构成规律

此景点的主角是“看松”“读画”，松柏是四季常青的植物，在逆光下显得绿荫苍翠，给人以永恒之色。花窗中透出的一幅幅山石花木图，四季变化丰富，有松石图、牡丹图、雪梅探春图、竹笋图、石竹图、海棠图咏等，呈现出四季明媚秀丽的景色。整体空间以青绿色为主基调，配四季变化的花色（白、粉），其中以白为主，显得清丽、雅秀。另外，此建筑门窗的暗红色漆，色值为10R2/6，色彩较为鲜艳，在周边常绿植物的映衬下，形成红绿的互补色对比，在自然光线的作用下，显得清新、艳丽。而室内东西墙用青砖铺饰，中灰色调的立面使室内空间肃穆、雅静，从而把视线移动到花窗外青翠的自然之色中，同时也缓和了室内强烈的明度反差，增加了视觉的舒适度（图6-65）。

图6-65 网师园月“看松读画轩”的景色分析

5. 殿春簃

（1）景点概述

殿春簃庭院位于园的西北角，属园中园，里面包括殿春簃、冷泉亭、涵碧泉三个小景点。“殿春簃”匾额为清代园主李鸿裔撰书，并题跋曰：“庭前隙地数弓，昔之芍药圃也。今约补壁以复旧观。”此院为以芍药为主要观赏对象的园子。目前，此庭院较为空旷，对比《苏州古典园林》中的图纸可以发现，园中原有的两棵大青枫和紫薇都已经不存在了（图6-66）。

（2）景名“殿春簃”，取古诗“尚留芍药殿春风”句意，一春花事，芍药花开春末，故称春末为“殿春”，又楼阁旁小屋称“簃”，故名。旧为书斋，仿明建筑，古朴爽洁。屋前庭院中，植芍药八株，品种名贵。清嘉庆二十三年（1818年），钱泳与范芝岩到园中赏芍药，赞“其花之盛可与扬州尺五楼相埒”。

对联为“巢安翡翠春云暖；窗护芭蕉夜雨凉”。该联描写情景色彩鲜明、景物丰富，翡翠鸟（雄鸟为红色，称“翡”；雌鸟为绿

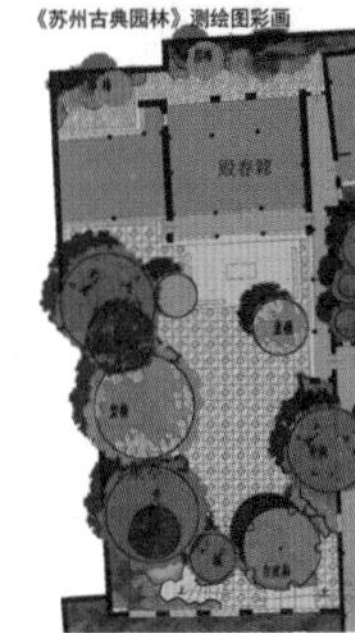

图 6-66　网师园“殿春簃”现状景色分析

色，称“翠”）、翠竹、春云、夜雨、花窗、芭蕉等组合在同一画面里，绘尽了春夏的烂漫风光。红色、绿色的翡翠鸟在暖春云间飞过，而翠绿的阔叶芭蕉夜雨天掩护着花窗，又是一幅别样的画面。

院南边有一泉，名“涵碧泉”。“碧”为一种深邃的墨绿，这里岩壑深邃、松竹苍翠，底部藏一泓天然泉水，清澈明净。深邃寒冷的碧色，将泉水的深寒体现得很生动。

（3）意境与色彩构成规律

殿春簃的景色除了描绘芍药在春末的胜境外，还通过对联来描述这里四时的景色变化。殿春簃面阔三间，西侧连一轩，书斋北有小天井，略置叠石，并植有慈孝竹、蜡梅、南天竹、芭蕉。此建筑的窗框、景窗非常精巧，色值为10R2/4～10R2/6，为窗外的景色增添了几分姿色。主门扇采用长方框分隔，可清晰看到庭院一幅幅生动的画面。北侧的景窗采用回纹与云纹组合成错落式的镶边图案，这种图案起柔化和限制进光量的作用。有了这虚框的过渡，窗外的景色更为柔和地映入室内，使窗后小院的芭蕉、竹、石峰等形成一幅幅优美雅致的国画小品，富有诗情画意（图6-67）。

图 6-67 网师园“殿春簃”的花窗

6．琴室

(1) 景点概述

琴室为一个封闭式的小院落，在“蹈和馆”的南侧。建筑为一飞角半亭，依北墙而建，亭内三面砖细栏杆，半墙以砖细为裙板，朴实大方，亭中置琴桌。壁间置红木挂屏，嵌云南大理石“苍严叠嶂”，气势磅礴。庭前堆砌湖石假山（气势峥嵘的嵌壁山），配植紫竹，自然多趣。亭前置石榴古桩大盆景，有三百多年的历史，院西南有一棵有两百多年历史的古枣树，极具山林野趣的静谧氛围。整个小院幽静古雅、绿意盎然，既富有野趣，又充满了儒雅之气。

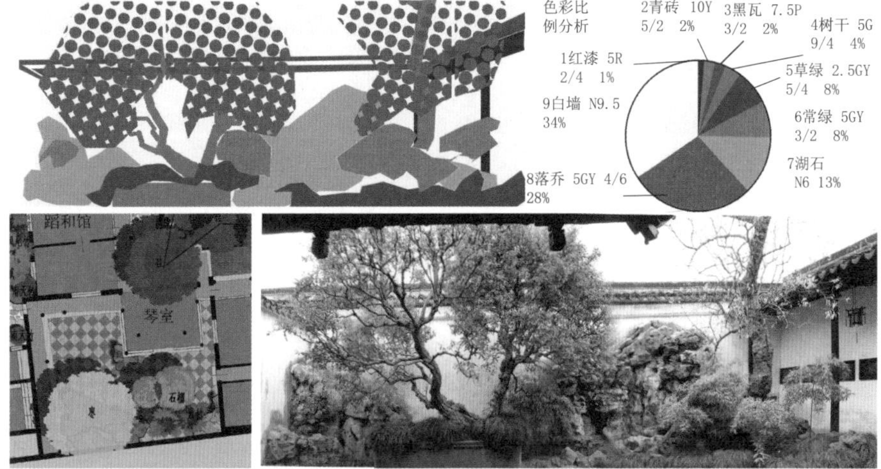

图6-68 网师园“琴室”的景色分析

（2）主题立意

琴室对联：“山前倚杖看云起；松下横琴待鹤归”，属抒情、状景联，描写了在山前倚着手杖看那缕缕白云冉冉飞升，在松树下横琴等待仙鹤翩翩归来的景象，表现出高人逸士那种脱离尘世、浮游于万物之表的心境和隐适情调，意境淡远、怡美。

（3）意境与色彩构成规律

此景借山峰翠竹、古树苍翠的山林野趣之景，描绘抚琴的境界，借以表述渔隐之闲趣，达“无我”之境。此院非常狭窄，却创造了如此山峰云间的山林野趣，其中白墙与石峰的组织非常重要，石如云、石如峰、墙如云、墙如雾，把古树、奇石渲染得风起云涌，犹如弦外之音。图6-68可清晰地看到此景的整体色彩搭配，以白（34%）为主，衬托出了明快鲜亮的翠色（36%），湖石为浅灰色系（13%），似云似峰，若隐若现，犹如至于山巅，犹如弦外之音“高山流水”，实为操琴之佳处。

6.3.5 小结

本节主要对网师园整体、区域及某些景点进行色彩分析，梳理了历史文献、主题立意中关于景点色彩方面的品鉴及描述，结合色彩构成理论进一步分析其色彩组织规律，从而推导景点中色彩氛围与意境之间的关系。

1. 整体色彩结构布局

从平面布局上分析整体色彩结构的比重，可看到园中大面积的静态人造色彩占了总比例的77%，动态的自然色彩只占了23%，在计算绿量时，也只占了总场地的37.87%。动态的植物色彩成了此园的视觉重点，通过植物名录表可看到植物种类相对较少，多于5棵以上的乔木主要有白玉兰、紫玉兰、鸡爪槭、桂、梅、西府海棠、紫薇等，可见落叶大乔木的比例特别小。对比20世纪五六十年代刘敦桢先生组织测绘的《苏州古典园林》种植图，差别很大，其中大乔木的比例大大缩减，补种的植物虽然品种差不多，但体量悬殊特别大，影响了网师园整体意境及色彩的空间氛围。

2. 区域色彩景观结构

在区域的审美上，主要形成三种差异。一为中部的山水区，以水为中心，东西两侧大面积的白墙提亮了整个中心水域的明度关系。南北两侧的山石、轩阁、花木等延展了空间的深度，同时增加了红绿对比的色彩元素，整体呈现高明度调的色彩强对比关系，这也是网师园色彩最为迷人的地方。从西侧的爬山廊往东望，是艺术家首选的写生视角。二为庭院区，无论是殿春簃还是梯云室，都是从以建筑内部观赏为主的视角。植物的配置强调点状的布置，但在庭院中缺少连贯性，主次不清，主题与背景区分不明显。植物体量的均衡性，造成空间色彩氛围略微琐碎。三为灰空间地段，这些区域贯穿了每个功能区域，形成了步移景异的视觉效果，植物和廊亭轩阁是构成此区域色彩氛围的主要元素。整体上个性与主题较为匹配，但在阴影区域，利用植物导入自然色彩方面考虑极为欠缺。

3. 主题景点的色彩景观分析

此部分比较具体、具象，通过景点及周边的概述，历史文献中景点的记载，以及主题、匾额及楹联立意等中所描绘的色彩或色彩意境，拓展到对其意境与色彩构成规律的分析。在对网师园景点的分析中笔者找到了以色彩为主题的6个景点，主要选取中心区的4个景点和两个庭院进行详细分析。总体来说，主题与景点色彩空间氛围都能匹配上，但也有很多不尽人意之处，如“小山丛桂轩”和“殿春簃”景点，未从绿叶的透光度及色彩显性角度考虑空间的意境。对比《苏州古典园林》中所测绘的图纸，可以发现这两个景点都缺青枫，具体可详见景点的描述。

6.4 环秀山庄

6.4.1 概述

环秀山庄位于景德路黄鹂坊桥东，今与苏州刺绣研究所比邻。现存的环秀山庄占地约0.2hm^2，布局前厅后院，核心山水区仅约800m^2。以山为主，以池为辅，山重水复，移步换景，造园手法简洁洗练，得真山水之妙。杨鸿勋《江南园林论》称之为“山景园的典型杰作”。

1. 主题解读

环秀山庄原为孙均“百一山房”园中的一个景点，为别业名。后因戈裕良所叠假山占地仅半亩，而恍若万壑千岩，大有尺幅千里之势。园因有此假山，“环秀山庄”之名更为显扬。

2. 名家品鉴

“东偏有小园，奇礓寿藤，奥如旷如，为吴下名园之一”（冯桂芬《显志堂稿》卷4）。

“丘壑在胸中，看叠石流泉，有天然画本；园林甲吴下，愿携琴载酒，作人外清游”（清·俞樾，山庄楹联）。

“风景自清嘉，有画舫补秋，奇峰环秀；园林占幽胜，看寒泉飞雪，高阁涵云”（清·《吴门逸乘》，汪开祉楹联）。

“溪上有亭焉……溪南为堂，颜曰环秀山庄，以其面山也。苏之城，廛次而墉比，举薪之户十万家，尘埃嚣然。而一入斯园之门，则镜澜屏碧，纷罨霭，朝岚倒景，夕彩晕光，隐几寂视，若出云表。其山，皱瘦混成，自趺至巅，横睨侧睇，不显斤斫”（金天羽《天放楼文言》卷5，1917年）。

“苏州湖石假山当推此为第一”（刘敦桢《苏州古典园林》）。

“……经小亭，导至山巅，深树参差，蓊郁四合，几忘置身尘市中”（刘敦桢、梁思成，1936年）。

“……前堂名‘有榖’，堂后筑环秀山庄，北向四面厅，正对山林……水萦如带，一亭浮水，一亭枕山……东西二门额曰‘凝青’‘摇碧’，足以概括全园景色……”（陈从周《苏州环秀山庄》）。

3. 园主筑园及意境的解读

据唐代陆广微《吴地记》记载，此地三国时为吴国内史王旬及其弟王珉的宅第，后舍宅建寺，即景德寺。史料记载中唐为钱氏金谷园，宋为朱长文“乐圃”的一部分，但争议很大，在此省略。明嘉靖末年被申时行（字汝默，号瑶泉，累官至吏部尚书）所购建宅，其孙申继揆（1590～1674年）又加扩建，取名“蘧园”，筑“来青阁”，闻名于苏城。清初，为阳山朱氏（朱长文的裔孙朱鸣虞）所有。

乾隆年间，园为蒋楫所得。蒋楫，字济川，苏州人，官刑部员外郎十年，兄弟子侄辈为监司、郡守、州牧、邑令者三十余人，而蒋楫最为富裕。此人性慷慨，仗义疏财，为官明慎练达，有颂声。他得“蘧园”之后，重葺楼厅，在厅东建“求自楼”五楹，以藏经籍，并“于楼后叠石为小山，畚土有清泉流出，迤逦三穴，或滥或氿，不孅不屠，合之而为池，酌之甚甘，导之行石间……因取《坡公试院》煎茶诗中字，题曰‘飞雪’”（蒋恭棐《飞雪泉记》）。

继而为尚书毕沅（1730～1797年）宅园。毕沅，自号灵岩山人，苏州太仓人，乾隆进士，官至湖广总督。治学由经史旁及小学、金石、地理，能诗文。尚书殁后，家产入官。

再后，园归文渊阁大学士孙士毅。孙士毅字智治，号补山，谥文靖，杭州人。此人爱石，有米颠癖，督学黔中时，得文石百有一枚，因自署曰“百一山房”。至其孙孙均（字古云），官散秩大臣，工篆刻，善绘花卉，中年奉母南归，居“百一山房”时，于嘉庆十一年（1806年）在书厅前堆一座假山，为叠山名家戈裕良手笔，也就是留存至今的“环秀山庄”大假山。

道光二十九年（1849年），园归工部郎中汪藻、吏部主事汪堃，在此建宗祠，名“耕荫义庄”。重修东部花园时额署“颐园”，因园中有别业称“环秀山庄”，故“颐园”则以“环秀山庄”之名显于世[1]。

中华人民共和国成立后，只存假山和“补秋舫”，其他大都颓毁。经过多次修复，园内“环秀山庄”原貌得以完整保存下来。

6.4.2 园林布局与色彩结构体系

环秀山庄现状布局比较简单，前厅后院。原来院中有一廊道划分了山水区及厅堂的空间，使其虚实相间，但目前此廊道已经拆除。笔者认为廊道的存在使人如置于深山潭水之中，环山廊所形成的合抱空间使山势更为陡峻，因此在空间布局分析中还保留了廊道元素。

1．整体色彩结构布局的分析

通过图6-69及表6-10中的数据显示，环秀山庄整体色彩结构以大面积的静态人造色彩为主，占了总比例的77%，绿地占15%，水域占8%，动态的自然色彩只占总比例的23%。

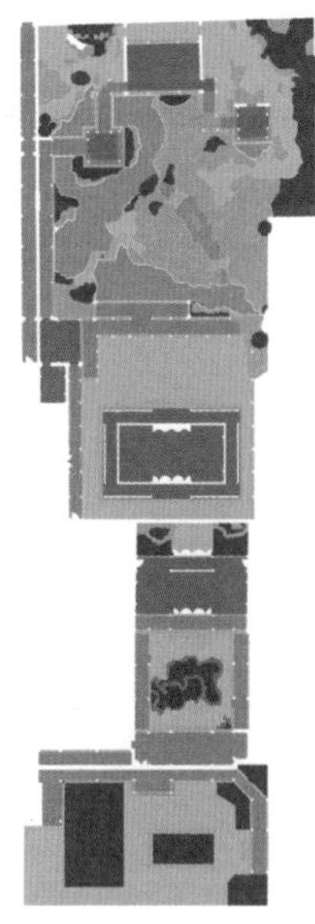

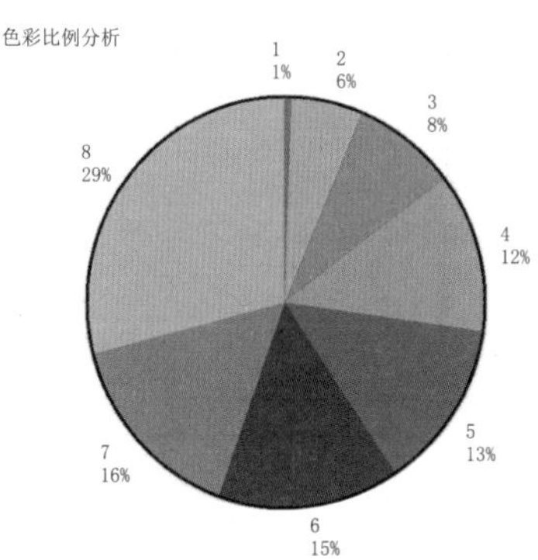

图 6-69　环秀山庄整体色彩结构布局图

环秀山庄整体色彩结构数据分析　表6-10

序号	结构	孟赛尔色值编号	RGB			比例
1	黄石	2.5YR 5/6	173	108	77	0.005717
2	台基	10YR 7/6	217	168	103	0.057144
3	湖水	2.5PB 5/5	185	208	212	0.084627
4	太湖石	N6	163	162	162	0.124662
5	室内	N4	107	108	107	0.134064
6	草地	7.5GY 3/4	55	81	44	0.147521
7	廊道	N5	136	137	135	0.156057
8	花街铺地	N7	181	182	181	0.290207

2. 现状植物的调研

在现状植物调研分析中发现，环秀山庄目前植物配置与刘敦桢先生《苏州古典园林》中测绘的图纸存在一定差异。图6-70是山水区现状植物与《苏州古典园林》中植物品种的比较，现状种植量远不如以前，特别是大乔木，为了保护假山，枯死的树木很难再进行补植，造成大乔木从以前的14棵，减到现在的6棵。而小乔木的更换变化也很大，很少有一致的地方。可见，环秀山庄的植物配置除了还活着的植物，补植的植物与原来的植物相差甚远。由于自然灾害造成树木的死亡，植物每年都会有增补。因此，调研以2013年数据为此次色彩分析的依据（图6-71）。

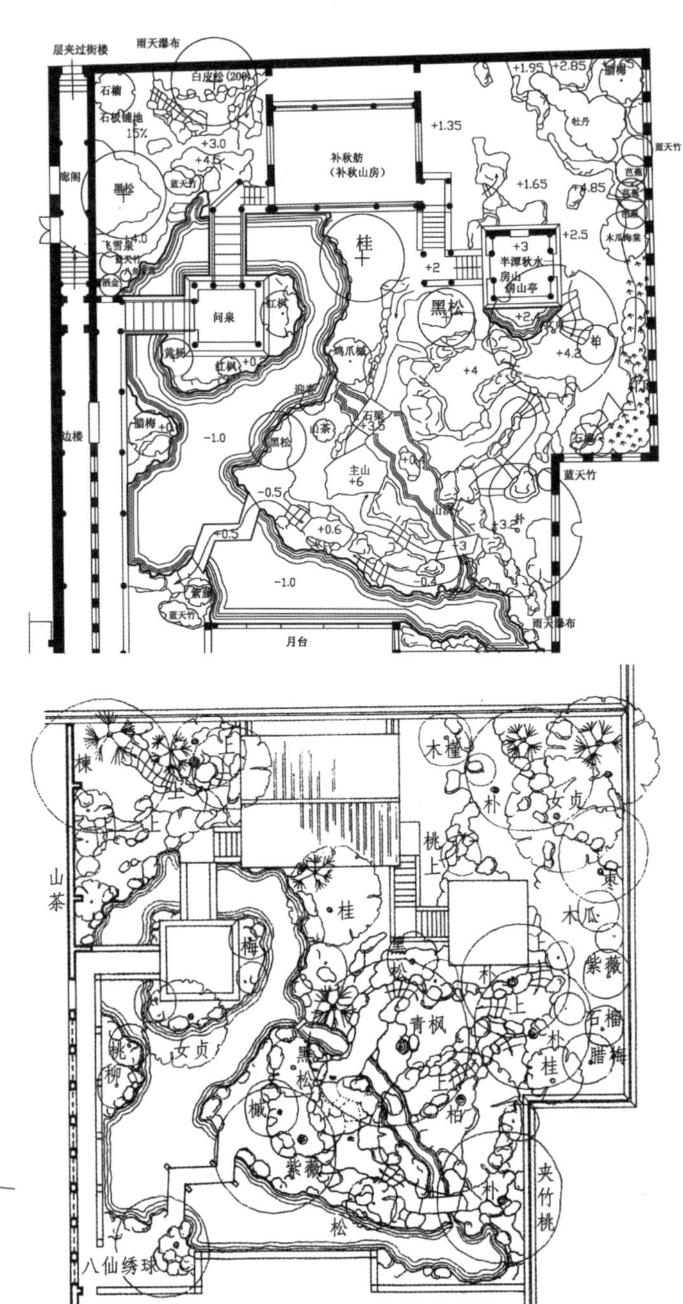

图 6-70 现状与《苏州古典园林》中植物的差异比较

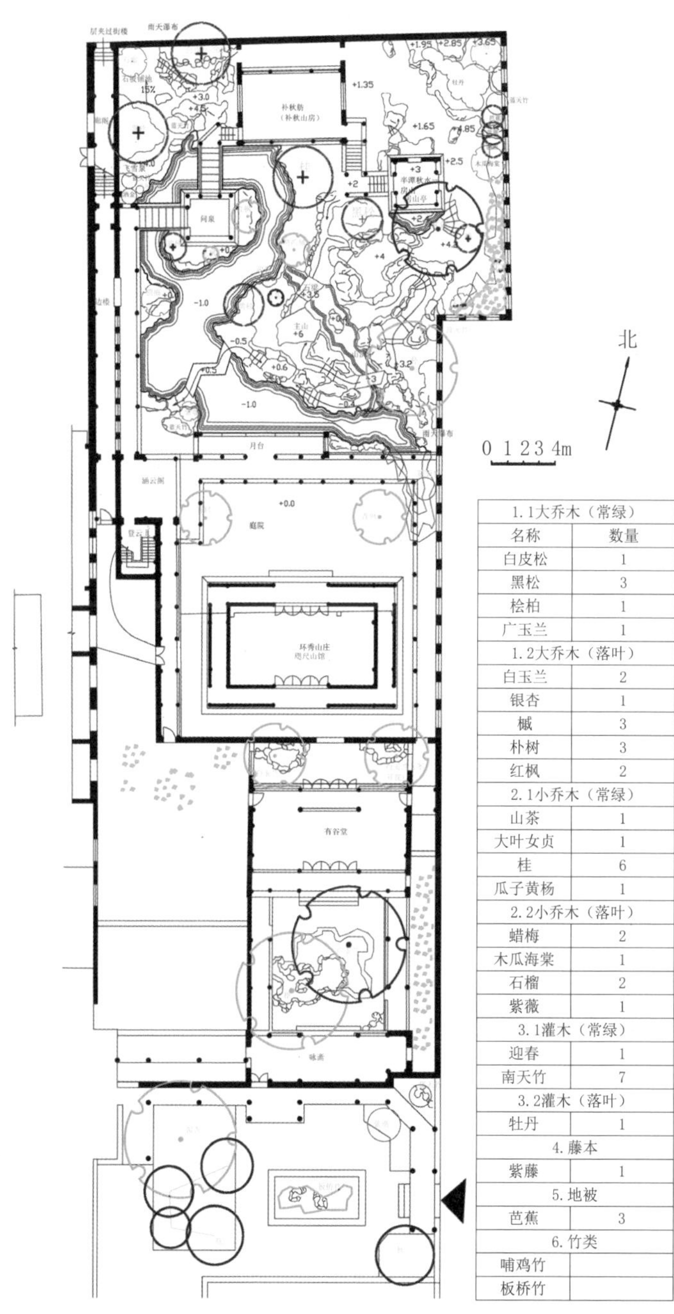

1.1大乔木（常绿）	
名称	数量
白皮松	1
黑松	3
桧柏	1
广玉兰	1
1.2大乔木（落叶）	
白玉兰	2
银杏	1
槭	3
朴树	3
红枫	2
2.1小乔木（常绿）	
山茶	1
大叶女贞	1
桂	6
瓜子黄杨	1
2.2小乔木（落叶）	
蜡梅	2
木瓜海棠	1
石榴	2
紫薇	1
3.1灌木（常绿）	
迎春	1
南天竹	7
3.2灌木（落叶）	
牡丹	1
4.藤本	
紫藤	1
5.地被	
芭蕉	3
6.竹类	
哺鸡竹	
板桥竹	

图 6-71　环秀山庄主要植物平面配置图及苗木表

3. 绿量的统计分析

从表6-11中可看到虽然场地的绿地面积不大，但绿化覆盖率很高，主要是落叶大乔木和常绿大乔木增加了场地的绿量。通过此表与图6-71的联系，可推测出20世纪五六十年代的绿量至少是现在的2倍。

环秀山庄绿量的统计分析 表6-11

内容	投影面积与场地比		投影面汇集
1落叶大乔木	投影面积	0.101304	10%
	场地面积	0.898696	
2常绿大乔木	投影面积	0.093473	9.3%
	场地面积	0.906527	
3小乔木/花灌木	投影面积	0.042105	4.2%
	场地面积	0.957895	
4地被	投影面积	0.103347	10.3%
	场地面积	0.896653	
合计			33.8%

4. 四季植物色彩的变化规律

环秀山庄整体上四季色彩分明，但植物色彩氛围主要体现在秋季，其中主要以大乔木色叶变化为载体。春季的花色不多，主要为白玉兰、广玉兰、木瓜、牡丹的花色等，零星点缀其间，并以落叶乔木的新绿为主；夏季植物的颜色也相对单一，以绿色系为主，只点缀一棵紫薇，整体色调为低明度、低纯度的绿色；秋季的色叶比较丰富，如青枫、朴树、红枫、银杏、白玉兰等，植物色彩斑斓；冬季的色彩相对单一，主要集中在北部山区，来源于白皮松、黑松、桧柏、桂树、瓜子黄杨等，但也正是这种厚重的绿色把建筑和湖石映衬得素雅而温馨（图6-72）。

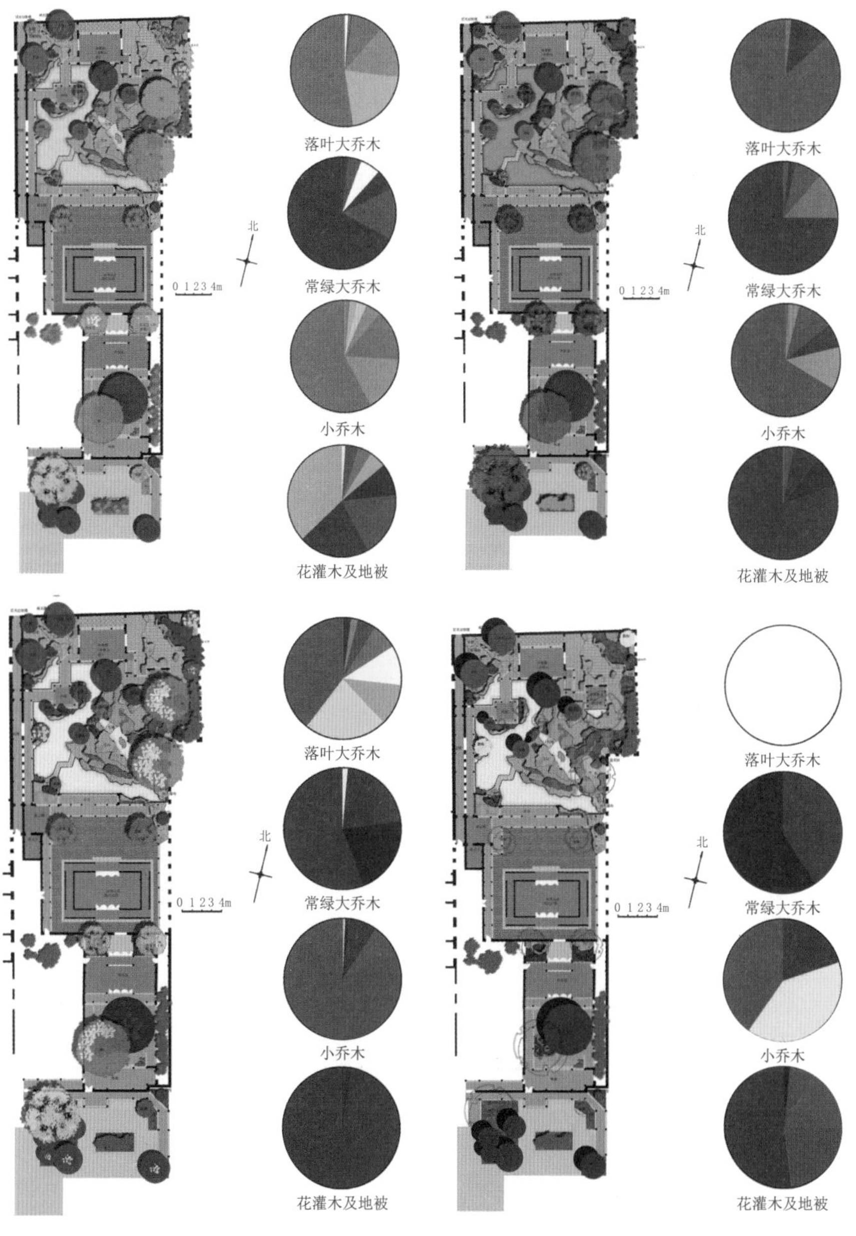

图 6-72 环秀山庄四季的色彩格调及植物花叶分层的色彩比例分析

6.4.3 中心区域色彩景观的分析

1. 景区概述

环秀山庄的山水区面积很小，只有1325m²，其中假山区817m²，戈裕良所叠假山仅330m²。由于面积有限，就利用夹持的空间，使高7m左右的假山有如大山之势，令人犹如进入深山之中。西侧多水，东侧多山，相互渗透，环绕山间。造园者将精巧、微缩或取一角等建造手法用于建筑的组织，大乔木构成苍翠的绿色背景，点缀奇松异木，石如云，石如峰，令人犹如置于海市蜃楼中。

2. 色彩结构的布局

环秀山庄的山水区整体以静态色彩为主，其中花街铺地占24%，太湖石占19%，室内金砖占16%，湖水面积占13%，廊道的青砖占13%，台基的金山石占5%，黄石不到1%，绿地仅占10%（图6-73）。

3. 四季植物色彩的变化规律

山水区的植物配置四季变化除秋季外不是很明显，秋季的变化，也主要体现在“环秀山庄”厅堂北侧平台的两棵青枫和问泉亭南侧的红枫上；其他的花色只起到点缀作用，且都分散在不同的时间段上；整体植物配置以常绿的松竹为主；园中的两棵朴树较高大，亭亭如翠盖。

4. 剖立面的色彩分析

笔者选择了山水区两个比较有代表性的立面，一个是从南往北看的A-A剖立面，一个是从东往西看的B-B剖立面，两个立面的共性都是静态的色彩比例较大，占60%～70%。动态色彩中的花色和叶色所占比例很少，不到9%。由此可见环秀山庄的园林色彩相对恒定，以静取动，凸显自然气象，与如蛟云的湖石相呼应。此园巧在对色彩的有效控制上，这主题得以突出（图6-74、图6-75）。

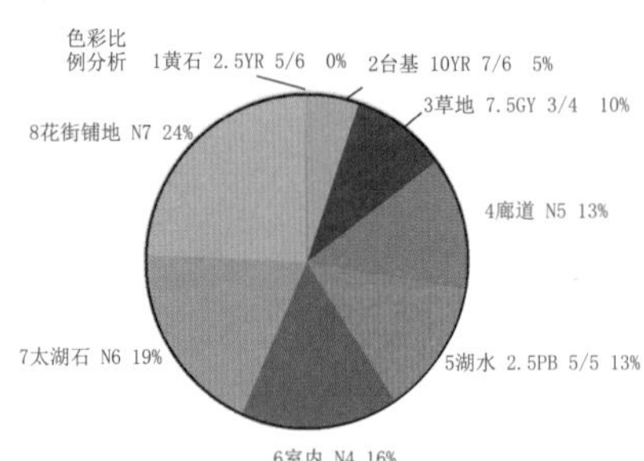

图6-73 环秀山庄山水区整体色彩结构布局图及分析图

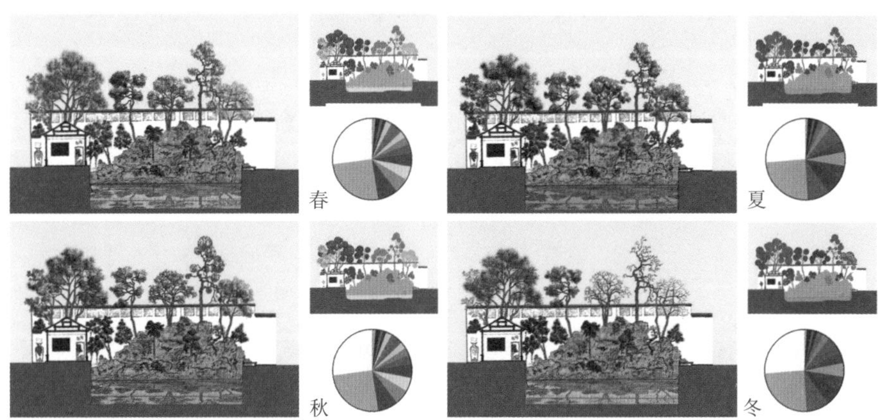

图 6-74 环秀山庄山水区 A-A 剖面四季色彩的景象与比例分析

春
夏
秋
冬

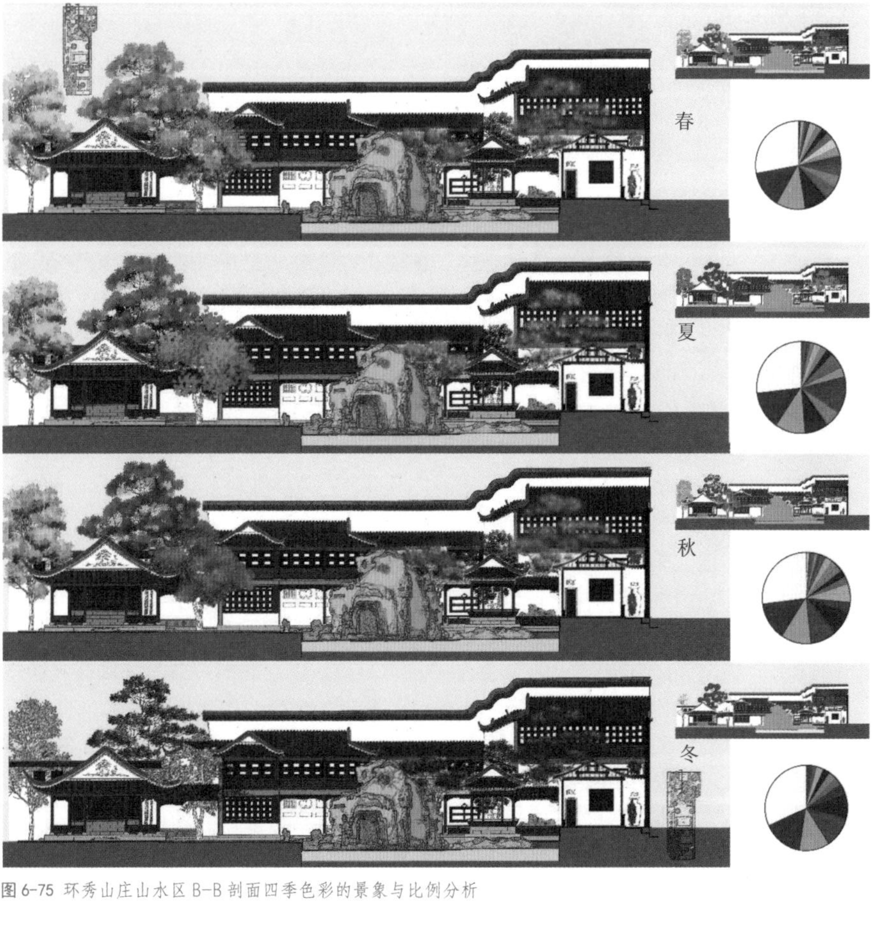

图 6-75 环秀山庄山水区 B-B 剖面四季色彩的景象与比例分析

6.4.4 主题景点色彩景观的分析

1. 环秀山庄

（1）景点概述

“环秀山庄”也叫“咫尺山房”，此厅堂位于山水区的南侧，紧挨花园南边的入口，为四面厅建筑。北面有露台正对山林，伸至池边，两侧以鸡爪槭（青枫）对植，夏日绿荫如盖、苍翠欲滴，秋时则叶色陡变、醉红撼枝。平台地面为冰裂纹铺地，与盈盈数尺水面相呼应。

原厅堂的东、西、北三面有廊环绕，目前只留西侧廊道。

（2）主题立意

匾额“环秀山庄”，“环”既是动词又是形容词，有环抱、围合之意；“秀”有俊美、秀丽、秀美之意，也指草木之花。用于描绘园林景色的匾额，描绘了秀色环抱的山庄景色。

对联之一：“丘壑在胸中，看叠石流泉，有天然画本；园林甲吴下，愿携琴载酒，作人外清游”。上联谈到了一个艺术创作的基本原则：造园者因胸中有丘壑，所堆叠的假山、组织的流泉，犹如大自然天然的图画蓝本。借以赞扬叠石名师戈裕良以真山真水和山水画为蓝本，造就了“咫尺山水”而有千里之势的意境，山势峥嵘峻拔、气势雄伟，有峭壁、洞壑、涧谷、危道、悬崖、石室等景观，形同真山，秀甲吴中。下联借景抒情，在这吴中第一的山林园林里，于泉边弹琴，在林下饮酒，就像陶渊明一样，“携琴酒以消忧”，忘却人世间的一切烦恼，顿生尘外之想。

原山林主入口有“有穀堂”北侧东、西两个门，目前此门已经关闭，但有楹联描述。东门宕砖额“环青”，意为被苍翠之色所环抱之意；门联：“千重碧树笼春苑；万缕红霞衬碧天”，用于描绘园内景色的优美、明丽。西门宕砖额“挹秀”，指园林的秀色可以被瓢舀取；门联：“风袂挽香虽澹薄；月窗横影已精神”，意为风吹衣袖，挽起甜淡的梅香；月窗前斜横着梅影，再现了梅花的神清气爽。

（3）主题意境与色彩构成规律

“环秀山庄”厅堂的视觉焦点落在厅北的山林景色，这一视角所见之景是对整个园林景色的高度概括。在厅堂视域中所见的主要是山景，假山占了60%，建筑及绿化约30%，天色占10%。在色彩空间氛围上强调“秀色”，是人工之色与自然之色的完美展现，秀在建筑，秀在自然，秀在人造色彩与自然色彩的交相呼应。厅堂周边总体色调清新自然，以白色为主要基调色，映衬着苍翠的植

图 6-76 环秀山庄厅北的景色

物和浅灰色的太湖石，深灰色的瓦与暗红色的窗格点缀其间，显得俊美、清秀，加上季节变化下花色与叶色的不同，整体呈现秀丽、秀美的景色（图6-76）。

2．涵云阁

（1）景点概述

“涵云阁”位于假山的西南角，是看全园景色最佳的位置，近可观奇峰云涌，北可望见“飞雪”泉、补秋舫，旁可鉴厅堂。此阁占据幽胜之地，是园林中最佳的观赏视点之一，在此可欣赏到清丽美好的风景。

（2）主题立意

“涵云阁”为写景匾额，意假山如云、假山如峰，人若置于山巅云雾之上。

对联之一为“流水曲桥通，帘卷风前，山翠环来花竹秀；涵云高阁起，筵开月下，灯红留向画图看”。此为陈从周先生题，是写景式对联，描绘环山一弯流水，有曲桥相通，风前卷帘，四周是绿色的山、美丽的花、青翠的竹子。高高的涵云阁上，月下开筵，灯红酒绿，优美的风景可作图画欣赏。

（3）主题意境与色彩构成规律

“涵云阁”意在“云”，描绘了虚无缥缈之意境。流水、曲桥、卷帘、假山、翠竹、绿树、鲜花、云、白月、红灯、画、图等构成了秀丽的山水画。

图6-77展示了涵云阁主视域的色及比例关系，太湖石的浅灰色占了42%，苍翠的落叶大乔木与白墙、天色组成了白绿相间的背景，前景的翠松成为视觉的焦点。

3．飞雪泉

（1）景点概述

“飞雪泉”位于山水区的西北角，乾隆年间园主蒋楫因此处有

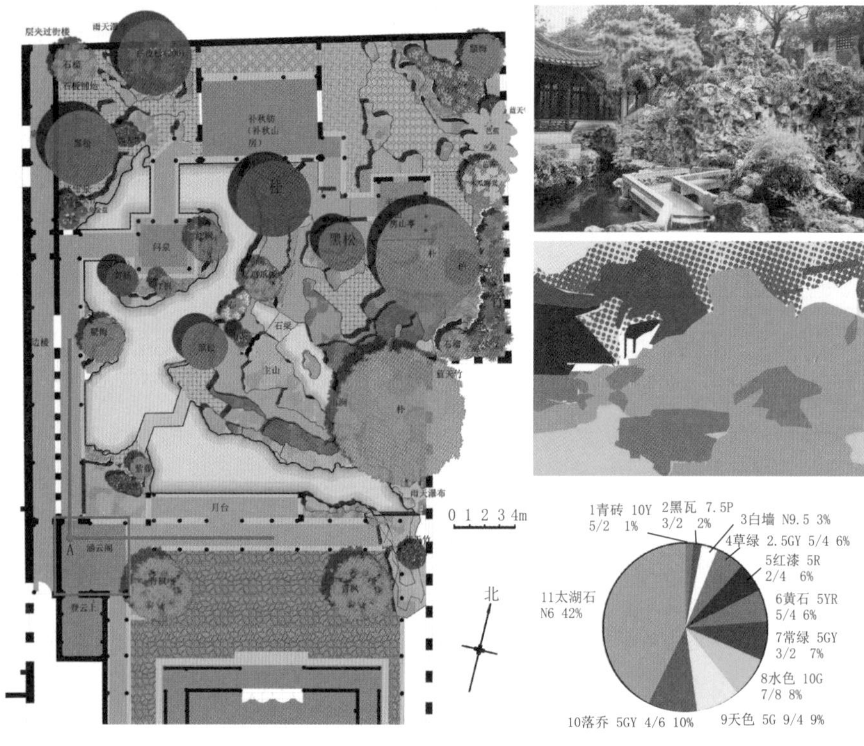

图6-77 涵云阁的景色及色彩比例分析

清泉流出，故垒石、引泉，形成了小瀑布、小溪涧的山泉景观。

（2）主题立意

石壁摩崖“飞雪”，指飞舞的雪花。取苏东坡《试院煎茶》中“蒙茸出磨细珠落，眩转绕瓯飞雪轻”诗意。壁下即为“飞雪泉”，泉水清澈可爱。涧有步石，极其险巧，雨后瀑布奔腾而下，犹如飞雪。

（3）主题意境与色彩构成规律

石壁下是飞雪泉，泉水清澈可爱，涧有步石，极其险巧，雨后瀑布奔腾而下，犹如飞雪一般洁白。为突出主题，此处垒的太湖石多选择白色或浅灰色，色值多在N7～N9，犹如白雪落在石头上，晶莹剔透，美妙至极，再一次强调了主题所描绘的景色。图6-78表现的主要是高明度的太湖石与后补青色太湖石的色差。

4. 补秋舫

（1）景点概述

“补秋舫”位于山水区的北侧，坐落在山谷之间，是形如画舫

图6-78 飞雪泉太湖石的色彩与青色太湖石的比较

的水阁，身坐其中，使人犹如坐在一艘徐徐穿行于山壑间的画船之上，别有一番静中动趣。

（2）主题立意

“补秋舫”，环秀山庄的“秀”很大程度在于植物秋色叶所营造的秀丽景色。“补秋”意补秋色之外的景色，或通过青翠之色衬托秋色。

对联之一为“云树远涵青，偏数十二阑凭，波平如镜；山窗浓叠翠，恰受两三人坐，屋小于舟”，属写景联。上联描绘高入云间的大树远远地涵蕴着青色，数遍十二栏杆，江波平静得像镜子一般；下联写窗外青山层层浓翠，小舫恰好可坐两三个人，屋比船小，小巧玲珑。

西门宕砖额为“摇碧”，源于补秋舫窗外恰好是碧色的流水，可以饱览花池摇碧影，把一种色彩赋予了动感。微风吹动、绿树轻动、水波荡漾，就像摇出一片碧色，进一步强调了舫前“池光摇碧漪”的景色及飞泉的动态声音。东门宕砖额“凝青”，强调窗下碧水凝青、门东绿树凝青，到处是一片青翠之色。

（3）主题意境与色彩构成规律

“补秋舫”通过“补秋”反衬出碧绿之色，属于以色造景的景点之一。在四面开窗的屋子里南边、西边是澄清、碧绿的溪水，舫东、西、南为四季常青的树木和参差的峰石，就如舫的东、西二门上的砖额所写“凝青”“摇碧”一样，满目青色、碧色、翠色，生机盎然，加强了主题“补秋”的内涵（图6-79）。

然而，2013年的天灾，“补秋舫”东侧一棵113年树龄的糙叶树干死了。目前，东侧的翠色未形成，需补植，墙根建议用竹子与芭蕉组合，显得一片青翠；北侧天井一直空着，为四面厅的建筑，又以“碧、青、翠”为主题，应该在北侧垒花台、置石，布

图 6-79 补秋舫的现状分析及主题色彩意境

置一些青绿色的植物，如竹、常青藤、芭蕉等，以加强主题的色彩氛围。

5. 半潭秋水一房山

（1）景点概述

“半潭秋水一房山”位于山水区的东北角，在半山腰上，亭南有月牙形的水潭，是俯瞰全园的重要景点之一。

（2）主题立意

此景点主题取唐李洞《山居喜故人见访》诗：“看待诗人无别物，半潭秋水一房山”。此亭南侧有小崖石潭起点题作用，意山下的水池虽然很小，但曲折变化，如置于深潭之中。其意境取自《水经注·三峡》中的“素湍绿潭，回清倒影”，即雪白的泉流，碧绿的深潭，回旋着清波，倒映着各种景物的影子。亭中看山，峦崖入画，低头望水，“池塘倒影，拟人蛟宫”。

（3）主题意境与色彩构成规律

此景点强调了秋季景色。秋高气爽的时节，仰望晴朗的天色衬托黄色、橙色、红色的秋色叶，色彩鲜明、秀美；俯瞰碧绿的池水，倒映着美丽的景色；同样的景色在蓝天色的衬托下格外醒目、秀美，在碧水色的倒映中显得格外幽雅、柔和。景点的游览高潮处，通过色彩强弱对比的辩证关系，彰显环秀山庄秋色的俊秀、美丽（图6-80）。

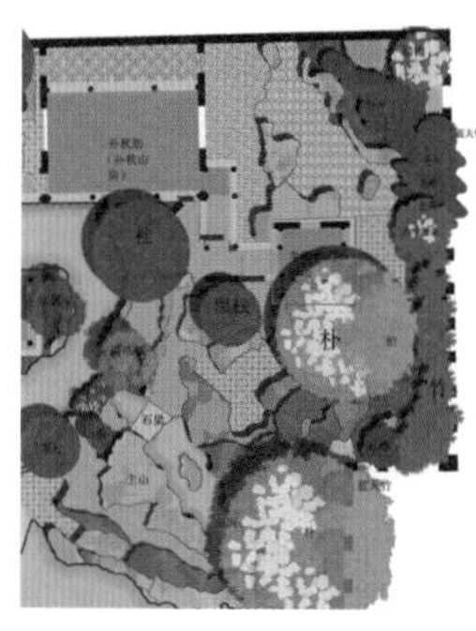

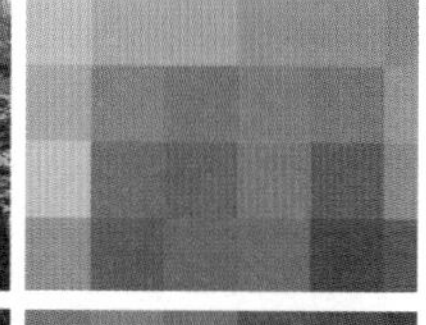

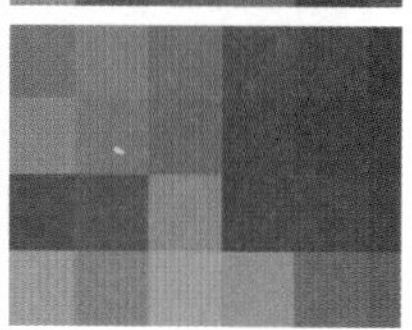

图 6-80 半潭秋水一房山景色及主题色彩意境

6.4.5 小结

本节主要通过对环秀山庄整体、区域及某些景点进行色彩分析，梳理了历史文献、主题立意中关于景点色彩方面的品鉴和描述，结合色彩构成理论进一步分析其色彩组织规律，从而推导出景点中色彩氛围与意境之间的关系。

1. 整体色彩结构布局

从平面布局上分析整体色彩结构的比重，可看到园中大面积为静态人造色彩，占77%，动态的自然色彩只占23%，在计算绿量时，也只占了总场地的34.02%。动态的植物色彩成了此园的视觉重点，因水域面积狭长，水色主要受水底水草及岸边景物的影响，加上院墙高大、院子狭长，最宽只有28m，因此动态色彩中的植物色彩成为此园林的主角，也是构成"秀色"的主要色彩媒介。植物种类相对较少，多于3棵以上的乔木主要有黑松、鸡爪槭、桂、朴树等，山水区的绿色背景主要由朴树构成。对比20世纪五六十年代刘敦桢先生组织测绘的《苏州古典园林》种植图，现状与其差别很大，其中大乔木的比例大大缩减，受限于假山的保护，虽然有补种，但与当时风貌相差甚远，影响了环秀山庄整体意境及色彩的空间氛围。

2. 区域色彩景观结构

在区域的布局上，虽然分了前庭后园的格局，但重点还是园中的山水区。园以叠山胜，山是园的主角，一切都围绕着山而展开。为突出山势，东边以白墙、透光性强的植物为主，西边以水为主，西墙则依墙贴面修建了一带层阁重廊，通过东西两面楼阁及大乔木虚实夹持，从而突出太湖石，使其成为视域中重要的视觉因素，山上的造型植物与石峰成为视觉焦点。除了环状种植的背景树外，其他植物大都以点状形式出现，且大都与山石有密切的组织关系，具体可详见景点说明，植物四季的变化或造型的变化成为“秀色”的主要构成因素。

3. 主题景点的色彩景观分析

此部分比较具体、具象，笔者通过景点及周边的概述，历史文献中对景点的记载、主题、匾额及楹联立意等中所描绘的色彩或色彩意境，从而拓展到对其意境与色彩构成规律的分析。在对环秀山庄景点的分析中找到了以色彩为主题的5个景点，这些景点都是围绕假山而展开的，总体来说主题立意与景点色彩空间氛围都能相匹配。另外在对山石的色卡比对过程中发现，环秀山庄的太湖石大都选择白色或浅灰色，色值多在N7～N9。由于历史的沉淀，在阴影部分或潮湿的地方受苔藓和污渍的影响，大部分的石头色彩在N4～N7，加上光影作用于空洞之上，色调斑驳，在阴影或暗部处呈现消极与低沉的氛围。在“秀”的空间氛围及意境营造上，建议对主要区域的湖石进行清洗，以还原其秀美之色。

6.5 沧浪亭

6.5.1 概述

沧浪亭，城南三元坊附近，为苏州现存古典园林中历史最悠久的一处，目前占地面积约1.1hm^2。园林临水而建，园外古葑溪河沿园北墙自西向东而流，两侧叠石为岸、古树掩映、波光倒影、景象万千；园内以山石为主景，山上古木参天，山下凿有水池，山水之间以一条曲折的复廊相连，廊中的漏窗把园林内外山山水水融为一体。2000年，此园被联合国教科文组织增补列入《世界遗产名录》。

1. 主题解读

“沧浪亭”源于宋时苏舜钦（字子美）对园的立意，取《楚辞·渔父》中“沧浪之水清兮，可以濯吾缨；沧浪之水浊兮，可以濯吾足”之意，借屈原怀才不遇、被贬谪放逐表达苏氏当时的思想感情。这个命名是作为诗人的苏舜钦激情和才智的充分体现，借“沧浪亭”的美景，表达他脱离官场后回归林泉的真性情，借以劝诫士大夫要把握自胜之道，不要沉溺官场而不能自拔。

释文瑛重修“沧浪亭”后，沧浪亭的主题已经从沧浪濯缨变为对濯缨人的高山仰止。自宋荦改建沧浪亭之后，歌颂的对象从苏子美逐渐扩大到五百名贤，又成为对沧浪濯缨主题的追思之处和以先贤为楷模的教育基地。陈从周先生说：“园在性质上与他园有别，即长时期以来，略似公共性园林，官绅燕宴，文人雅集，胥皆于此，宜乎其设计处理，别具一格。”

“沧浪亭”的园景美与苏舜钦在“沧浪亭”里所寄托抒发的感情美，使其千古不衰、流传至今。

2. 名家品鉴

“迨淮海纳土，此园不废。苏子美始建沧浪亭，最后禅者居之：此沧浪亭为大云庵也。有庵以来二百年，文瑛寻古遗事，复子美之构于荒残灭没之余：此大云庵为沧浪亭也。夫古今之变，朝市改易。尝登姑苏之台，望五湖之渺茫，群山之苍翠，太伯、虞仲之所建，阖闾、夫差之所争，子胥、种、蠡之所经营，今皆无有矣”（归有光《沧浪亭记》）。

梁章钜为“沧浪亭”所集之联为“清风明月本无价，近水远山皆有情”。

3. 园主筑园意境的解读

（1）苏舜钦与沧浪亭

苏舜钦（1008～1048年）是沧浪亭的创建者，字子美，祖籍梓州铜山（今四川中江），善诗、善书、善酒。三代为官，祖父苏易简为参知政事，父苏耆，为工部郎中，岳父杜衍为宰相。苏舜钦曾任大理评事、集贤校理、监进奏院，因与杜衍为首的革新集团推行新政，受反对派的祸害，被革职为民之后，于庆历五年（1045年）举家南迁苏州。因爱孙氏遗业（五代末孙承佑建的别墅），“草树郁然，崇阜广水，不类乎城中，并水得微径于杂花修竹之间……旁无民居，左右皆林木相亏蔽”，便以四万贯钱购得，在其基础上“构亭北崎，号‘沧浪’焉。前竹后水，水之阳又竹，无穷极。澄川翠干，光影会合于轩户之间，尤与风月为相宜。予时榜小舟，幅巾以往，至则洒然忘其归。觞而浩歌，踞而仰啸，野老不至，鱼鸟共乐。形骸既适则神不烦，观听无邪则道以明；返思向之汩汩荣辱之场，日与锱铢利害相磨戛，隔此真趣，不亦鄙哉”（苏舜钦《沧浪亭记》），以供游息栖迟。然苏舜钦拥有“沧浪亭”三年多后即去世。

（2）章氏与章园

苏舜钦之后，龚明之与章庄敏（章惇，福建人，官至宰相）各具其半。其中“沧浪亭”在章氏手中，“广其故地为大阁，又为堂山上。亭北跨水，有名洞山者，章氏并得之……益以增累其隙，两山相对，遂为一时雄观”（范成大《吴郡志》），时人称为“章园”。章氏之子又用三万贯钱买黄土，增筑山亭，至此“园亭之胜，甲于东南”（蒋吟秋《沧浪亭新志》）。

（3）韩世忠与韩园

南宋绍兴年初，章氏窘迫献园，园归抗金名将韩世忠。韩世忠又对园进行了较大增饰："筑桥两山之上，名曰'飞虹'。山上有连理木，并建堂曰'寒光'，旁有台，曰'冷风亭'，又有'翊运堂'；池侧有'濯缨亭'，梅亭名'瑶华境界'，竹亭名'翠玲珑'、桂亭名'清香馆'，而'沧浪亭'依然为最胜之景"[14]。

（4）千载挹高踪

元延祐年间，释宗庆在沧浪亭西建"妙隐庵"。元正年间释善庆在沧浪亭东建"大云庵"（结草庵）。此时沧浪亭崇阜广水的风貌依旧，"竹树丛邃，极类村落间""环后为带，汇前为池，其势萦互，深曲如行螺壳中。池广十亩，名'放生'，中有两石塔……""山空水流，人境俱寂，宜为修禅读书之地""吴城之兰若莫之及矣"（明·沈周《草庵记游》）。

明嘉靖二十五年（1546年），释文瑛喜读诗书，钦重子美，在"大云庵"重建"沧浪亭"。"文瑛寻古遗事，复子美之构于荒残灭没之余，此大云庵为沧浪亭也"（明·归有光《沧浪亭记》）。从此，沧浪亭的主题已经从沧浪濯缨变为对濯缨人的高山仰止了[15]。

清康熙二十三年（1684年），江苏巡抚王新命在沧浪亭的西部建"苏公祠"。

清康熙三十五年（1696年），巡抚宋荦主持重修沧浪亭，复构亭于土阜之巅，并筑观鱼处、自胜轩、步碕廊等数处，其名多取自舜钦诗文中。为方便出行，水上架桥，增设出入口等，许多景点延续至今。此次修建变更了苏舜钦濯缨濯足、隐逸尘外的主题，"沧浪亭"被移立于土山之上，成为觞咏之所，彻底转变为高山景行的瞻仰之所。次年，宋荦在沧浪亭西南角又购七十亩地建了皇帝巡幸驻跸之所，成为当地百姓的游赏之地。

清道光年间，布政使梁章钜与巡抚陶澍等其他官员商定："庀材鸠工，扶仆易朽，凡六阅月，顿还旧观"，并建"五百名贤祠"，强化"沧浪"之主题。

咸丰十年（1860年）太平军入城，沧浪亭又遭破坏。同治十二年（1873年）布政使应宝时、巡抚张树声等重建告竣，"叠石之上，有亭翼然，可以登眺者，即沧浪亭也""亭之后，建南向三楹之'明道堂'，堂之后为'东菑''西爽'。折西为'五百名贤祠'""其他轩馆亭榭，或仍旧题，或随今宜"。西南尽处"大云庵""沧浪亭"也仍由僧人管理。"余则以意为之，不特非子美旧观矣。然丘壑景物，土木之胜，佥谓视昔无逊焉""凡用人之力六万一千五百工有奇，良材、坚甓、金铁、丹漆之属，其用材略相当”（以上引文均见张树声《重修沧浪亭记》）。虽延续“沧浪”主题，但与宋荦重修时的景色相差较大，《小方壶斋舆地丛钞》中有光绪初年佚名所作的《记游沧浪亭》，对此次重修的描述颇为详尽，这一格局基本保持至今。

1955年2月，沧浪亭经全面修葺后向游人开放。

6.5.2 园林布局与色彩结构体系

沧浪亭北临清池，河流自西向东，两岸桃柳依依。沿水傍岸装点曲栏回廊，布置假山古树，临水山石嶙峋，其后山林隐现，苍蔚朦胧，仿佛后山余脉绵延远去。大门设在园的西北角，门前设桥，渡桥入门。

沧浪亭的内部，以一座土石结合的假山为主体，建筑环山随地形高地布置，绕以走廊，配以亭榭。山体东西隆然而卧，用黄石抱土构筑，是土多石少的陆山，山上石径盘回、林木森郁，道旁箬竹被覆、景色自然，具有真山野林之趣。在假山与池水之间，隔着一条向内凹曲的复廊，北临水溪，南傍假山，曲折上下。廊壁置漏窗多扇，透过漏窗花格，沟通了内山外水，也使一湾清流与假山远峰映照交融。沧浪亭的廊迤逦高下，把山林池沼、亭堂轩馆等连成一体。

1. 功能的布局与色彩的色相分析

图6-81及表6-12中的数据显示，沧浪亭整体色彩结构以大面积

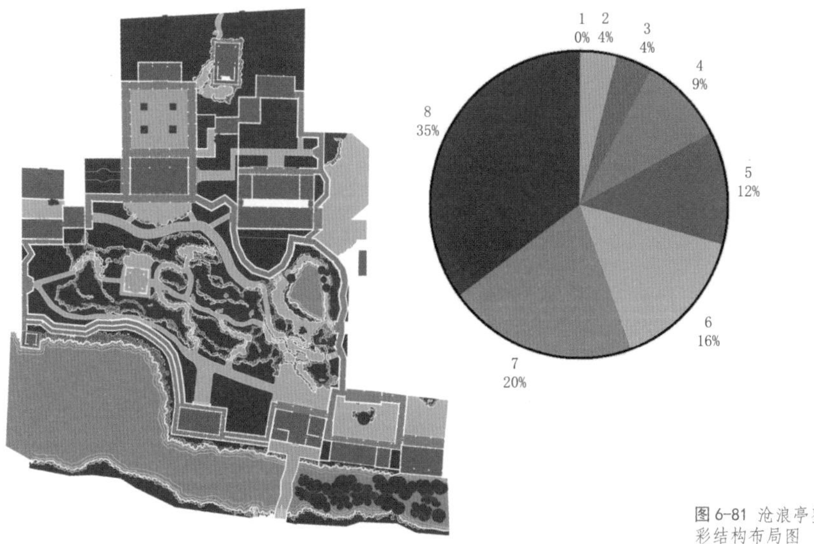

图 6-81 沧浪亭整体色彩结构布局图

的动态自然色彩为主，占总比例的55%，绿地占35%，水域占20%，静态的色彩只占总比例的45%。

沧浪亭整体色彩结构数据分析 表6-12

序号	结构	蒙赛尔色值编号	RGB			比例
1	太湖石	N6	163	162	162	0.001647
2	台基	10YR 7/6	217	168	103	0.036661
3	黄石	2.5YR 5/6	173	108	77	0.038343
4	廊道	N5	136	137	135	0.089939
5	室内	N4	107	108	107	0.115314
6	花街铺地	N7	181	182	181	0.162807
7	湖水	2.5PB 5/5	185	208	212	0.198270
8	草地	7.5GY 3/4	55	81	44	0.340335

2. 现状植物名录的调研

通过对现状植物调研分析，笔者发现沧浪亭目前植物配置与刘敦桢先生《苏州古典园林》中测绘的图纸差异不大，具体详见图6-82中沧浪亭景点现状植物与《苏州古典园林》中植物种类的比较。由于自然灾害造成树木死亡，植物每年都会有增补。因此，调研以2013年数据为此次色彩分析的依据（图6-83、表6-13）。

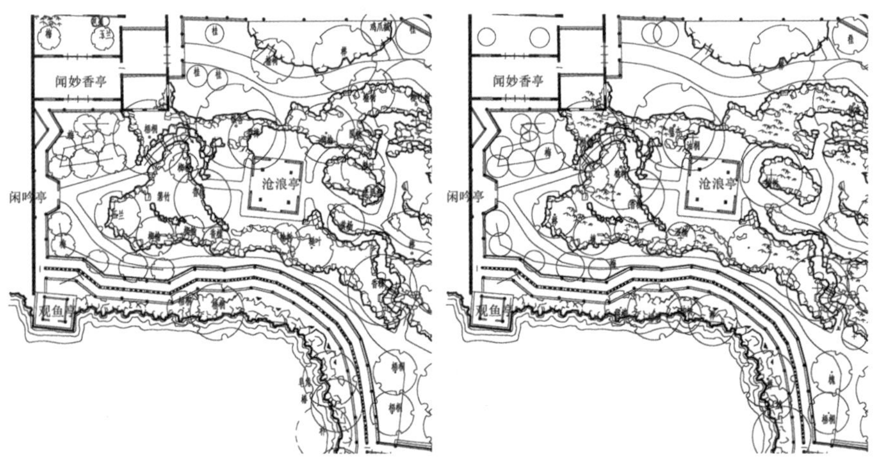

图6-82 现状与《苏州古典园林》中植物的差异比较

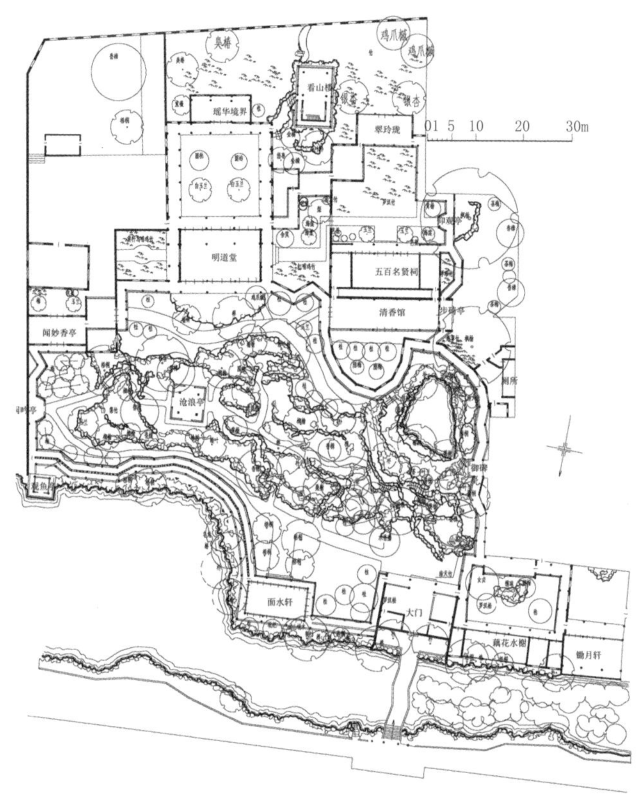

图 6-83　沧浪亭主要植物平面配置图（2014 年）

沧浪亭绿量的统计分析　　表6-13

内容	投影面积与场地比		投影面汇集
1. 落叶大乔木	投影面积	0.222265	22.2%
	场地面积	0.777715	
2. 常绿大乔木	投影面积	0.045472	4.5%
	场地面积	0.954517	
3. 小乔木/花灌木	投影面积	0.209769	21%
	场地面积	0.79022	
4. 地被	投影面积	0.304042	30.4%
	场地面积	0.683171	
合计			78.1%

3．绿量的统计分析

从表6-14中可看到场地的绿地面积大，绿化覆盖率也很高，主要绿量源于落叶大乔木。

沧浪亭主要植物的苗木表　　表6-14

1.1 大乔木（常绿）		1.2 大乔木（落叶）		2.2 小乔木（落叶）		5. 水生	
名称	数量	名称	数量	名称	数量	名称	数量
罗汉松	3	垂柳	1	紫薇	2	荷花	
圆柏	3	白玉兰	8	红梅	10	6. 地被	
金钱松	1	槐树	2	蜡梅	3	芭蕉	9
山水楠木	1	榆树	3	绿萼梅	3	一叶兰	2
香樟	9	榔榆	6	西府海棠	3	沿阶草	
2.1 小乔木（常绿）		银杏	3	梨	1	薜荔	
山茶	3	梧桐	12	拐枣	1	玉簪	
枇杷	1	臭椿	2	老鸦柿	1	芍药	
大叶女贞	1	椿树	5	3.2 灌木（落叶）		7. 竹类	
金橘	2	鸡爪槭	3	名称	数量	哺鸡竹	
桂	29	朴树	9	南迎春	4	慈孝竹	
瓜子黄杨	6	枫杨	2	连翘	1	板桥竹	
3.1 灌木（常绿）		榉树	6	木本绣球	1	金镶玉竹	
含笑	1	桑树	2	牡丹	1	箬竹	
南天竹	2	皂角	1	4. 藤本		紫竹	
桃叶珊瑚	2	糙叶树	4	木香藤	1		

注：植物名录中的数量只针对色彩、占比较大的植物，故有些灌木、草本和水生植物无数量说明。

4．四季植物色彩的变化规律

四季整体色彩分明，春季新叶约占55%的比例，常绿树约占40%，花色占5%；夏季整体为低明度、低纯度的绿色，约占80%，翠竹新叶约占17%，花色约占3%；秋季植物色彩斑斓，但低明度、低纯度的绿色还是占主导，约占60%，叶色占26%，其他不同中高明度的绿色约占14%；冬季以低明度、低纯度的绿色为主导，约占85%（图6-84～图6-87）。

春季新绿绽放，淡黄绿色的叶子在逆光的角度上，呈现一片高

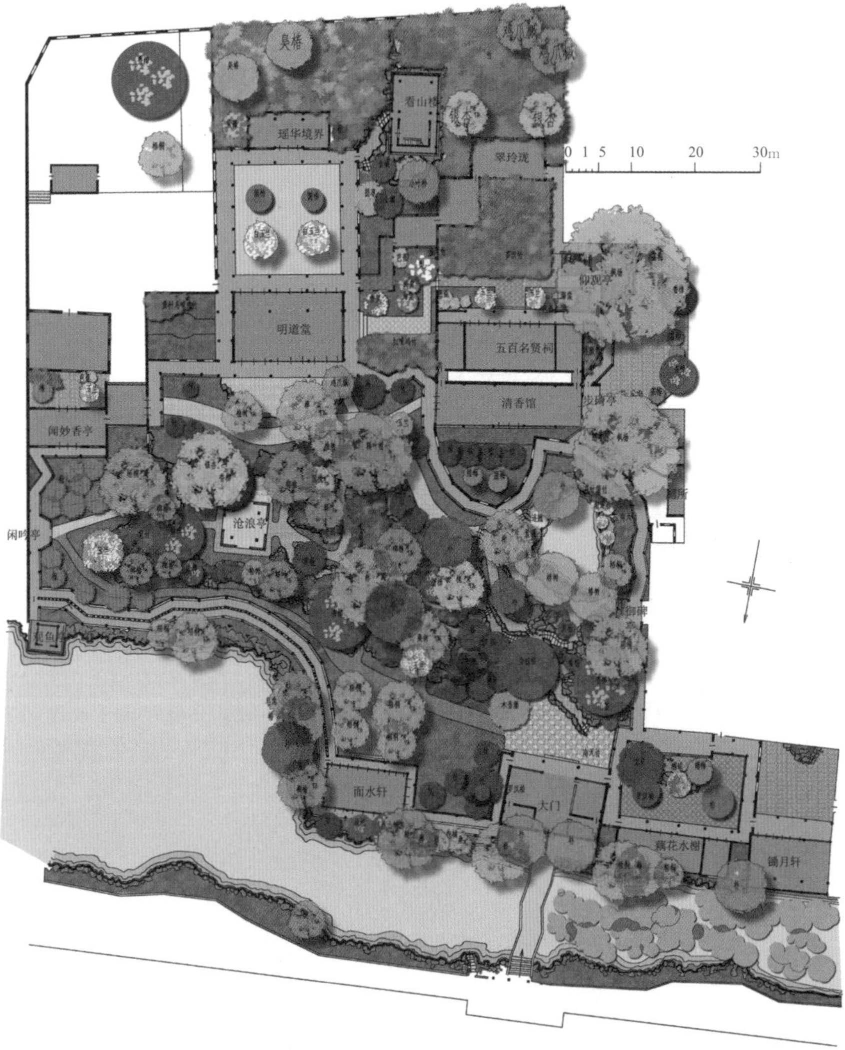

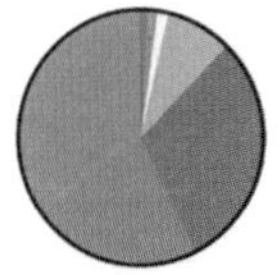
落叶大乔木

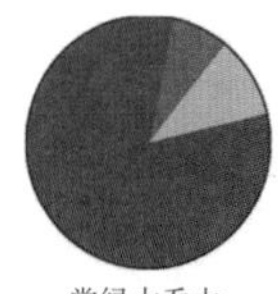
常绿大乔木

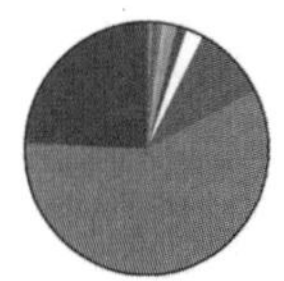
小乔木

花灌木及地被

图 6-84　沧浪亭春季平面图及植物花叶分层的色彩比例分析

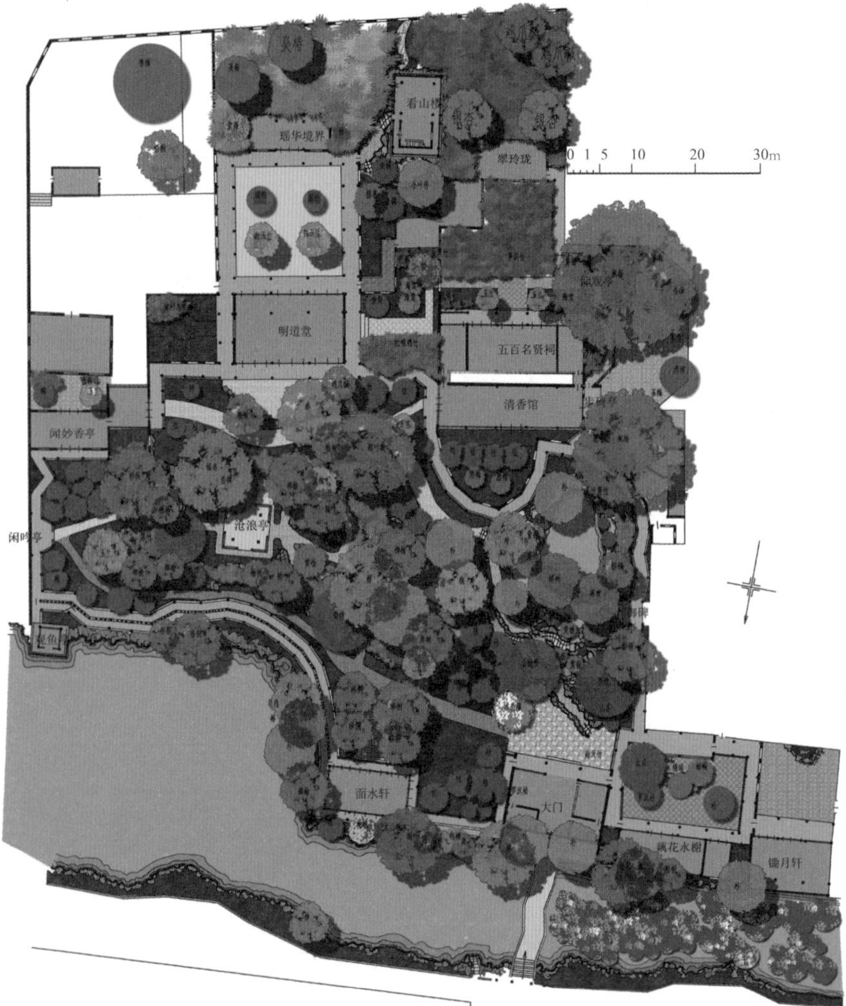

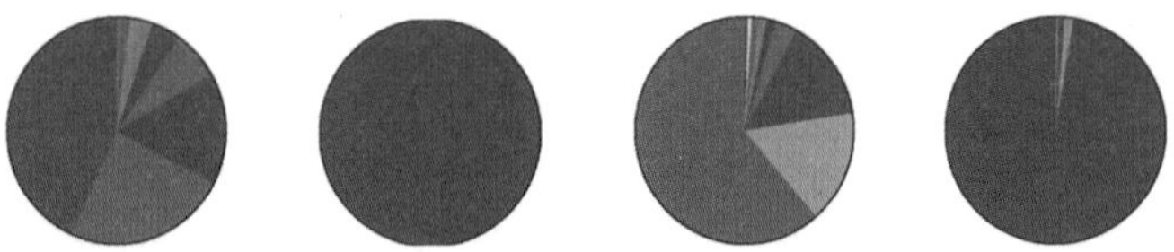

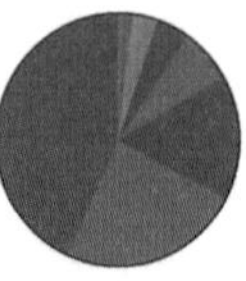
落叶大乔木

常绿大乔木

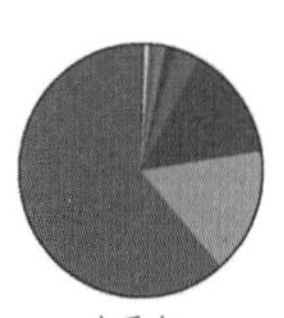
小乔木

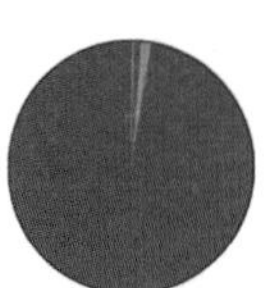
花灌木及地被

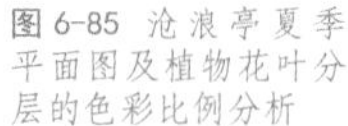
图6-85 沧浪亭夏季平面图及植物花叶分层的色彩比例分析

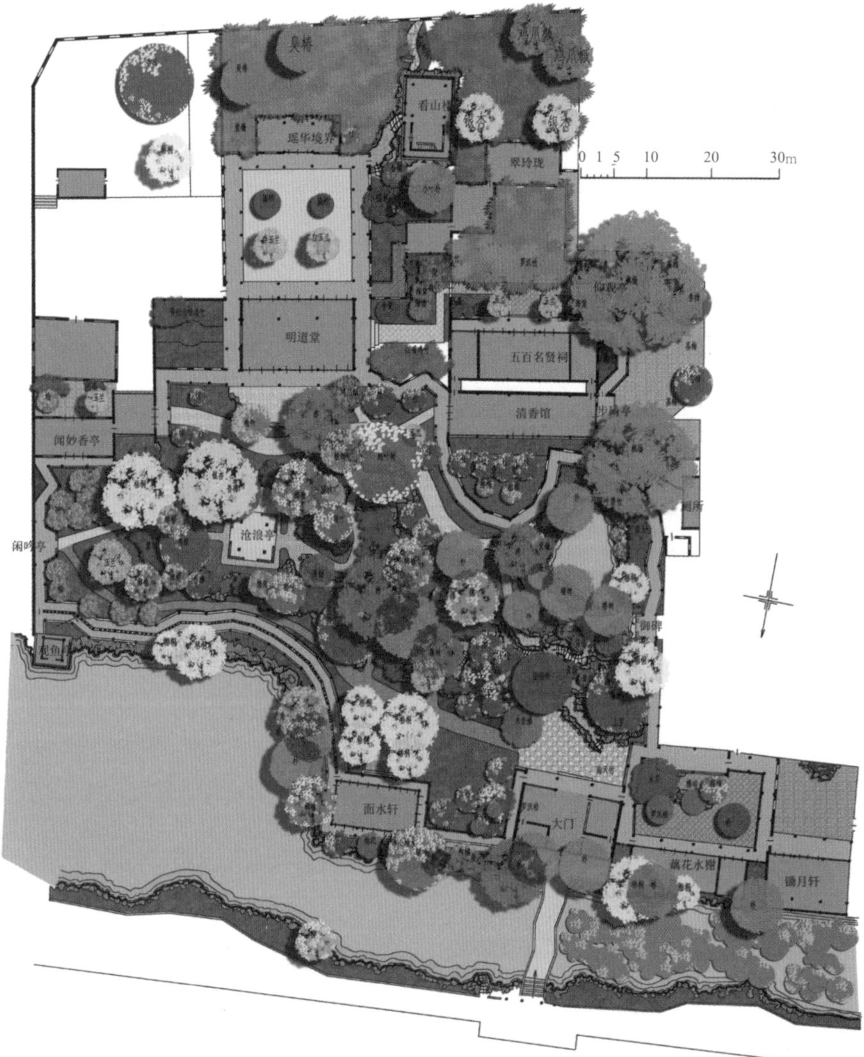

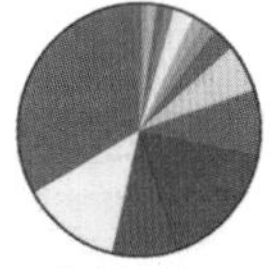

落叶大乔木

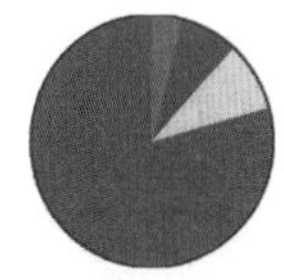

常绿大乔木

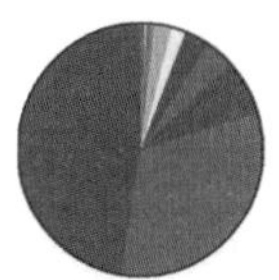

小乔木

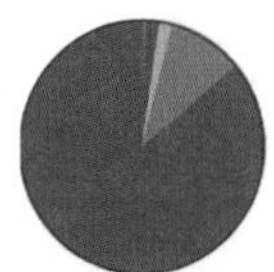

花灌木及地被

图 6-86 沧浪亭秋季平面图及植物花叶分层的色彩比例分析

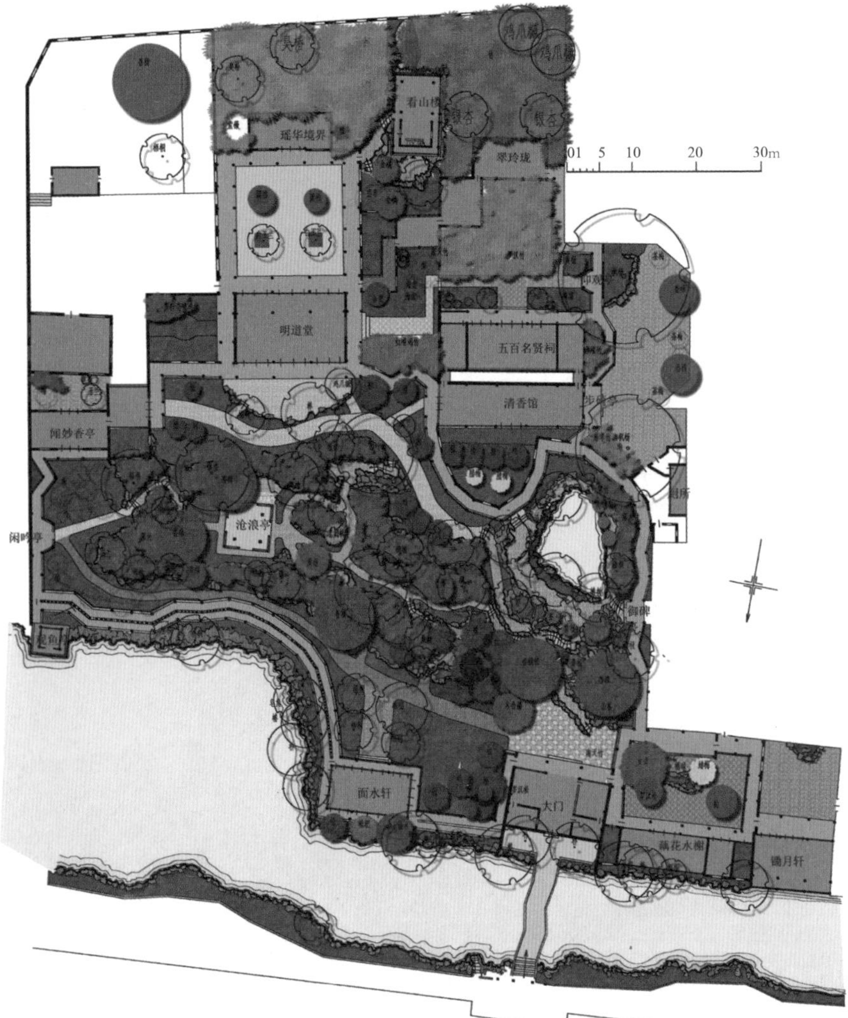

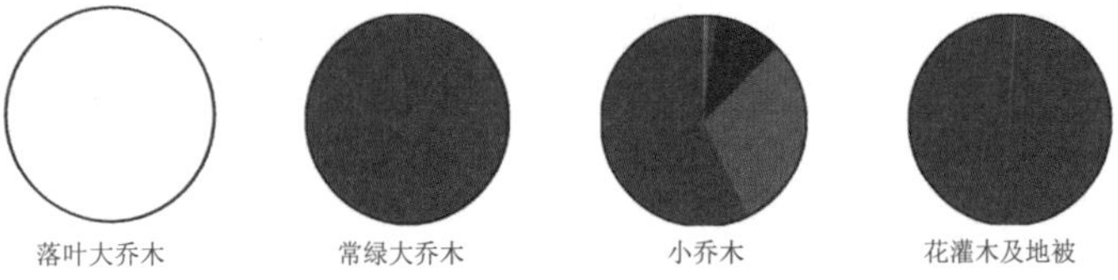

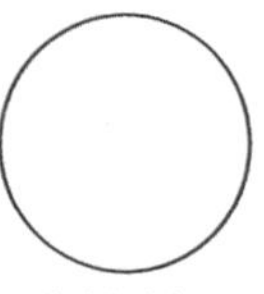

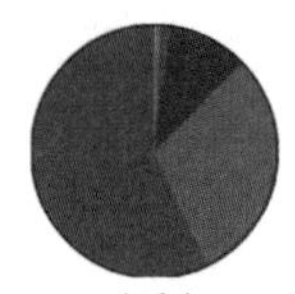

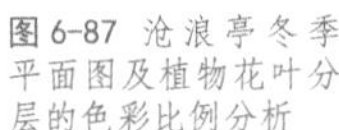
图 6-87 沧浪亭冬季平面图及植物花叶分层的色彩比例分析

纯度、高明度的鲜黄绿，犹如花海带来春的气息。虽然花的颜色不多，以白、红两色为主，但这些颜色在翠绿色常绿树叶及暗红色门窗的衬托下显得清新、雅致。

夏季一片青绿色，从不同的角度可欣赏到不同的绿色、黄绿色、碧绿色、翠色等绿色系，在同类色的比较中层次丰富，在白墙的反衬下，显得宁静、悠远、雅致。藕香水榭的荷花、木香藤的白花，使这些青绿色多了一点生机与活力。

秋季一片绚烂之色，色叶树及果实的金黄、明黄、焦黄、橙色、红色、褐色等金秋之色，在香樟饱和度很高的绿色衬托之下，显得金碧辉煌。

冬季一切又归为宁静，翠竹在这片深绿与白墙交辉下的宁静中显得青翠可人，无论是山林间的地被箬竹、青翠玲珑的竹林，还是明道堂的金镶玉竹、青竹，看山楼的竹园等显得清新、可人。清香馆和闻妙香亭的蜡梅，其幽香及明黄色的颜色，给人以春的希望。

6.5.3　区域色彩景观的分析

1. 山林区的色彩景观分析

（1）景区概述

沧浪亭面积约2300m²，园内以山林区为主导，为土石假山，石径盘旋，林木森然，有如“真山林”，并有曲折蜿蜒的廊道围合，沧浪亭位于假山之巅。园中有一潭水“流玉”与园外的古葑溪河起内外呼应的作用。

（2）色彩结构的布局

山林区的整体色彩结构动静相宜、比例相似。被草地覆盖的山地占48%，花街铺地占26%，廊道青砖占13%，黄石占8%，湖水占3%，台基金山石占2%（图6-88）。

（3）四季植物色彩的变化规律

山林区的绿化覆盖率很高，几乎被高大的乔木所笼罩，形成典型的“翠幂”景观。只有在冬季时，山体上的地被箬竹及常绿乔木才得以显现，呈现出大开大合的光影效果。此区域的花色和叶色变化不是很明显，只展现出苍翠之美（图6-89）。

（4）立面色彩的分析

笔者选择了山林区两个比较有代表性的立面：一个是从南往北看的A-A剖立面，一个是从西往东看的B-B剖立面。两个立面的共性都是静态的色彩比例较大，占60%～70%。动态色彩中的花色和叶色

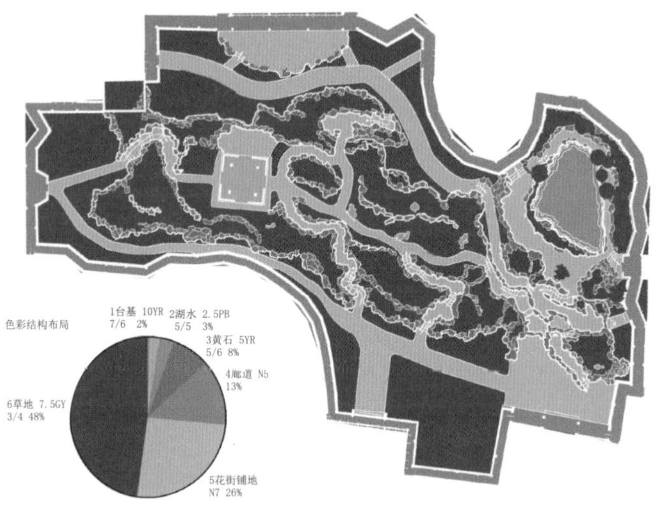

图 6-88 沧浪亭山林区整体色彩结构布局图及分析图

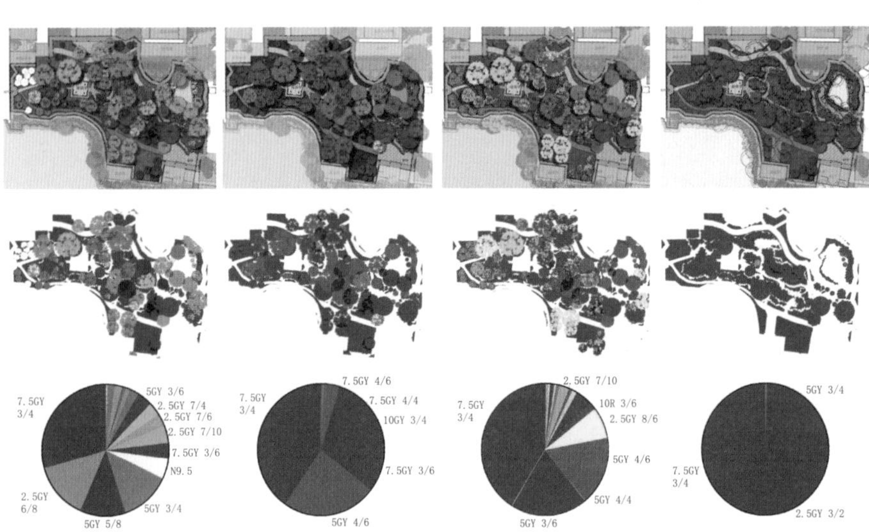

图 6-89 沧浪亭山林区四季植物色彩的比对（从左到右分别为春、夏、秋、冬）

所占比例很少，不到9%。可见，环秀山庄的园林色彩相对恒定，以静取动，凸显自然气象，与如蛟云的湖石相呼应。此园巧在对色彩的有效控制，使主题得以突出（图6-90、图6-91）。

2. 沿河景区的色彩景观分析

（1）景区概述

沧浪亭最早的立意源于古葑溪河流经园的三面形线“崇阜广

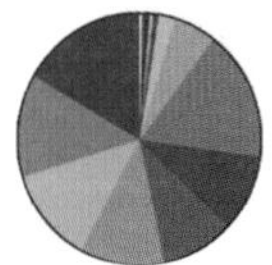

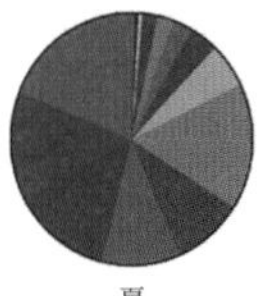

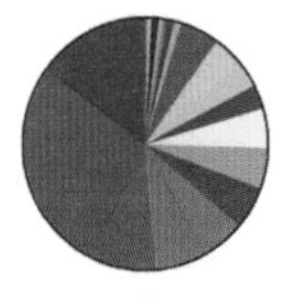

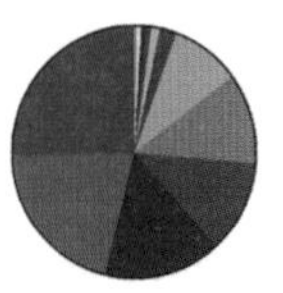

图 6-90　沧浪亭山林区 A-A 剖面四季色彩的景象与比例分析

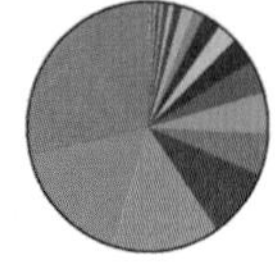

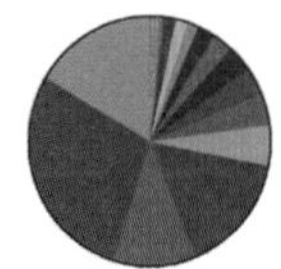

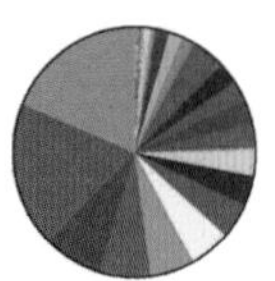

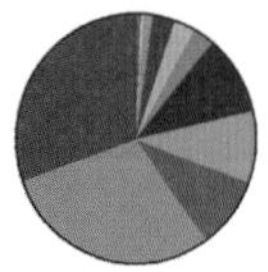

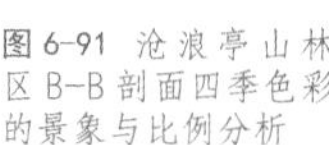
图 6-91 沧浪亭山林区 B-B 剖面四季色彩的景象与比例分析

水”的意境，天然的河水及河道景观是其主要的景观元素，一切围绕水而展开。目前，山林区与沿河区由复廊、亭台、轩榭、围墙分隔，通过花窗、长窗把沿河景色借到园内。沿河的水道主要由黄石堆砌，有叠罗汉之说，使复廊若隐若现，同时把墙外的水和墙内的山连成一气。这一带处于山、水之间，得地形之利，林木葱郁，曲廊临池，为此园风景较佳处。

（2）色彩结构的布局

此区域色彩以水为主，占72%，绿地占12%，黄石占5%，廊道青砖占4%，金山石占4%，室内金砖占3%，色彩结构以线性结构存在（图6-92）。

3．四季色彩格调的变化

沿河景区中动态的水色变化是该区域的主要色彩基调，与自然天空的色彩及气候因素的关系比较紧密，植物四季色彩的变化成为视觉的焦点（图6-93）。

4．立面色彩的分析

这个区域的景色都围绕复廊的带状结构展开，以黄石假山、白墙、花窗、景廊、轩榭及四季色彩分明的植物得以呈现，整体色调清雅，有小青绿山水的格调（图6-94）。

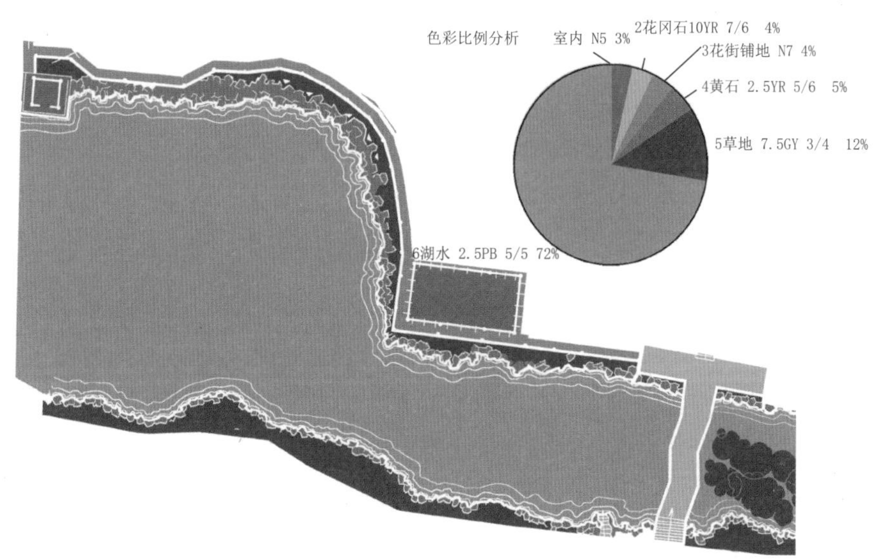

图6-92 沧浪亭沿河景区整体色彩结构布局图及分析图

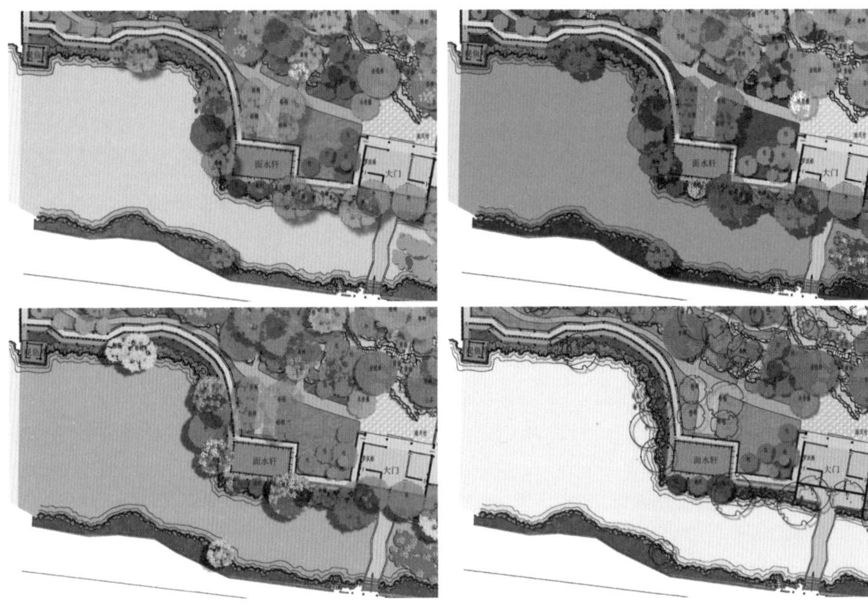

图 6-93 沧浪亭沿河景区整体四季色彩的变化

图 6-94 沧浪亭沿河景区的景色

6.5.4 主题景点色彩景观的分析

1. 沧浪亭

（1）景点概述

“沧浪亭”为一方形石亭，飞檐凌空，檐下为斗。原在古葑溪河的南岸，园的北侧。清康熙时巡抚宋荦移建于园内假山之巅。石亭古朴幽雅，旁有老树数株，峰峦起伏，藤蔓生花，野趣横生。

（2）主题立意

“沧浪”，一曰古水名，有汉水、汉水之别流、汉水之下流、夏水诸说；一曰指水之青苍色。苏舜钦所题的“沧浪”一名取自《楚辞·渔父》中“沧浪之水清兮，可以濯吾缨；沧浪之水浊兮，可以濯吾足”之意，表达他“迹与豺狼远，心随鱼鸟闲”。因此成为后人为之效仿、瞻仰的主题。

对联之一为“清风明月本无价；近水远山皆有情”，属集联，集欧阳修和苏舜钦这对高山流水知音所歌颂“沧浪亭”中的诗词。上联描述沧浪亭在清风明月的美妙景色之中，简约而又含蓄无穷；下联用于表达寄情于青山绿水的深情，投身于大自然、远超红尘的逸致闲情。清风、明月、近水、远山都不是人为建造的，是自然本体，妙在将自然的景象、近处的水景、远处的山景融于园林之中。

（3）主题意境与色彩构成规律

目前，沧浪亭位于假山之巅，周边碧绿苍翠，虽只能眺望一部分水面，但栖于亭中，满目苍碧，此景立意主要匹配夏季景色（图6-95）。

图 6-95 “沧浪亭”景点的夏季景色

2. 观鱼处·濠上观·钓鱼台

(1)景点概述

观鱼处位于园林的东北角，在复廊的东端，是一座三面临水的方亭，凸出河面，原名“濠上观”，此亭原为昔日的“自胜轩”，位于两条河流的交汇处。

(2)主题立意

“观鱼处”与“濠上观”的立意源于庄子与惠子游于濠梁之上的对话。庄子曰：“多鱼出游从容，是鱼乐也。”惠子曰：“子非鱼，安知鱼之乐?”庄子曰：“子非我，安知我不知鱼之乐?”反映了庄、周派们观赏事物的艺术心态。“钓鱼台”载自庄子濮水钓鱼，楚王派使者请以国事，庄子“持竿不顾”的故事，反映了庄子远避尘嚣、粪土王侯、追求身心自由、悠然自得的生活态度和人生理想。这些渔隐理想契合了当时士大夫“兴适清偏、怡情丘壑”的审美趣味。为此，苏舜钦写下了《沧浪观鱼》，诗云：“瑟瑟清波见戏鳞，浮沉追逐巧相亲。我嗟不及群鱼乐，虚作人间半世人。”表明他追慕鱼乐我乐、与万物共生共息的逍遥隐逸生活，从而达到清静淡泊、浊事皆忘、物我同一的境界。

旧亭额“静吟”，取苏舜钦《沧浪静吟》中“独绕虚亭步石矼，静中情味世无双。山蝉带响穿疏户，野蔓盘青入破窗”，苏诗中的园林景色表达了自己安于冲旷、逍遥于山林自然的生活情趣。

对联之一为“亭临流水地斯趣；室有幽兰人亦清”，出句描绘亭畔之景。此地原为两河道交汇处，亭前碧水，可观游鱼、行舟，也可垂钓；月夜，还可看到月到天心时的水天双明月，风来水面，清凉无比，颇具野趣。对句以物比德，借兰花之香幽远而清淡，喻主人之品德。

清代王方若诗曰：“行到观鱼处，澄澄洗我心。浮沉无定影，谗嚼有微音。风飓藕花落，烟笼溪水深。濠梁何必远，此乐一为寻。”微妙地道出文士隐逸的愉快生活和自由自在的心态。

(3)意境与色彩构成规律

此处的主题为水以及水中的鱼，水色成为视觉的主题要素。水在造景元素中是最无表情的元素，却是景色最迷人之处。水如镜子倒映周边的一切景色，水中又暗含着无限的可能，总能带人进入无限的遐想。此地原为两河交汇处的节点，既可看到东侧的水景，又可看到北侧的水色，从侧逆光和顺光的角度欣赏水景，可感受到不同光影变幻下的色彩变化。加上水南边的山林，林木繁茂，幽深致远，倒映在水面上，四季植物色彩的变化再一次丰富了水色的生动性。整体呈现水色、天色、植物色彩等动态色彩的变化，其中天色的面积最大，明度较高，多为银白色；植物的色彩次之，明度较低，多为暗黄绿色；亭、鱼等景观要素为点缀色，多红色系，可丰富色相关系。整体上此空间以高长调的明度对比为主，营造了明朗、澄清的色彩空间氛围，图6-96是站在亭子里所看到的景色。

清康熙年间王翚绘《沧浪亭图》中，亭北水面上植有莲花，红色绚丽的莲花竞相开放，明月皎洁，半亭生姿，给人一种潋滟又雅致的色彩感受。

图 6-96 观鱼处景点的景色及色彩构成规律

3．面水轩

（1）景点概述

“面水轩”紧靠复廊的西侧，为四面厅建筑，原为“沧浪亭”的旧址，现为沧浪亭沿河重要景点之一。水边的小舟似乎是当年苏氏游经此地，被周边的景色所打动，弃舟而上，陶醉于山林野趣的余味（图6-97）。

（2）主题立意

“面水轩”取唐朝杜甫诗“层轩皆面水，老树饱经霜”。因其面北临水、古木掩映，故名。外廊篆书对联：“徙倚水云乡，拜长史新祠，犹为羁臣留胜迹；品评风月价，吟庐陵旧什，恍闻孺子发清歌”，此为清代洪钧所书，描绘了这样的画面：流连徘徊在水云弥漫、隐士居游的胜地，拜谒苏长史新祠堂，还是当年他谪居为民时留下的胜迹；品评沧浪亭无价的自然风光，不禁要吟诵庐陵欧阳修的《沧浪亭》旧诗篇，恍惚听到孺子的浩歌：“沧浪之水清兮，可以濯吾缨……”

由于其北侧假山壁立，下临清池，轩东、北两面临流，似泊岸之舟；回廊四绕，长窗洞开，俯瞰窗下，波光荡漾，游鱼戏水，恍如水中之屋，貌似旱船，吴昌硕又书“陆舟水屋”额，轩内对联：“短艇得鱼撑月去；小轩临水花为开”。上联写景，设想奇特，境界清幽，兼融《楚辞·渔父》沧浪歌意韵。下联取自苏东

图 6-97 面水轩景点的四季景色变化

坡《再和杨公济梅花十绝》诗之三“白发思家万里回，小轩临水为花开”，独赞纯洁、坚韧、韵胜、格高的梅花，实际是对诗人内心的独白和心灵的颂歌，在此表明自身及园主的品格。全联将短艇、鱼、月、波光、梅花等能给人以美感的景物摄入镜头，通过视觉、感觉、嗅觉诸方面感染读者，意趣灵动，情意深曲。

（3）意境与色彩构成规律

此地景色甚佳，为“沧浪亭”旧址，正如苏氏在《沧浪亭记》中所说的：沧浪亭是周围美好景物交汇时的鉴赏佳处，水竹光影掩映，风光极好，特别是天气好的时候更宜在此赏玩。天色使水色呈现变幻无穷的青碧之色，加上周边古木掩映、品种丰富，有花色、叶色、果色等的变幻，更使轩内外景色四时不断，植物成为视域中的视觉要素，天色和水色成为统领背景色彩要素的基调色。

4．藕花小榭

（1）景点概述

“藕花小榭”位于现大门的西侧，北侧紧邻河水，水里种植荷花。水榭南侧为围合式庭院，院中以常绿植物的松、柏、竹、女贞为主，衬托蜡梅，地面为十字海棠式花街铺地，可见南侧强调了梅的主题。

（2）主题立意

藕花，即莲花，文人自古有爱莲风尚，以之抒情咏志。宋代周敦颐的《爱莲说》既赞美了莲花亭亭玉立的绰约风姿，更欣赏莲花“出淤泥而不染，濯清涟而不妖”的超凡脱俗的高尚情操。莲花是佛教象征的名物，超凡脱俗，所以常用出淤泥而不染的莲花为喻。

另有一对联咏梅花为“梅花得雪更清妍；落叶少护好留香”。描绘冬日的蜡梅得雪更清妍，从而传达了对梅花余香的留恋之情。

（3）意境与色彩构成规律

此景点以莲花为主题，建筑北侧种植大量的荷花，从而构建与主题匹配的景观。水榭北侧的假山边种植梧桐、椿树、朴树，使建筑在绿荫之下，树冠形成翠盖，勾勒出自然的画框，使水里的荷花显得纯洁、清雅，荷花多选择白色和淡粉色。但目前荷花并未种在“藕花小榭”的正北侧，而是偏西的位置，不利于主题意境的氛围营造。

南院通过松、竹、梅等传达君子的情怀和追求。四周以白墙搭配深灰色的瓦和暗红色的门窗来衬托院子的景色，但由于常绿的植物尺度较大，在人的视平线上缺少生动的色彩组织关系，略显粗犷（图6-98）。

5. 流玉

（1）景点概述

“流玉”景点位于山林区的西南角，三面被高低起伏的回廊所围合，北面为假山，形成合抱式空间，空间的限定加大了水潭的深度空间，如临深潭之中。

（2）主题立意

景题石刻位于步碕亭北面假山摩崖，属于抒情写意式的题写。描绘了假山上一挂清泉下泻，仿似玉石一般纯洁淡雅的场景。

图6-98　藕花小榭景点的夏季景色

（3）意境与色彩构成规律

此景点通过对水的描写，创造了一种象外之境，催发诗情。仰望山势起伏，古树葱郁，下临坳谷深渊，恍如真山野林。步碕亭下面的假山石，呈出水口状，似清泉从山石上潺潺而下，有“清泉石上流”“山水清音”“明净高洁”之诗意，令人赏心怡神。此景点多为落叶大乔木，且品种丰富，有朴树（2棵）、榉树（1棵）、椿树（2棵）、梧桐（2棵）等。四周植小叶黄杨、桂树、金钱松及花叶箬竹等常绿植物，色彩层次丰富，大乔木的叶片透光度较高，形成深潭的碧绿、流水淡雅温润的浅青色、周边植物青翠之色，似翡翠的玉色，清透明丽（图6-99）。

6. 清香馆

（1）景点概述

“清香馆”位于五百名贤祠的北侧，是修长的画廊结构形式。馆北庭院植有桂花四棵、蜡梅两丛，秋冬两季满园逸香，故以诗名景。

（2）主题立意

“清香馆”取自李商隐诗“殷勤莫使清香透，牢合金鱼锁桂丛”

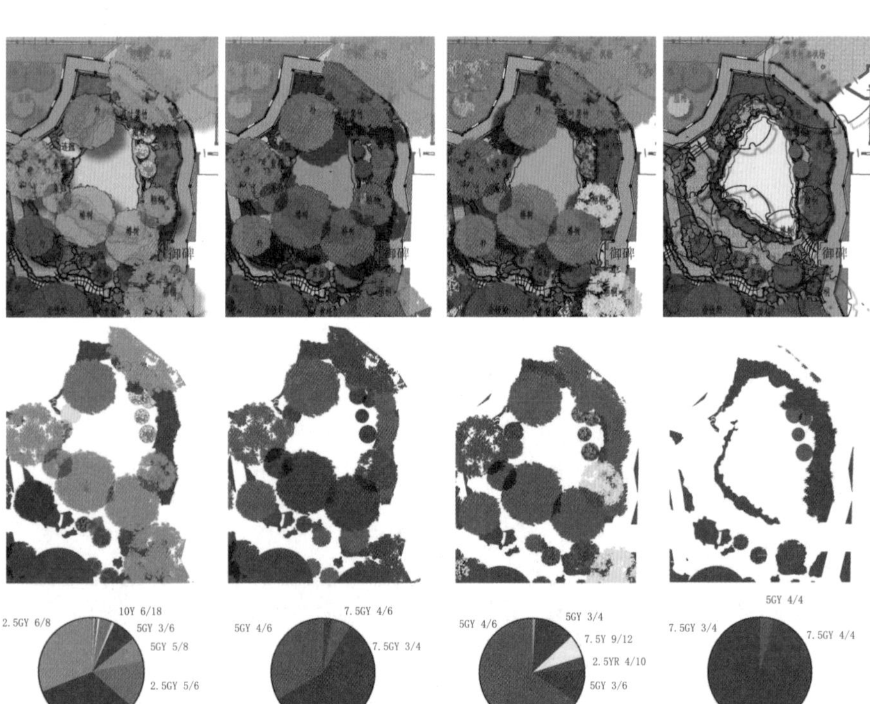

图6-99 流玉景点四季植物色彩分析

之句。馆前一道漏窗粉墙，自成院落，院内植有桂花数株，苍老古朴，已是百年前物，每逢金秋送爽之际，丹桂吐蕊，清香四溢。

对联为“月中有客曾分种；世上无花敢斗香”。此句咏桂花高贵脱俗，在神话中把清雅高洁的桂树栽进了仙界月宫，有“仙友”“仙客”之称。对句咏桂花之香，以夸张手法，突出桂花馨香之浓郁，也表现了桂花的内在品格。

（3）意境与色彩构成规律

此处以“清香”为主题，通过嗅觉感官的刺激，给人飘然欲醉的超然感受。以嗅觉感官为主的景点氛围营造非常讲究空间的色彩搭配及与之相匹配的味觉感受形成共鸣。此景点的视觉焦点为北院的花园，北院由圆弧形的白色围墙围合，上开花窗。院里种植桂花与蜡梅，两种芳香植物，其花色都是明黄色，构成了白、黄的高明度色调；并以桂树叶的墨绿色起中和作用，大面积的白与墨绿色形成高明度的长对比，从而凸显明黄，给人清新、清香之感（图 6-100）。

图 6-100 清香馆的景色及色彩构成规律

7. 翠玲珑

（1）景点概述

“翠玲珑”位于园林的西南角，东侧为看山楼，北侧为五百名贤祠，翠玲珑为一独特书斋，呈曲尺形之三折，每折二至三间不等，前后左右皆种竹，且品种、风度各有姿色，幽雅静谧。

（2）主题立意

翠玲珑的匾额为篆刻，取苏氏诗“秋色入林红暗淡，日光串竹翠玲珑”之意。

对联“风篁类长笛；流水当鸣琴”，为君子对。联语出自唐代上官昭容《游长宁公主流杯池二十五首》诗：“岩壑恣登临，莹目复怡心。风篁类长笛，流水当鸣琴。”写风吹竹丛，如长笛轻吹；水流淙淙，似琴弦奏鸣。风声、水声作用于景物的清新音响，使人在静谧的环境中感受自然的天籁之音，一种洒脱幽雅、超凡出世的意境将观赏者引进“无我之境”。

（3）意境与色彩构成规律

“翠竹”是构成此景点的景观要素。“竹心空，空以体道，君子见其心，则忠应用虚受者”（白居易《养竹记》）。竹子以腹中之空、节节高、青翠欲滴等形象特征，为三教共赏之物。竹是沧浪亭传统栽培植物，以竹饰园为其特色，可见“翠玲珑”也是沧浪亭中古老而经典的景点之一。

书斋小馆，前后遍植翠竹，有矮竿阔叶的箬竹、碧叶披垂的苦竹、疏节长竿的慈孝竹等，目前书斋的北侧以罗汉竹为主，南侧以钢竹为主，并植两棵银杏相辅。在翠色的映衬下，暗红色的窗栏显得格外鲜艳。在颜色较深的室内透过冰纹窗看到阳光下的丛竹，绿意萦绕、疏影斜洒，颇有日光穿竹翠玲珑之感。图6-101中2和3是窗格卸掉前后半窗的景色。2中可清晰看到窗外的竹景，竹丛的造型及细节被凸显出来。3中展现主题之色，竹色被窗的花格分隔，在暗红色漆的衬托下，翠色的纯度再次被强调，给人翠色玲珑之感。5是从室内透过半窗所见的翠色色彩构成图景。另外，为了使这座被各类翠竹所笼罩的书斋显得清新、活泼，建筑门窗的色彩纯度较高，色值为10R 2/5～10R 2/6。

除了竹子外，此处还增加芭蕉、银杏、梨、海棠、金橘等色彩鲜艳的植物与之掩映。

图6-101 翠玲珑的景色

6.5.5 小结

本节主要对沧浪亭整体、区域及某些景点进行色彩分析，在梳理了历史文献、主题立意中关于景点色彩方面的品鉴及描述后，结合色彩构成理论进一步分析其色彩组织规律，从而推导出景点中色彩氛围与意境之间的关系。

1. 整体色彩结构布局

从平面布局上分析整体色彩结构的比重可知，园中大面积的动态色彩占了总比例的55%，其中绿地占35%，水域占20%。静态的色彩虽然也占了很大比重，但场地的绿量很大，约占总场地比例的78%。可见，沧浪亭是以植物色彩为主导的园林。因此，植物四季的色彩变化成为整个园林的主要色彩搭配因素。

2. 区域色彩景观结构

在区域的布局上，沧浪亭分区明确，主要分为三大区。一为山林景区，是沧浪亭的最大特色之一，黄石堆砌的土山上面植被繁密、林木森然，有如“真山林”；二为沿河景区，这也是沧浪亭最大的特色之一，是沧浪亭至创园以来一直保留的特色，沿河一带景色迷人，水成了景区最重要的特色；三为建筑区，位于园的南侧及西北角，每个主题建筑都有一个相对安静的庭园，且各具植物种植特色。这三大景区由一条蜿蜒曲折、随势高低的回廊连接，回廊粉墙上的花窗也是园林中重要的景色元素之一，为观者提高了视觉的舒适度。

3. 主题景点的色彩景观分析

此部分比较具体、具象，通过景点及周边的概述、历史文献中景点的记载、主题、匾额及楹联立意等中所描绘的色彩或色彩意境，从而拓展到对其意境与色彩构成规律的分析。笔者在对沧浪亭景点的分析中找到了7个景点对其立意、意境及色彩构成规律进行了深入分析。这些景点的个性都比较突出，在植物色彩的笼罩之下，澄川翠干，光影会合，有强调水色、天色、植物的苍翠之色或这些色彩的局部等，具体详见景点分析。

6.6 艺圃

6.6.1 概述

艺圃，地处苏州古城内吴趋坊文衙弄，为明代宅第园林，现占地0.38hm^2，南边山水园景区占地约0.2hm^2。虽处于闹市中，但巷弄交错、曲曲折折，犹如进入偏僻村落的城市桃花源，是“隔断城西市语哗，幽栖绝似野人家”（清·汪琬《再题姜氏艺圃》）的城市山林。

1. 主题解读

“艺圃”原名“药圃”。“药”，楚辞中指香草“白芷”，清幽高洁，以此名来表明主人情华之高洁，以及欲避世脱俗之意。其弟文震亨在高师巷建“香草垞”，也同样借“香草”的高洁作园名以名志。

姜埰得“药圃”，先恢复园初“城市山林”之称，旋改名为“颐圃”，再称“敬亭山房”，终改名“艺圃”。姜埰《颐圃记》中说：“更署之曰颐圃，在易之颐曰贞吉，自求口实。”至于又改“颐”为“艺”，显然是谐音，同时蕴含艺植花木、颐养天年的意思。

2. 园主与筑园意境解读

（1）袁祖庚与“醉颖堂”

艺圃最初园主为明代的袁祖庚（1519～1590年），字绳之，长洲人。22岁考取进士，授绍兴府推官，审理案件，民间誉为“袁青天”。后逐步升为浙江按察司副使，领导过抗倭，因为被流言所伤，40岁就弃官归隐于自己修筑的“城市山林”中。堂名取“醉颖堂”，“醉”喻掩藏、柔化，“颖”原指带芒的谷穗，喻指才能出众，“醉颖”寓隐逸韬晦之意。与当时名流袁抑之、陈子兼、徐学谟等人诗酒流连，陶醉其中。

（2）文震孟与“药圃”

万历年间，园归文震孟（1574～1636年），字文启，号湛持，追谥文肃，文徵明曾孙。49岁时中状元，授翰林院修撰，为崇祯皇帝侍读，东阁大学士，以刚直不阿、敢于直谏载誉朝野，为独揽大权的权阉等派所不容，三次重用，三次被劾落职回乡。

苏州文氏家族属书画世家，自文徵明之后，他的子孙中善书善画者有近三十人之众。而且他们把自己的书画才艺用之于园林，或造园，或设计园林，或研究园林，或画园，或咏园，对苏州园林乃至中国及世界园林的发展作出了重大的贡献。文徵明在官隐筑“玉磬山房”，其父文林筑“停云馆”，其子文彭“有别业在笠泽”，其孙文元发建有“衡山草堂”“兰雪斋”“云驭阁”和“桐花院”等，其孙文元肇在虎丘建“塔影园”（原名“海涌山庄”），其曾孙文震孟筑“药圃”，其曾孙文震亨筑有苏州城内高师巷的“香草垞”、苏州西郊“碧浪园”及南京“水嬉堂”等。他们筑园建斋、凿池堆山、莳花植木、营建亭榭，以自然山水为楷模，寄情于山水，把城市山林作为独立人格的追求，促进了园林作为隐逸文化的发展。

文震孟“恬泊无他嗜好，而最深山水缘”“家居惟与子弟谈榷艺文，品第法书名画、金石鼎彝，位置香茗几案亭馆花木，以存门风雅事”（《姑苏名贤续记》），他入仕前后都对园林进行修葺，易名“药圃”。

据《雁门集》载：“药圃中有生云墅、世纶堂，堂前广庭，庭前大池五亩许。池南垒石为五狮峰，高二丈。池中有六角亭名‘浴碧’，堂之右为青瑶屿，庭植五柳，大可数围，尚有猛省斋、石经堂、凝远斋、岩扉。”其中庭植五棵高大的柳树，追慕陶渊明《五柳先生》的风采，风雅可掬。

文震孟去世后，其长子文秉于明亡后隐居天池山竺坞，曾与反清义士讨论反清复明之事。其次子文乘因参加反清义军被杀。其孙投灵岩山弘储座下出家。自此，园日渐荒芜。

（3）姜埰与“艺圃”

姜埰（1607～1673年），字如农，私谥贞毅先生，山东莱阳人。24岁中进士，授密云知县，后升礼科给事中。姜埰自祖父起，几代人一门忠义。姜埰更是“直节拜杖，名震天下”。

姜埰留苏州，从周顺昌之子周茂兰弟兄手中得“药圃”。姜埰得园后并没有对“药铺”进行大的调整，“若天池亭花石之胜，不过文氏之旧观”（归庄《敬亭山房记》），而是对景点主题和立意做了调整。姜死后归葬，长子回安徽守墓，次子隐居虎丘，艺圃很快败落，转手他人。

（4）“七襄公所”

道光初年，郡中吴氏曾予葺新。

道光十九年（1839年），为绸缎同业会所，因取《诗经·小雅·大东》中“跂彼织女，终日七襄”之意名“七襄公所”，重加修葺。

民国初，公所经济不支，房屋陆续出租为民宅。苏州沦陷时，园一度被日伪当局占用。抗战胜利后，又用作学校。

中华人民共和国成立后，此园先后为机关、学校、剧团、工艺社等单位占用，“文革”期间又遭重创。

1982年苏州市政府修复，2000年成为世界文化遗产。

6.6.2 园林布局与色彩结构

艺圃总体布局为东宅西园，园林中以水池为中心，水域面积约500m²，池北以建筑为主，池南堆湖石假山，山石嶙峋，巨木荫蔽，有山野情趣。

1．功能布局与色彩结构布局分析

通过图6-102与表6-15可看到艺圃的色彩结构布局以静态的色彩为主，占总布局的63%；动态的植物和水域只占37%。但整体色彩结构明确、清晰，北侧为建筑区，静态色彩占主导；南侧以山水为主，动态色彩占主导。

图6-102 艺圃整体色彩结构布局图

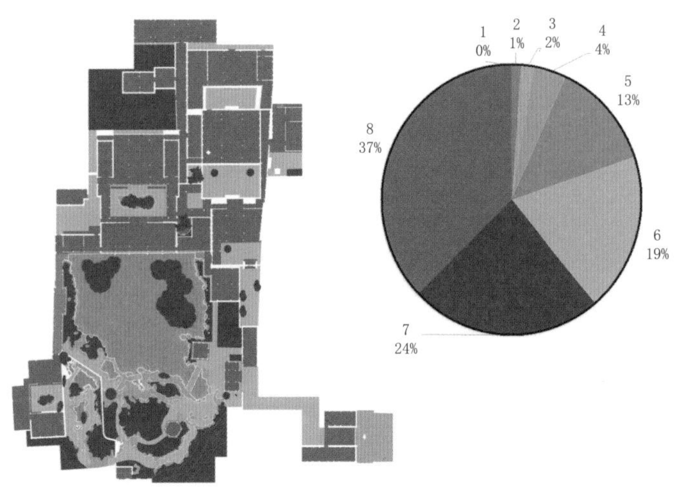

艺圃整体色彩结构数据分析　　表6–15

序号	结构	孟赛尔色值	RGB			比例
1	黄石	2.5YR 5/6	173	108	77	0
2	廊道	N5	136	137	135	0.011211
3	台基	10YR 7/6	217	168	103	0.016878
4	太湖石	N6	163	162	162	0.041316
5	湖水	2.5PB 5/5	185	208	212	0.129080
6	花街铺地	N7	181	182	181	0.190813
7	草地	7.5GY 3/4	55	81	44	0.238393
8	室内	N4	107	108	107	0.372308

2. 现状植物名录的调研

对现状植物进行调研分析，将艺圃植物配置与刘敦桢先生《苏州古典园林》中的测绘图纸相比较，发现品种差异不大，但在数量、位置和姿态上存在一定的差异，主要的矛盾点在于植物的生长与园林维护，图6-103为2013年艺圃现状主要植物平面配置图。

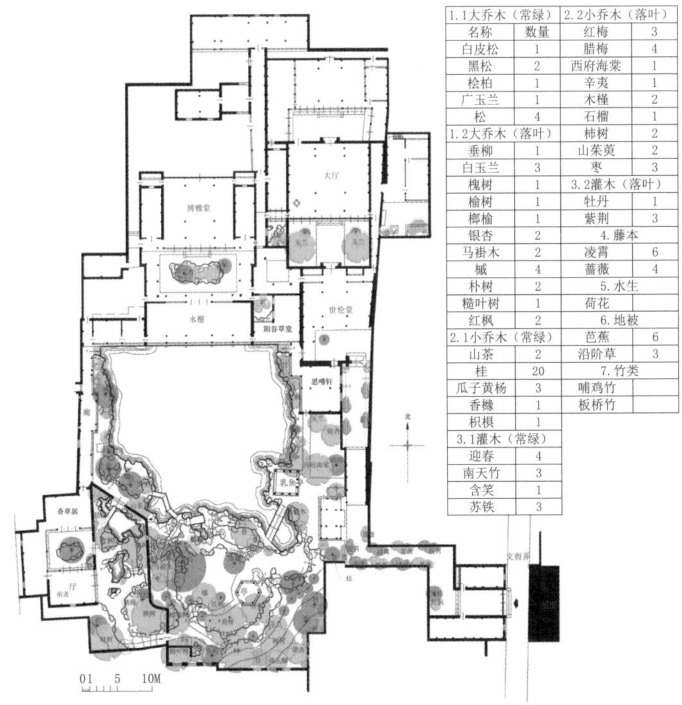

1.1大乔木（常绿）		2.2小乔木（落叶）	
名称	数量	红梅	3
白皮松	1	腊梅	4
黑松	2	西府海棠	1
桧柏	1	辛夷	1
广玉兰	1	木槿	2
松	4	石榴	1
1.2大乔木（落叶）		柿树	2
垂柳	1	山茱萸	2
白玉兰	3	枣	3
槐树	1	3.2灌木（落叶）	
榆树	1	牡丹	1
榔榆	1	紫荆	3
银杏	2	4.藤本	
马褂木	2	凌霄	6
槭	4	蔷薇	4
朴树	2	5.水生	
糙叶树	1	荷花	
红枫	2	6.地被	
2.1小乔木（常绿）		芭蕉	6
山茶	2	沿阶草	3
桂	20	7.竹类	
瓜子黄杨	3	哺鸡竹	
香橼	1	板桥竹	
枳椇	1		
3.1灌木（常绿）			
迎春	4		
南天竹	3		
含笑	1		
苏铁	3		

图 6–103 艺圃主要植物平面配置图

3．绿量的统计分析

从表6-16中可看到，场地的绿地面积不大，绿化相对集中在南侧的假山群中。从整个园林空间面积上分析，绿量不高；但因为艺圃的绿化种植相对集中于南侧800m²的假山区，绿量就相对很高了。

艺圃绿量的统计分析 表6-16

内容	投影面积与场地比		投影面汇集
1落叶大乔木	投影面积	0.079682	7.97%
	场地面积	0.920318	
2常绿大乔木	投影面积	0.026054	2.6%
	场地面积	0.973946	
3小乔木/花灌木	投影面积	0.10426	10.4%
	场地面积	0.89574	
4地被	投影面积	0.208177	20.8%
	场地面积	0.791823	
合计			41.77%

4．四季植物色彩的变化规律

艺圃四季植物色彩格调分明。春季的花色并不多，主要是白玉兰、西府海棠、红梅及蔷薇的花色。由于落叶大乔木的绿量较大，新叶的绿色为欣赏春色的主要因素，另外红枫的红色新叶如花色，也为春季添色。夏季植物的色彩多为饱和度很高的墨绿色，把池塘的荷花色凸显得更为鲜艳、明快。为数不多的红色石榴花与凌霄花星星点点打破了绿色的沉闷。秋季落叶大乔木的颜色非常丰富，以黄、橙、红为主，与常绿的植物构成色彩鲜明的对比，秋色十足。冬季的色彩相对简单，主要由常绿树的墨绿色叶子及灰色系的枝干构成，在特殊时节点缀柿子和蜡梅，南天竹的红叶在此季节显得鲜艳、可爱（图6-104）。

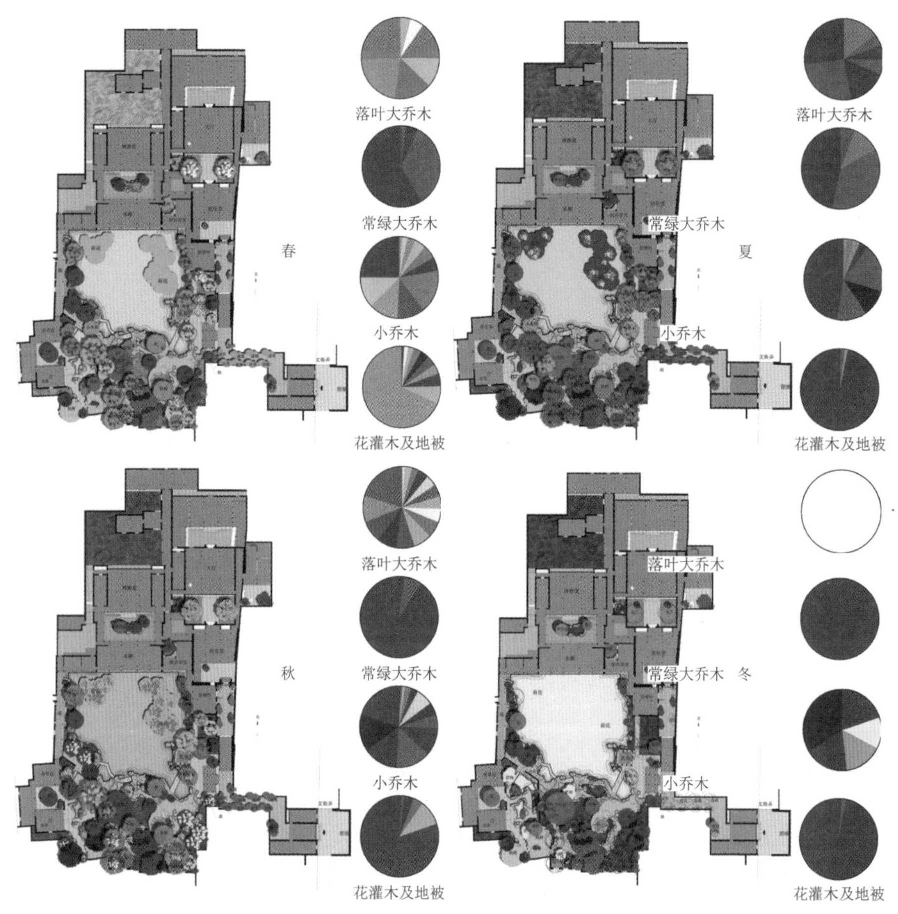

图6-104 艺圃春季的色彩格调及植物花叶分层的色彩比例分析

6.6.3 区域色彩景观的分析

1. 景区概述

山水区是艺圃的核心景观区，水池为全园的中心，水面处理以聚为主，使人感到相当开阔。水池的北侧线条简洁，环绕水榭、轩、堂、亭、廊；南侧水岸线变化生动，东西各有延伸小水湾，池岸低平，均屈曲自然。池面近旁建筑尺度比例较小，从而把水面放大，给人“三万顷湖裁一角，七十二峰剪片山”之感，充分利用了美学的对比与衬托手法。

2. 色彩结构的布局

山水区的绿地与水面面积相当，共占总比例的61%。其次是山石与花街铺地，占18%，室内占17%。可见，其以动态的色彩为主导（图6-105）。

3. 四季植物色彩格调的变化

艺圃山水区的植物四季色彩变化丰富，以绿色为主导，花色与叶色点缀其间，在逆光的主要视角下，这些色彩相互映衬，十分清新、秀丽。

4. 立面色彩的分析

艺圃的主要景色都集中在南侧，因此在立面分析上主要针对南侧剖立面进行面积的比例分析（图6-106）。白墙与灰色太湖石为人视域中的构成要素，占35%～50%。植物的色彩主要起衬托和渲染的作用，特别是山后的一片桂树林，为凸显太湖石的造型和色彩起着重要的衬托作用。其他的大乔木主要起色彩渲染的作用，从而丰富了山水区自然野趣的格调。季节性的植物色彩变化零星点缀其间，从而使空间色彩统一而富有变化。

图6-105 艺圃山水区整体色彩结构布局图及分析图

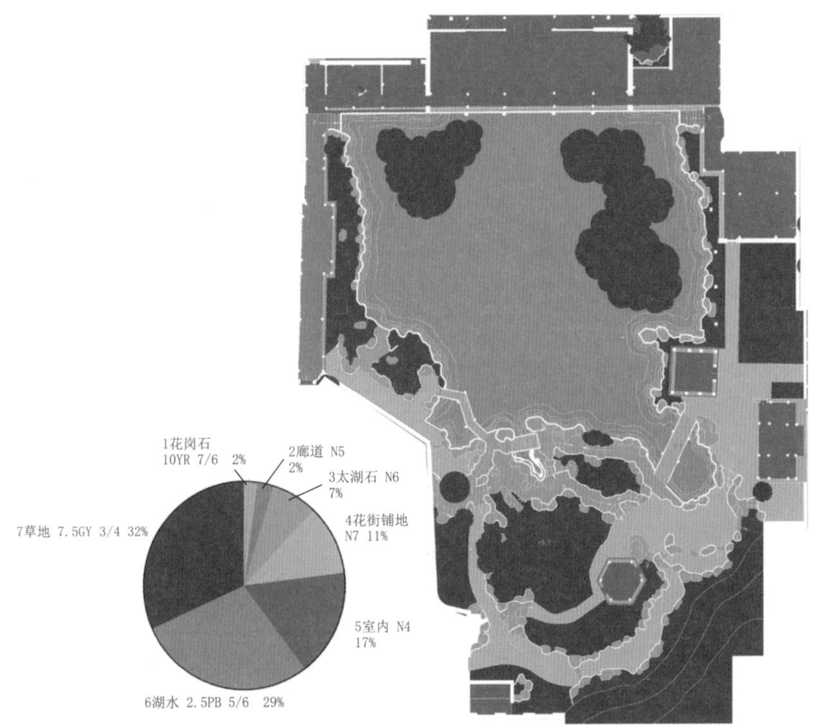

图 6-106 艺圃山水区 A-A 剖面四季色彩的比对

6.6.4　主题景点色彩景观的分析

在艺圃的主题诠释和历史解读中，可看到“香草为君子，名花是长卿”的植物配置特色，把植物美与人文美结合在一起，成为艺圃的园林特色之一。最能体现艺圃历史上植物配置的，应该是香草、枣树、荷花、芭蕉和梧桐，至今园中还有香草居、思嗜轩、渡香桥等因这三种植物而命名的景点。清代汪琬在《再题姜氏艺圃》诗中写道：“隔断尘西市语哗，幽栖绝似野人家。屋头枣结离离实，池西萍浮艳艳花。”史料记载中的植物如今已经很少见到，园林特色在逐渐消失，具体详见景点的色彩分析。

1. 延光阁

（1）景点概述

“延光阁”为“七襄公所”时期所建，在水池的北侧，阁面阔五间，横挑池上，为苏州园林中最长的水榭。加上两侧厢房，东为“旸谷书堂”，西为“思敬堂”，形成又长又直的立面，但水榭临水空架，并无壅塞之感。水榭前水池虽只有500㎡左右，但因建筑31m的横展面和低矮的尺度，造成视觉错差，使水域被放大。临窗而坐可俯瞰水池，可环视整个山水区的景色。

（2）主题立意

“延光阁”取“养性延寿，与自然齐光”（阮籍《大人先生传》）之名句。

（3）主题立意与色彩构成规律

“延光阁”是观赏全园景色的最佳位置，窗外水光潋滟、碧波粼粼，南望可见湖山、绝壁危径、古树参天、春风秋露、阴晴雨雪、天光云影等自然变幻的景色，吻合主题的立意。天色与四季植物的色彩变化构成此景点的主要色彩规律，整个山水区的植物配置很注重其四季的变化（图6-107）。

2. 爱莲窝

（1）景点概述

“爱莲窝”位于肠谷书堂南侧，坐东朝西。面对碧波粼粼的池水，夏天荷花映日红之时，坐在这里欣赏荷花，清风拂面，荷香益清，十分惬意。传说池中曾经植有一种名贵罕见的“四面观音”荷，即一枝花梗的顶端四朵荷花并蒂开放，似众星捧月，花色艳丽而雅洁不俗。

（2）主题立意

“爱莲窝”取周敦颐《爱莲说》。题额反映了主人追慕周敦颐爱莲的风采，表达出对出淤泥而不染的莲花有着特殊的感情，实际上含有追求高洁人格的意义。

（3）主题立意与色彩构成规律

此景点的植物以莲花为主，从视觉艺术角度欣赏，主要为侧光及逆光下的视角，在光的作用下，绿色的荷叶或红色的荷花色彩显色提高两级明度与纯度，显得花色艳丽而雅洁。

夏季

冬季

图 6-107 艺圃延光阁夏冬两季景色的比较

3．乳鱼亭

（1）景点概述

“乳鱼亭”为养鱼、观鱼之亭，位于水池的东南角，下有湖石如巨龟托亭凸出池岸。亭子造型为明式古亭，四角单檐攒尖顶，临池一面中间没有立柱，其余三面均有两根立柱，柱间置美人靠，在桁枋、搭角梁等处均有彩绘痕迹。

（2）主题立意

“乳”，有喂养之意，也有幼小之意，可理解为喂养幼鱼之意。

抱柱联之一：“荷溆傍山浴鹤，石桥浮水乳鱼”，为写景联，描写夏日荷池景色。莲叶层层无穷碧，假山葱茂苍翠，仙鹤悠闲游弋于一派山野之境；石桥浮于水面，幼鱼自由悠游于碧水之中，呈现一片自由浪漫之景，有庄子濠梁观鱼之深蕴。

对联之二：“池中香暗度，亭外风徐来”，为写景联，通过花香、清风传达出仙境之感。

（3）主题立意与色彩构成规律

亭子周边景色宜人，可赏花、观鱼、品石、览树等。“碧流艳方塘，侥槛得幽趣。无风莲叶摇，知有游鳞聚。翡翠忽成双，撇波来复去”（清·汪琬《艺圃十咏·乳鱼亭》），勾勒出了该景点的主要色彩构成，以碧绿为主色调，红色点缀。

该景点的主要植物为梧桐、垂柳，进一步深化了隐逸高洁的寓意。历来梧桐因其中正、干净、清爽而受到文人的喜爱，并以梧桐树比德，是文人园林中典型的花木。垂柳的温和、尔雅、叶色清新等气质，也为文人所喜爱。两种植物刚柔并济、叶色鲜明，渲染出清新与幽静的空间氛围，影响场所的精神。

如今，梧桐已被马褂木所代替，虽然两者在造型与色泽上有很多相近之处，但其历史的意义相差甚远，与主题立意不相吻合。

4. 思嗜轩

（1）景点概述

“思嗜轩”在“乳鱼亭”的东侧，于东园门南侧，坐东朝西。

（2）主题立意

思念先父嗜好红枣之轩。枣，甘甜而赤红，园主姜埰以枣的特色表达自己对明朝廷、国家的赤胆忠心。其长子安节为寄托对父亲的怀念之情，特构筑此轩，并以“思嗜”名之。

对联：“朦胧池畔讶堆雪；淡泊风前有异香”，为写景联。枣花洁白，清香幽幽，朦胧月夜中惊奇地误以为是堆簇的白雪，清风徐徐带来阵阵异香，写花而不显花，实为妙笔。

（3）主题立意与色彩构成规律

枣树为该景点的主要植物，枣树叶子革质，色泽油亮，黄绿色；枣花洁白，花小多蜜，清香幽幽；果实赤红，与叶色构成鲜明的色相对比。园主把情感寄托于物色，通过物色表达其精神追求。因此，物色在空间中因主题而被放大，但并不一定是空间色彩氛围的直接表现（图6-108）。

图 6-108 艺圃思嗜轩的景色及色彩构成

5. 朝爽亭

（1）景点概述

“朝爽亭”位于假山之巅，为六角亭。周边古木葱茏、山石嶙峋，在距离水岸不到8m的空间里用太湖石叠成绝壁和危径，循着假山方向可盘旋登亭，犹处深山绝岩之中，极富山野之趣，同时可俯瞰全园大部分景点。

（2）主题立意

“朝爽亭”源出《晋书·王徽之传》：“西山朝来致有爽气耳！”

对联之一：“山黛层峦登朝爽；水流泻月品荷香”，为写景联。上联写沿着青黛色的假山，盘旋着攀上层层峰峦，才能登上朝爽亭；下联写在亭上可俯观明月泻池，水波荡漾，可听溪流潺潺，可闻荷花清香，令人赏心悦目。

对联之二：“漫步沐朝阳，满园春光堪入画；登临迎爽气，一池秋水总宜诗”，为写景联。写出漫步、眺望所见的景色，所感受到的清爽之气，用“满园春光”和“一池秋水”概写了全园之景。

（3）主题立意与色彩构成规律

景点周边古木葱茏、浓荫遮蔽、峰峦青黛、百草丰茂、鲜花争艳、碧波万顷、游鱼穿梭、莺歌燕舞。整体色调被古木的苍绿之色所笼罩，近处青黛色的假山与远处的黛瓦取得色彩的呼应，水色倒映了天色，无论阴晴雨雪都能调和整体空间的明度关系，远处水榭的暗红色窗框在绿色系的衬托下显得鲜艳、明丽……总之，该景点景色非常丰富、秀丽，美丽如画，宁静致远（图6-109）。

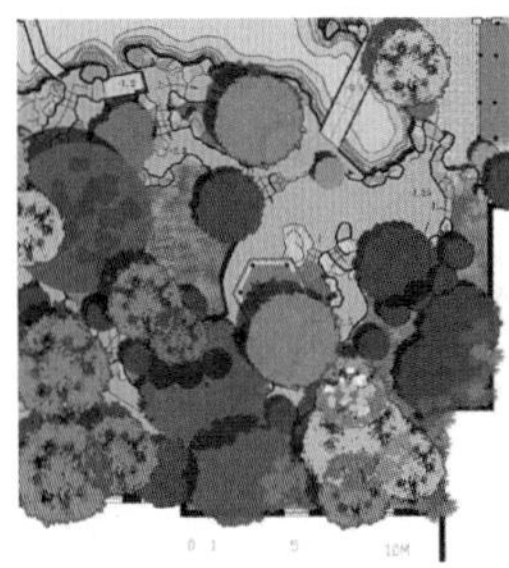

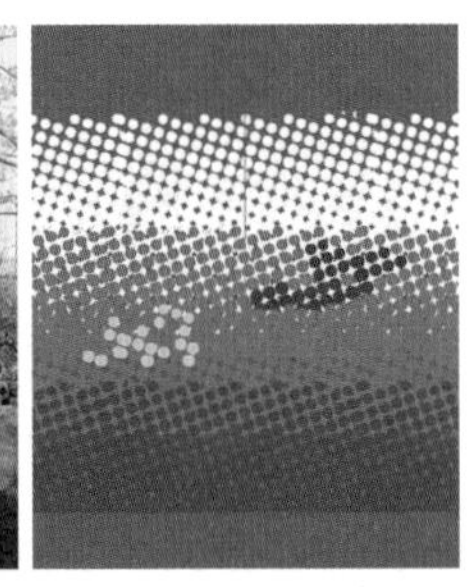

图 6-109 艺圃朝爽亭的景色及色彩构成

6. 香草居

（1）景点概述

“香草居”位于园的西南角，为园中之园。房舍成“凹”字形，由三个小屋构成，静谧安适，旧时为主人读书之处。

（2）主题立意

香草，本指含芬吐芳之草。明天启年间文震孟为园主，以“药圃”名园，“药”（yuè）在《辞海》中的解释是“草名，即白芷”。白芷是古人用于比德为君子、贤人的香草中的一种。王维《春过贺岁员外要员》中“香草为君子，名花是长卿”，用香草喻指君子，谓品德高尚的人，以风流倜傥的司马相如比喻名花。香草居，即忠良之居。

（3）主题立意与色彩构成规律

“香草居”在北侧，“南斋”在南侧，中间由“鹤砦”贯通，形成“凹”字形的内庭园空间。主要由圆洞进入，中间种植一棵红枫，此厅从立意上充满了热闹、吉祥与尊贵之感。庭院中种植了一棵白皮松，湖石树池爬满薜荔，青绿色的植物与暗红色的门窗形成鲜明的互补色对比，鲜艳、明丽。

庭园的外面为“浴鸥池”内园。有曲线水池，上架三桥，水相通，路相连，山相近，与墙外的山水园形成大小和内外的呼应。两面的白墙阻隔了庭园及山水园的景色，为此，庭园获得了大面积的白色背景，在苏州银灰色的背景中，天与墙融为一种色块，使空间被无限放大，同时也为观赏性植物（南天竹、榔榆、探春、桂花、结香、蜡梅、凌霄、鸡爪槭等）提供了白色的背景，形成高长调的明度关系，与园主借白色的鸥鸟，比喻生活悠闲自在的格调相匹配（图6-110）。

7. 响月廊

（1）景点概述

“响月廊”在池的西侧，廊中设有半亭，此廊可欣赏到水面及东侧秀丽的景色。

（2）主题立意

运用通感的修辞手法，用“响”字把明亮的月光在深夜中所形成的最长调对比与动态的声音联系起来。

对联：“踏月寻诗临碧沼；披裘入画步琼山”。上联写踏着明月，在碧水万顷的池边寻觅诗境；下联写归隐的人生活在如画的园林中，如步入一片纯洁的净土。

（3）主题立意与色彩构成规律

半亭位于池的西北角，为观赏中秋月色的最佳位置之一。当“月白烟清水暗流，孤猿衔恨叫中秋”（唐·杜牧《猿》）之时，在此廊可以尽情地观赏水光山色，享受皎洁的月色、碧绿的水池、洁白清亮的皓月。池边植物种类丰富、景色优美、环境宁静。该景点有大面积的水域，白天天色倒映水色，整体明度较高，廊道的白墙也与之呼应，形成大面积的高明度基调，与周围的景物构成了高长调的明度对比关

图 6-110 艺圃香草居的景色及色彩构成

图 6-111 艺圃响月廊的景色及色彩构成

系。大空间的色彩与“响月廊”局部的景点在色彩上取得了大小和内外的呼应，形成清新、明快、高雅的空间氛围（图6-111）。

6.6.5 小结

艺圃居住过三位德高才显的园主，他们都是明代末年政坛上正直不阿的文士，都具有松柏之劲节。不但他们高风亮节的品德、高雅的风度和脱俗的品格流传久远，而且受他们审美情趣影响的园林格调也因其明亮、清新、淡泊、高雅而流芳后世。

首先，从色彩整体空间布局分析，分区非常明显。北侧以静态的灰与暗红基调为主；南侧以动态的绿色系为主；东西两侧动静两种色系相互交织，因景点的差异而略有不同。在植物色彩的分析中，艺圃植物四季色彩的变化比较明显，落叶乔木的比例较大，随季节的变化比较明显。

其次，针对山水园区域进行分析，这是以动态色彩为主导的区域，四季的变化、天象的变化、昼夜的更替等在此空间得到了充分展示。根据人的视域分析，以白墙、灰色的太湖石和绿色系的叶子为整体空间的基调色，根据视点的变化呈现高长调和中长调对比，明度关系肯定、明确。

最后，在局部的景点分析中，主要针对主题的立意与空间的色彩氛围进行分析，大部分的景点呈现色彩强对比关系，色彩鲜艳、明丽、高雅。如香草居以白为主，衬托红与绿，给人以芳香之境；响月朗，以白和绿为主要的色彩基调，给人清新、淡泊、明快的氛围；思嗜轩通过红绿的色相强对比，突出枣色表达赤胆忠心的品德；延光阁借用自然的色彩变化，表达与自然齐光的隐居之乐；乳鱼亭通过梧桐、柳树、水等碧绿之色，传达君子悠游的渔隐之乐；朝爽亭古木葱茏、山石嶙峋，呈现低调的灰与绿，在光影的变化中，呈现中明度长调的变化，宁静致远。

6.7　本章小结

本书选择六个典型的苏州古典园林进行综合说明，但在结论中则是针对九大园林进行了比对，建立在调研所采集的主要数据及测绘图纸基础上，利用电子计算机进行模拟分析。为减小电脑数据与采集数据的出入，使用了两套程序：一套为计算色彩面积并分析其比例关系，另一套为Munsell色值与RGB数据的互换。结合Autodesk和Adobe photoshop两款软件，完成所有色彩数据的分析，具体分析方法详见图6-112。因园林中动态的植物色彩在每个园林分析中占了很大的比例，故在整理色彩结构布局的分析中除了对基本布局的分析外，还加入了植物四季的色彩分析；在区域的分析中，还加入了区域的剖立面进行四季的空间色彩分析。在景点的选择上主要依据调查问卷所得到的景点，再依据景点的立意进行色彩构成规律的分析等。从宏观、中观、微观三种尺度，结合历史或主题的立意进行多角度分析，目的在于更为全面地分析苏州古典园林的色彩艺术。因每个园子的主题、建造时间、空间布局及特色都各有不同，很难用一种定论来总结苏州园林的色彩规律或特征，本书尝试从研究结构中的三个方面进行总结，具体如下。

（1）从整体空间色彩布局上大致可为三种类型。第一种是以植物为主的山水园，如拙政园、沧浪亭等。以园林中的动态色彩为主导，主要为植物四季色彩的变化，这种类型的园林四季色彩分明。春季草木发芽、弄绿搓黄、繁花锦簇；夏季枝叶繁茂、株绿如翠；秋季绚烂多彩、叶红可爱；冬季部分植物叶落归根、枯黄孤寂等。第二种是以建筑为主的园林，如网师园、环秀山庄、耦园等。这类型的园林色彩以静态为主，多选择四季常绿的植物，在局部的景点或视觉焦点的地方点缀花色或叶色，园林四季色彩的变化不明显。第三种类型是建筑与园林的比重差不多，山水区与建筑分区相对明确，但两区相互渗透的过渡空间为色彩组织最为丰富、微妙的地方，如留园、艺圃、狮子林、怡园等。这种类型园林在色彩组织上因园的空间布局不同而呈现不同的变化，但常绿植物数量相对于第一种类型的园林要多一些，一部分为衬托建筑，一部分为衬托山石，一部分为衬托花色和叶色，色彩变化非常丰富。

（2）在区域空间上，主要针对山水区域进行分析，从山水与植物在平面布局中的分布规律到立面四季色彩的变化，总结出了一些色彩的规律。

从平面布局上分析在四壁为白墙的园林中山水布局及植物搭配的色彩规律（图6-112）。山水区的水池为园林的中心，四周种植

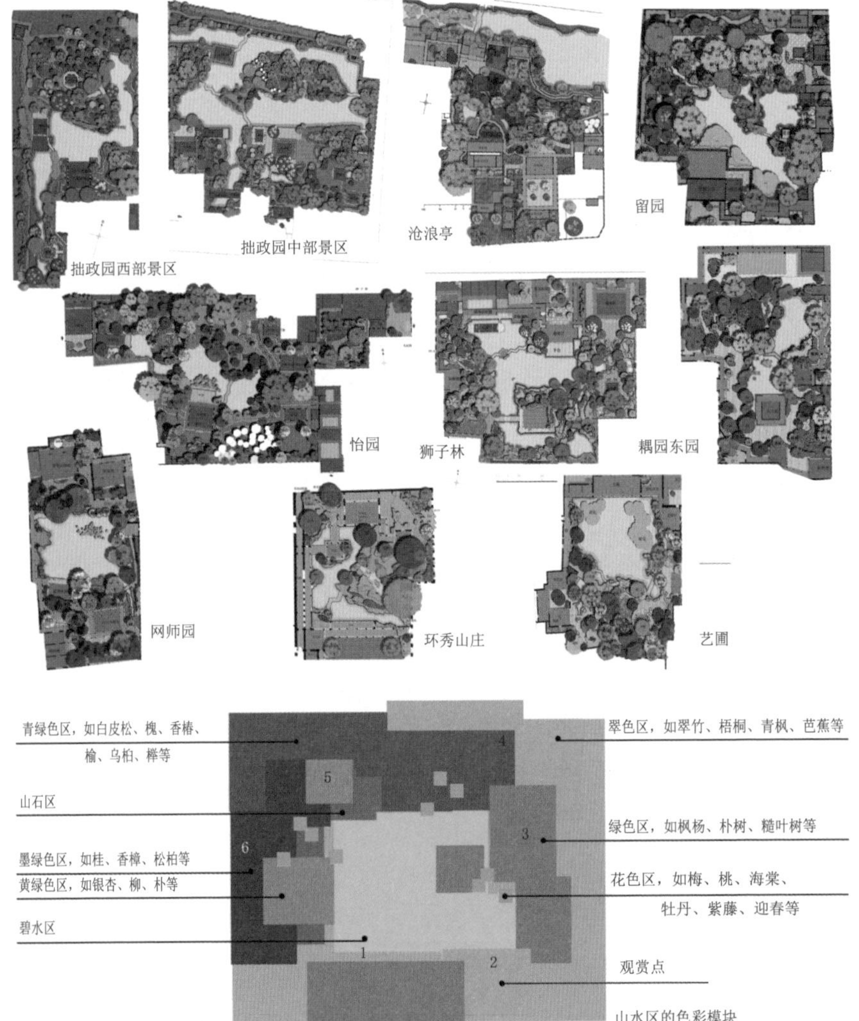

图6-112 苏州古典园林中山水区的色彩模块分析

绿化，假山东西南北中都有可能安排。主要厅堂置于水之南等空间模数，为此图的下方把这些模数用抽象的色块进行表述。因自然光线影响人对植物色彩的感觉，同一种植物在不同的观测角度，其显色存在一定的差异。在第3章中已经深入分析了在顺光、侧光及逆光下不同植物显色的规律，一般北侧主要观赏南边逆光下的植物，多为翠色系，如翠竹、梧桐、青枫、芭蕉等；南侧观赏北边顺光下的植物，多为青绿色系，如白皮松、槐、香椿、乌桕、榉树等；东侧或西侧互看，多为侧光下的植物，多为黄绿色系，但在早晨或傍晚时间段则为逆光角度，且有色光参与色彩的组织，因此这两边的植物色彩非常丰富。一般东边为绿色区，如朴树、枫杨、糙叶树等；西边靠墙为墨绿色区，如桂树、香樟、松、柏等；西边靠水区为黄绿色区，如银杏、柳、朴等。花色主要点缀在西北角、北部及东部中区，起调节和渲染空间色彩氛围的作用。在观赏点的安排上，也依据自然光作用下植物所呈现的视觉美感进行安排和立意，观赏点1多为平台，可远看全园的青绿之色，也可看近处的碧水之色，如拙政园的远香堂、留园的涵碧山房、怡园的藕香榭、耦园的山水间等；观赏点2多为小的驻足点，以赏绿荫笼罩下的清碧之色，如拙政园的绣绮亭、留园的绿荫轩、沧浪亭的面水轩等；观赏点3主要欣赏西侧水岸边的侧光及逆光下的色叶树，春为嫩绿、秋为黄或黄绿，并可感受到风吹动叶色所造成的幻影，如拙政园的梧竹幽居、留园的清风池馆、艺圃的乳鱼亭等；观赏点4为园中重要的观赏点，多见阁楼，可仰望或俯瞰全园翠绿之色，如留园的远翠阁、网师园的集虚斋、狮子林的指柏轩、拙政园西部的倒影楼等；观赏点5多为假山上的亭子，主要感受绿荫葱茏的色彩氛围，如拙政园的雪香云尉及浮翠阁、怡园的小沧浪、环秀山庄的补秋舫、留园的可亭等；观赏点6多为独立的景点，因中国人的方位观、冬季多西北风等因素，以及提供观赏背景的作用，西侧多种植常绿植物，如留园的闻木樨香轩、怡园的画舫斋、狮子林的问梅阁等，图中下方的山水区色彩模块是对九大园林山水区色彩空间布局规律的总结。

在对立面色彩元素、面积及比例的分析中，每个园林的个性却非常分明，有的以植物为主，有的以建筑为主，有的是建筑与植物相互衬托与呼应的组织关系。共性方面主要体现在色彩的元素和色彩的组织上：在色彩元素上主要有白墙，深灰色的瓦，植物，浅灰色的太湖石、黄石，暗红色的漆作，灰色的青砖等色彩元素；在色彩组织上，从面积和比例的角度分析，呈现四种主要的色彩组织关系，一为黑与白（粉墙黛瓦）、二为红与绿（朱栏翠幂），三为白与绿，四为灰与红。这些色彩组合中有的是明度强对比，有的是色相强对比，形成色彩鲜明的空间氛围，具体可详见每个园林的立面色彩分析。

（3）在景点的分析中，景点的选择建立在大量的问卷调查基础上，深入解读历史文献中关于景点的记载，并研究现状匾额、楹联的主题立意，从而分析景点的色彩构成规律。在经过80多个景点的分析后，大部分景点都构成了明度的长对比，大致归纳为以下三种明度基调。

第一种，在大水域景点或以白墙为背景的景点，主要形成了高长调的明度对比。在色相上具备同类色、邻近色、对比色和互补色四种对比，但在纯度上多鲜灰对比。如沧浪亭的观鱼处色彩构成为高长调的邻近色的鲜灰对比，艺圃香草居园中园的色彩构成为高长调的互补色的鲜灰对比，网师园月到风来亭的色彩构成为高长调的互补色的低纯度对比等。

第二种，在白墙、碧水、亭台、植物、花街铺地等相互作用下的景点，主要形成了中长调的明度对比。色彩对比丰富，具备多种色彩的组织关系，纯度上对比也很丰富，具有高纯度对比、中纯度对比、低纯度对比和鲜灰对比四种组织关系。如耦园织帘老屋景点的色彩构成为中长调的互补色的中纯度对比，艺圃朝爽亭为中长调的互补色的鲜灰对比，怡园荷花厅所看到的景色为中长调的同类色的鲜灰对比，沧浪亭翠玲珑和怡园四时潇洒亭的色彩构成都为中长调的同类色的高纯度对比等。

第三种，多在绿荫笼罩的景点，主要形成了低长调的明度对比。色彩对比很丰富，但整体色彩基调控制在绿色系，纯度对比多为高纯度和中纯度对比。如怡园画舫斋周边景色为低长调的邻近色的低纯度对比，狮子林指柏轩前面的假山区色彩构成为低长调的同类色的中纯度对比，留园绿荫轩为低长调的邻近色的中纯度对比等。

苏州古典园林色彩构成中以高长调对比的色彩基调最为清新、淡雅；以中长调对比的色彩基调组织最为丰富，给人雅致、秀丽之感；以低长调对比的色彩基调最为鲜明、肯定或宁静等。这些色彩搭配既清新、淡雅、高洁，又鲜明、高亢、幽深，既给人高调的明度关系，又渗透着低调、低纯的组织关系。这些你中有我、我中有你的辩证性色彩构成规律，构成了具有鲜明特色的苏州古典园林色彩特征。图6-113选取30个具有典型特征的景点色彩构成规律，以色彩的面积和比例关系生成为同一种类型的布局中，得到色彩表情明确的苏州古典园林色彩构成图。

图 6-113　苏州古典园林中景点的色彩构成规律分析

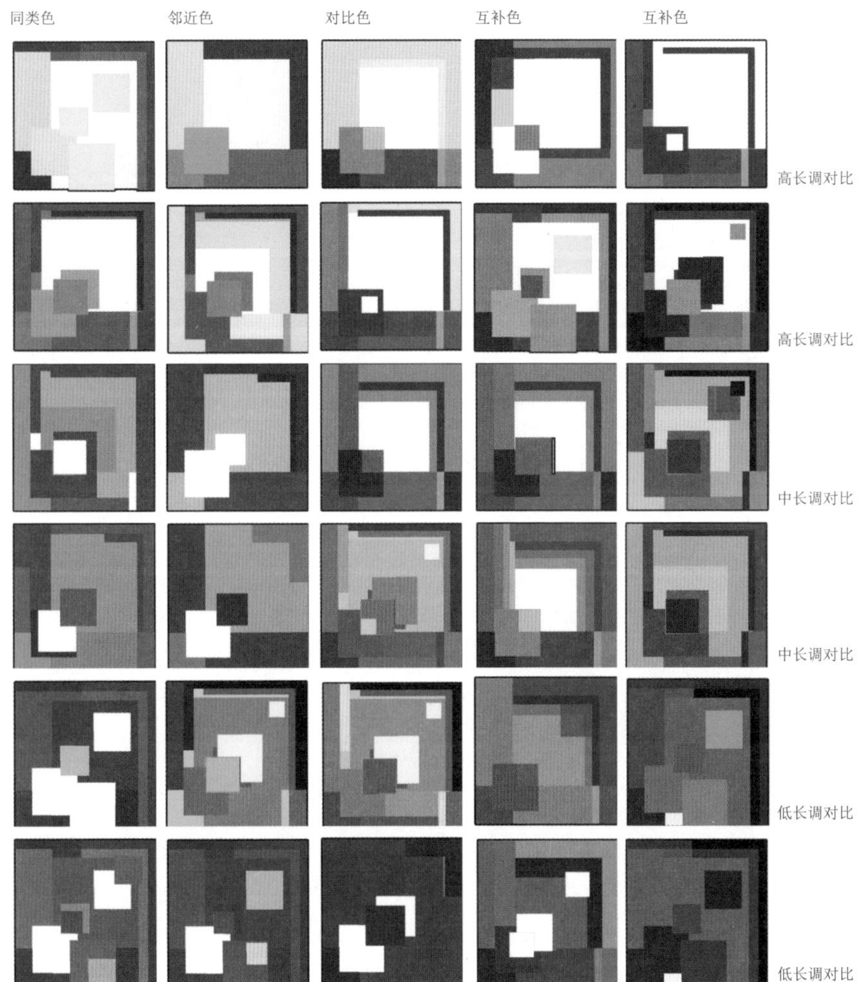

第 7 章

结束语

笔者从色彩基础理论、色度学、色彩地理学、城市色彩设计理论、中国古典园林史、中国传统建筑史、文学史、思想史、绘画史、文人心态史等多种学科、多个领域的理论背景去研究苏州古典园林的色彩体系。本书从色彩基础理论开始，抽取出与风景园林专业色彩空间研究相关的理论及专业术语，汲取色彩地理学及城市色彩设计的有效研究经验，分析中国传统五色观的理论等，这些研究为本书奠定科学而有力的基础。从苏州的自然与人文因素探讨苏州古典园林色彩的地域风格，进而采集苏州古典园林的色彩元素，进行平行比较，以获得更为准确的色值及色谱。在此基础上，结合计算辅助软件计算色值在园林专业图纸基础上的色彩结构及比例的数据分析，从而总结出苏州古典园林的色彩体系。

主要结论如下：

（1）自然因素造就了地域的自然色彩景观，苏州城重湖环抱、众水绕城，地处“水乡泽国”，西侧群山起伏、峰峦叠翠，沉浸在“山态水容清且妍”的自然环境中；多雨、多云的气象特征，使自然景色浸泡在缥缈烟雨中；加上气候温暖潮湿，四季分明，植被类型丰富，花事不断。为了更好地适应和利用好这些自然条件下创造的景色，苏州人民用他们的智慧选择了低纯度的色彩与高长调的明度对比的色彩经营理念，彰显了“一方风土造就一方景致”的地域风格。

在建筑外观上，粉墙黛瓦采用白底黑形的色彩搭配，通过高长调的明度对比，使建筑从自然景色的灰调中凸显出来，正因建筑外观的无彩度，才能完美衬托出丰富的自然色彩。

在宅院里，建筑构造则主要以暗红色搭配黑、灰、白等色彩组织，暗红色木构件进入无彩系显得格外温馨。虽然暗红色为低纯度、低明度的色彩属性，但红色光谱最长，因此，在室外，自然光线下显得格外鲜亮，接近大红色。在室内，光线较暗，暗红色呈黑红色，与白墙或灰砖组合，营造出低调、素雅而宁静的空间氛围。

在园林里，暗红色木构与植物的青绿色组成互补色彩，起调剂、衬托自然色彩的作用，充分发挥自然的色彩魅力以取悦于人视觉感官的需求。

文艺复兴的大画家达·芬奇概括了光与色的美学关系：“不同颜色的美，由不同的途径增加。黑色在阴影中最美，白色在亮光中最美。青、绿、棕（棕色系也包含暗红色系）在中等阴影里最美，黄和红在亮光中最美，金色在反射光中最美，碧绿在中间影中最美。[1]”从光照系数上分析苏州属于阴影中的城市，园林中的青绿之色与暗红色构成了美丽的色彩组合。在多云或阴雨天中，黛瓦显得格外精神；在晴天中，白墙显得格外清新等。可见，苏州古典园林中的色彩吻合了视觉的美学。

（2）苏州璀璨的人文瑰宝使色彩的经营具有了更多的意义和内涵。首先，苏州文化是中华文化的缩影，其园居色彩体现了中华五色观的理念。除了白为正色外，其他颜色多为五色相生或相克产生的复色。其次，文人审美情趣主导下的色彩审美要么呈现清新、高洁、淡雅的表情，要么给人鲜明、高亢或幽深的表情，形成辩证统一的色彩组织关系。康定斯基在他的《论艺术的精神》中描述：“色彩直接影响着精神”，可见苏州古典园林的色彩表情吻合了文人对隐逸生活的精神追求，符合“水清则为官、水浊则渔耕”的辩证关系，即沧浪精神。

（3）苏州园林中有两组非常典型的色彩对比关系：红与绿、黑与白。这两种色彩既为互补色的对比关系又是高长调的明度对比关系；既是色彩和谐基本规律的补色规则，又是色彩规律的自然现象。从人类视觉心理学的研究角度出发，当眼睛持续注视某种色彩时，能在视网膜上产生其补色的视觉残像，即负后像。如先注视一张绿色的色纸，片刻后将目光移到一张白纸上，就能看到红色的方块残像。在色彩组合中，也存在互补色需求的现象，如在绿色域内镶嵌一块灰色的方块，灰色呈红灰色；又如黄色放在灰色方块中，灰色呈紫灰色等。这些研究说明了人类的眼睛只有在互补关系建立时，才会满足或处于平衡。德国色彩专家伊顿说：“人的眼睛需要相应的补色来对任何特定的色彩进行平衡，如果这种补色还未出现，那么眼睛会自动地将它生成出来。”可见，苏州园林中的黑与白、红与绿的色彩组合，是苏州人长期生活在苏州地域环境下的视觉生理需求，并吻合了色彩和谐的基本调和原则。

（4）在苏州古典园林色彩布局及面积比的分析中，基调色大都为青绿色；配合色主要是低纯度的自然石色、天色、水色；突出色和点缀色则根据主题立意而定，面积占10%～30%，配色主次、层次及结构清晰。

（5）“巧于因借”的苏州古典园林用色理念与中国的造园理论相吻合，主要体现在两个方面。一为无色中求色，以无彩系或低纯度的色彩衬托鲜艳的自然之色，陈从周曾说：“园林中求色，不能以实求之……江南园林，小阁临流，粉墙低亚，得万千形象之变。白本非色，而色自生；池水无色，而色最丰。色中求色，不如无色中求色。故园林当于无景处求景……[2]”古人在解读自然的过程中提出了“以素为绚”“大象无形”“无为而无不为”的哲学，与苏州园林的色彩美学结合起来，形成了“无色中求色”的美学理念。二为无色中借色，苏州古典园林采取以水池为中心的模式，水如明镜，把天时之色、气象之色、季相之色等动态的自然色彩借到园中来。同一景物，随着不同的方位及空间变化，可产生不同的色彩感知，巧借自然的显色规律来营造色彩氛围等。计成《园冶·借景》：“夫借景，林园之最要者也。如远借，邻借，仰借，俯借，应时而借”，更可说明“无色中借色”的自然美学理念。

参考文献

第1章

[1] 王珏.《长物志》的颜色观研究 [D]. 无锡：江南大学，2012.

[2] 郭红雨，蔡云楠. 为城绘色——广州、苏州、厦门城市色彩规划实践思考 [J]. 建筑学报，2009（12）：10-14.

[3] 计成. 园冶注释 [M]. 陈植，注释. 北京：中国建筑工业出版社，1988.

第2章

[1] 陈琏年. 色彩设计 [M]. 重庆：西南师范大学出版社，2001.

[2] 张燕花. “色”符号与中国古代社会 [J]. 安徽文学，2006（12）：104.

[3] 王悦勤. 中国史前彩陶饰纹“尚黑”之风的审美观照 [J]. 民族艺术，1999（3）：120.

[4] 刘源. 中国画色彩艺术 [M]. 重庆：西南师范大学出版社，2004.

[5] 朱祯. “殷人尚白”问题试证. 殷都学刊，1995（3）：16.

[6] 王文娟. 五行与五色 [J]. 美术观察，2005（3）：82.

[7] 李学勤. 十三经注疏（标点本）[M]. 北京：北京大学出版社，1999：153.

[8] 葛兆光. 中国思想史（第一卷）[M]. 上海：复旦大学出版社，2001：57.

[9] 黄保源. 中国传统色彩观辨析 [J]. 苏州大学学报（工科版），2005（5）：49.

[10] 王玉. 五行五色说与中国传统色彩观探究 [J]. 美术教育研究，2012（21）：31.

[11] 肖芝父，李晋全. 中国哲学史（上卷）[M]. 北京：人民出版社，1982：246.

[12] 王文娟. 五行与五色 [J]. 美术观察，2005（3）：85.

[13] 李红妍. 奏响色彩的乐章——盛唐时期敦煌壁画色彩艺术研究 [C]// 2013中国流行色协会学术年会论文集，2013.

[14] 宋建民. 寻找历史碎片——拼接我国传统色彩文化残留的背景 [J]. 装饰，2008（2）：72.

第3章

[1] 汪菊渊．中国古代园林史（下）[M]．北京：中国建筑工业出版社，2006：790．

[2] 刘毅娟．刘晓明．论明代吴门画派作品中的苏州文人园林文化 [J]．风景园林，2014（6）：094．

[3] 魏嘉瓒．苏州古典园林史 [M]．上海：上海三联书店，2005：14．

[4] 吴玲仪．天文气象与地质地理[M]．苏州：古吴轩出版社，2006：281．

[5] 杨曹溪．大湖石与花石纲 [J]．大自然，1982（4）：47．

[6] 黄锡之．太湖石历史文化探析 [J]．苏州大学学报，2007（4）：104．

[7] 张家骥．园冶全释——世界最古造园学名著研究 [M]．太原：山西人民出版社，2012：285；310．

[8] 曹林娣．苏州园林匾额楹联鉴赏 [M]．北京：华夏出版社，2011：132；170．

[9] 刘敦桢．刘敦桢全集，第八卷 [M]．北京：中国建筑工业出版社，2007：31．

[10] 王京红．表述城市精神 [D]．北京：中央美院，2013．

[11] 苏州市气象局．苏州气象五十年，2009．

[12]（英）汤姆・安．摄影圣经：大师教您拍好万事万物 [M]．王刘源，等，译．北京：中国青年出版社，2008：34．

[13] 白桦琳．光影在风景园林中的艺术性表达研究 [D]．北京：北京林业大学，2013：47．

[14] 车生泉．日照对园林植物色彩视觉的影响 [J]．上海：上海交通大学学报，2014（28）：170．

[15] 邵春驹． 江南雨景审美认识的发展 [J]． 湖州职业技术学院学报，2008（2）：66．

[16] 金学智．中国园林美学 [M]．北京：中国建筑工业出版社，2006：153．

第4章

[1] 汪长根，等． 论吴文化的特征——兼论吴文化与苏州文化的关系 [J]．学海，2002（3）：85．

[2] 谈辉．清代苏州岁时节日文化研究[D]．苏州：苏州大学，2009：46．

[3] 顾禄．清嘉录（卷一）[M]．南京：江苏古籍出版社，1999：30．

[4] 袁景澜．吴郡岁华纪丽 [M]．南京：江苏古籍出版社，1998．

[5] 顾禄．清嘉录（卷三）[M]．南京：江苏古籍出版社，1999：71-72．

[6] 袁宏道．袁中郎全集（卷8）[M]．台北：伟文图书出版社有限公司，1976．

[7] 周景崇，黄玉冰．黑白苏州——漫谈苏州古城民居色彩文化 [J]． 艺

术与设计（理论），2007（10）：110-112.

第5章

[1] 吴玲仪. 天文气象与地质地理. 苏州：古吴轩出版社，2006. 96.

[2] 陈从周. 说园. 山东：山东画报出版社，2002. 43.

[3] 徐爱华. 苏州古典园林植物配置研究. 苏州：苏州大学硕士论文，2010. 6.

[4] 杨晓东. 明清民居与文人园林中花文化的比较研究. 北京：北京林业大学博士论文，2011. 99.

[5] 宋建明. 中国古代建筑色彩探微. 新美术，2013（4）. 41.

[6] 戴志中. 光与建筑. 山东：山东科学技术出版社，2004. 16.

[7] 祝纪楠.《营造法原》诠释. 北京：中国建筑工业出版社出版，2012：174；194；205；238.

[8] 施文球. 姑苏宅韵. 上海：同济大学出版社，2008. 50.

[9] 苏州园林发展股份有限公司. 苏州园林营造技艺. 北京：中国建筑工业出版社，2012：3；123；126.

[10] 文震亨. 陈植校注. 长物志，1984.

第6章

[1] 魏嘉瓒. 苏州古典园林史 [M]. 上海：上海三联书店，2005：135-137；217；226-228；235-246；336-341.

[2] 周学鹰，马晓. 中国江南水乡建筑文化 [M]. 武汉：湖北教育出版社，2006：196.

[3] 曹林娣. 苏州园林匾额楹联鉴赏 [M]. 北京：华夏出版社，2011：94；135；139.

[4] 曹林娣. 卷却诗书上钓台——读网师园 [R]. 2009.

[5] 曹林娣. 中国园林艺术概论 [M]. 北京：中国建筑工业出版社，2009：99.

[6] 曹林娣. 濯缨沧浪揖高风 [R]. 2009.

第7章

[1] 戴勉. 芬奇论绘画 [M]. 北京：人民美术出版社，1979：121.

[2] 陈从周. 园林谈丛 [M]. 上海：上海人民出版社，2008.

致 谢

机缘与巧合决定了论文的立题；
信念与勇气奠定了研究的框架；
亲情与友情实现了研究的计划；
勤劳与毅力促使了论文的完成；
这五年里，
恩师点亮迷途的羔羊；
父母给予世间的最爱；
丈夫赋予无限的支助；
同事真诚鼎力的帮助；
学生歇斯底里的援助；
孩子似懂非懂的鼓励；
这过程中，
要感谢的人太多了，
几页纸都写不完！
要感谢的言语枯竭了，
凝结在感恩的泪水里！
这过程中，
我体会到了大爱无疆！
把感激之情
化成微笑与关怀
让爱传递下去
……